"十三五"应用型人才培养规划教材

电工理论与实操
（入门指导）

◎ 梁红卫 张富建 主 编
刘 丹 张 锐 林钦仕 副主编

清华大学出版社
北 京

内容简介

本书紧紧围绕“国家职业标准”，以职业院校机电类专业为基础，从工作实际出发，以专业技能为主线来编写。按照“校企合一”全新教学模式，有针对性地介绍低压维修电工相关知识、电工职业道德与安全生产以及电工应掌握的操作技能。本书配有“校企合一”实操训练题；实操题目配有材料清单以及相应的评分标准，并且介绍操作过程、注意事项，配套提供重点内容的高清图片，主要操作过程的视频（扫描二维码即可免费观看）。全书突出实用性、针对性，力求从内容到形式都有一定的突破和创新，遵循实用、够用、必用的原则，满足学生及考证人员的实际需求。

本书具有较高的实用价值，是电工操作人员的必备用书。本书可作为各层次院校机电类专业学生、职业技能鉴定培训机构相关专业学员的教材，也可供相关专业技术人员在企业的岗前培训、企业工人技术等级考核中使用。

图书在版编目(CIP)数据

电工理论与实操：入门指导/梁红卫，张富建主编. —北京：清华大学出版社，2018(2024.8重印)
("十三五"应用型人才培养规划教材)
ISBN 978-7-302-50778-9

Ⅰ. ①电… Ⅱ. ①梁… ②张… Ⅲ. ①电工技术—中等专业学校—教材 Ⅳ. ①TM

中国版本图书馆 CIP 数据核字(2018)第 170970 号

责任编辑：张　弛
封面设计：刘　键
责任校对：赵琳爽
责任印制：宋　林

出版发行：清华大学出版社
网　　址：https：//www.tup.com.cn，https：//www.wqxuetang.com
地　　址：北京清华大学学研大厦 A 座　　邮　　编：100084
社 总 机：010-83470000　　邮　　购：010-62786544
投稿与读者服务：010-62776969，c-service@tup.tsinghua.edu.cn
质量反馈：010-62772015，zhiliang@tup.tsinghua.edu.cn
印 装 者：三河市龙大印装有限公司
经　　销：全国新华书店
开　　本：185mm×260mm　　印　张：13.75　　字　　数：320 千字
版　　次：2018 年 8 月第 1 版　　印　　次：2024 年 8 月第 6 次印刷
定　　价：49.00 元

产品编号：079346-02

前言

自第二次工业革命以来，电器得以广泛应用，其对人类文明发展的推动，至今仍方兴未艾。随电器发展衍生而来的维修电工工种已经成为社会发展不可或缺的技术工种之一。在当今技术形态演进趋势之下，“制造强国”战略目标的实现，必须夯实电器制造及其应用能力发展的基础。培养电器行业的工匠精神，打造胜任岗位任职需要的应用型人才，离不开优秀教材的引领与指导。因此，我们组织相关专业教师编写了本书，以期为中国制造的转型升级和跨越式发展，培育大量技能精湛的应用型电工人才。

本书是为培养机电一体化专业应用型人才而规划的入门级教材。本书通过操作实例，通俗易懂地讲解维修电工实习课程的基本内容，既可作为中、高等职业院校机电一体化专业及相关专业的入门课程配套教材，也可以作为维修电工初学者的入门参考书。

本书在编写时，针对目前职业院校学生的基础和学习特点，以培养学生实践动手能力及解决问题的能力为核心，遵循由易到难、由简到繁的理念，通过理论知识、安全知识、基本操作等的循环模式，不断强调综合技能的塑造。本书在结构上围绕典型操作实例，通过图、文及教材配套视频，生动形象地介绍操作过程，力求达到理论易懂、操作易会的目的，使读者能够轻松掌握技能。本书借鉴了国内兄弟学校“校企合一”的最新成果，参考了部分企业培训、考核和实际工作内容等资料，在此一并表示感谢！

本书由梁红卫、张富建担任主编，刘丹、张锐、林钦仕担任副主编，李冠斌、解春维、熊邦宏、王茜、梁栋也参与了编写。在本书的编写和审定过程中，谢志坚、姚仲华、唐镇城、邝晓玲、刁文海等老师提出了许多宝贵意见并给予了大力支持、指导和帮助；编者的学生提供了部分图文资料并参与视频拍摄，编者学生陈慧琪及广东技术师范大学机电学院黄景辉参与图片编辑；北京超星集团、暨南大学新闻与传播学院刘付权振、广州美术学院工业设计学院孔垂琴等参与视频的拍摄、剪辑，在此一并致谢！

由于新技术、新装备发展迅速，而本书内容限于篇幅，加之作者水平有限，难免有不当之处，因此恳请广大读者对本书提出宝贵意见和建议，以便修订时补充和更正。

编　者

2018 年 5 月

目录

绪论………………………………………………………………………… 1

0.1 什么是“校企合一”教学模式 ………………………………………… 1

0.2 “电工”的含义是什么 ………………………………………………… 1

0.3 为什么要学习“电工” ………………………………………………… 2

0.4 电工主要负责哪些工作 ……………………………………………… 2

0.5 进行“电工”教与学的方法 …………………………………………… 3

第 1 章 职业道德和安全知识……………………………………………… 4

1.1 职业道德 ……………………………………………………………… 4

1.2 安全知识与劳动保护………………………………………………… 10

1.3 电工安全知识介绍…………………………………………………… 15

1.4 电工安全操作与文明生产…………………………………………… 19

1.5 其他安全常识………………………………………………………… 21

1.6 实操场地 9S 管理简介 ……………………………………………… 25

第 2 章 安全用电 ………………………………………………………… 30

2.1 电对人体的危害……………………………………………………… 30

2.2 触电种类与急救……………………………………………………… 33

2.3 触电急救操作训练…………………………………………………… 38

第 3 章 常用电工材料及电工工具 ……………………………………… 41

3.1 常用电工材料………………………………………………………… 41

3.2 常用电工材料的识别训练…………………………………………… 48

3.3 常用电工工具………………………………………………………… 50

3.4 常用电工工具的使用训练…………………………………………… 55

第 4 章 电工基本操作工艺 ……………………………………………… 58

4.1 导线连接……………………………………………………………… 58

4.2 电气设备紧固件的埋设……………………………………………… 64

4.3 导线连接操作训练 67

第5章 常用仪表和仪器 69

5.1 电流表、电压表和单相调压器 69
5.2 万用表、兆欧表和电能表 74
5.3 万用表的使用训练 83
5.4 用兆欧表测量电动机的绝缘电阻训练 86

第6章 常用低压电器的选择与使用 89

6.1 开关类电器 89
6.2 低压熔断器 93
6.3 交流接触器 96
6.4 常用继电器 98
6.5 常用启动器 102
6.6 交流接触器的检查和维修训练 104

第7章 线路安装及工艺 107

7.1 室内布线 107
7.2 室内照明线路 114
7.3 动力线路 125
7.4 照明电路的安装及调试训练 129

第8章 变压器和电动机的使用及维护 132

8.1 变压器的结构与分类 132
8.2 变压器的测试与维修 137
8.3 小型变压器的测试训练 141
8.4 三相异步电动机的结构与铭牌 144
8.5 三相异步电动机的选用、运行及维护 147
8.6 用万用表检测确定电动机的同名端训练 153
8.7 电动机的拆装与维护训练 154

第9章 常见的机床控制电路安装及调试 158

9.1 电动机点动及连续控制电路 158
9.2 点动和连续控制电路的安装与检修训练 163
9.3 电动机正反转控制电路 166
9.4 电动机双重互锁正反转控制电路的安装与检修训练 169
9.5 电动机限位控制电路 171
9.6 工作台自动往返控制电路的安装与检修训练 174

9.7 电动机顺序控制电路 …… 177
9.8 两台电动机顺序启动逆序停止控制电路的安装训练 …… 179

参考文献 …… 182

附录 1 学生实操手册 …… 183

附录 2 工位设备交接表与实操过程管理 …… 187

附录 3 《施工现场临时用电安全技术规范》(JGJ 46—2005) …… 189

绪　论

本章要点：什么是"校企合一"教学模式？"电工"的含义是什么？为什么要学习"电工"？"电工"主要负责哪些工作？本章将作介绍。

0.1　什么是"校企合一"教学模式

"校企合一"教学模式是指在教学过程中，推行"学校即企业，教室即车间，教师即师傅，学生即徒弟"的人才培养模式。利用"校企合一"和产教结合，开展课程和教学体系改革，与企业共同制订教学计划、教学内容，实行"产教研"结合，完成教育教学从虚拟→模拟→真实的无缝过渡，零距离实现学生到企业员工身份的转变，教学方面坚持以就业为导向，以工作过程为主线，将教学安排变成员工培训模式，按工艺流程进行，根据工作过程，将实操作业按工作流程来考核，实现知识学习到技能培训的转变。实操管理方面推行企业化管理，学生方面实行按企业员工管理。学生实质上具备双重身份，一是学生身份，二是员工身份。对学生的规范管理要有一个具体要求，对学生采用企业对员工货币奖惩方式来进行考核，变象征性的扣分形式为真实的货币奖惩形式，实现学生向员工的观念转变。

0.2　"电工"的含义是什么

一般来说，凡是从事与电有关的设备的安装、检修、运行、试验的工作人员都叫电工。

电工属于技术工，不需要特别高的学历，但是要对接触的知识多问多记。电工也是一门比较繁杂的技术，要达到比较高的等级，需经过长时间不懈的努力。电工一般有以下几种。

(1) 低压维修电工：主要从事电压等级1000V以下电气设备的安装、运行、调试、维修更换、维护保养等,以及企业低压配电房的值班、维修更换、维护保养、特殊情况拉闸断电等。

(2) 高压维修电工:主要从事电压等级1 000V及以上电气设备的安装运行、调试、维修更换、维护保养等,以及大型企业高压配电房的值班、维修更换、维护保养、特殊情况拉闸断电等。

(3) 防爆电工:主要工作在煤炭矿产、石油化工等易燃易爆行业。

三种电工从业资格中以低压维修电工的适用范围最广,社会需求最大。社会上所指的"电工"一般是指持有低压维修电工证并从事相关工作的人员。本书主要介绍的是低压维修电工相关知识。

0.3 为什么要学习"电工"

电力的广泛应用,使从事电工作业的人员广泛分布在各行各业。随着电器及电气自动化的迅猛发展,电工在日常生活及各行各业中占有的地位越来越重要。

从"国家职业标准"可以看出电工是机电类专业的一门主课,是一门不可缺少的课程。电工是特殊工种,需要持操作证上岗;电工是一门需要特别注意操作安全的工种,刻苦耐劳的同时还必须遵守有关操作规程。电工实操是一门比较消耗人的精神和体力的实操课程,过程很累也很枯燥。编者在编写本书过程中走访过多位一直从事电工工作的退休老师傅,听取了他们对本书编写的建议,他们曾开玩笑说:"一位从事电工工作的技术人员,如果直到他退休,还没有烧坏一只万用表、没有触过一次电,那么他就是一位非常成功的电工师傅了。"由此可见,电工安全操作非常重要。本书将用较大的篇幅介绍电工操作安全知识,特别是电工安全操作规程和注意事项,希望引起大家的重视。

0.4 电工主要负责哪些工作

电工作业过程可能存在如触电、高处坠落等危险,直接关系到电工作业人员的人身安全。电工作业人员要切实履行安全职责,确保自己、他人的安全和各行各业的安全用电。作为一名合格的电工,应履行好以下职责。

(1) 认真贯彻执行有关用电安全规范、标准、规程及制度,严格按照操作规程进行作业。

(2) 负责日常现场临时用电安全供应、巡视和检测,发现异常情况采取有效措施,防止发生事故。

(3) 负责日常电气设备、设施的维护和保养。

(4) 负责对现场用电人员进行安全用电操作安全技术交底,做好用电人员在特殊场所作业的监护工作。

(5) 积极宣传电气安全知识,维护安全生产秩序,有权制止任何违章指挥或违章作业行为。

0.5 进行“电工”教与学的方法

电工“校企合一”教学有别于传统的教学，它是将理论教学与实践教学、学校学习内容与企业工作内容有机地融合在一起进行的一种教学方式；它是以理论与实践相结合、教学与工作相结合为方向，以强化综合技能训练为重点，以工作实践教学为主线，以专业理论、文化课为基础，以课外指导和自学方式为辅助的全方位、综合型的教学方式。

我们也认识到学生刚从初（高）中走进中（高）等职业学校，已经学习过物理等课程，初步接触过电工知识，有少量的理论知识、操作技能，但还必须加强对电工职业道德、生产安全知识、基础知识的了解和基本技能的训练，加深对电工所用工具仪表的认识，了解其用途及正确的使用方法。学习本书之前，应该先学习《电工基础》，在此基础上通过学习本书内容使学生在较短的时间内获得电工入门理论及操作知识。电工的教与学过程中，主要有以下几个环节。

1. 理论讲解

对每个章节、每个课题、每项操作技能，教师（师傅）先进行理论讲解，包括实际的工作要求、本章节安全注意事项等，同时讲解内容本着实用、够用的原则，围绕实践进行。讲解时结合实际操作，联系工作实际，使学生（员工）加深对工作原理的认识，了解安全知识和操作过程，掌握操作要领。有了初步的理性认识，动手操作时就会做到心中有数。

2. 示范操作

考虑到学生（员工）处于入门阶段，在操作练习前，教师（师傅）应对主要环节进行工艺介绍，并且示范操作，在示范操作过程中应结合已学过的理论知识对一些关键环节进行进一步分析、讲解。示范过程应做到步骤清晰，工艺规范，动作到位，分解合理。

3. 自我操作训练与教师巡回指导

实践是检验真理的唯一标准，也是提高学生创造力的主要途径。为此，要求每个学生对所学过的教学课题进行动手操作，通过亲自操作练习，学生能获得切身体会，加强感性认识。当然，要达到熟练掌握，还应结合实际情况合理安排操作练习次数。教师在学生操作时加强巡视指导，以便及时发现、纠正操作过程中可能出现的问题，特别要重视安全文明生产的教育和巡视。

4. 根据考核要求进行操作训练

给出工作内容，由学生按照日常实际模式进行安装调试，并且按照有关要求考核。

5. 总结讲评

学生工作结束后，先进行自评，然后教师再进行评分考核。教师应针对学生的安装调试情况以及操作过程（特别是安全问题）及时进行总结、讲评、讨论，通过教师的总结讲评，可以使学生了解自己的不足，明确今后努力的方向。同时，又能促使学生互相取长补短，相互激励，提高学习的积极性。

6. 巩固训练

在时间和条件允许的情况下应进行巩固训练。

CHAPTER 1

第1章

职业道德和安全知识

知识目标：

(1) 熟悉岗前培训内容，包括职业道德、安全知识、本岗位工作知识和本单位的规章制度等。

(2) 能够叙述电工安全操作规程及相关安全文明生产知识。

技能目标：

通过学习，在获得电工职业道德及安全基本知识的前提下，应遵守职业道德，遵守有关安全操作要求，并且达到以下三方面的要求：①确保人身安全；②确保设备安全；③获得安全的基本知识，为将来的发展做准备。

1.1 职业道德

职业道德是从事一定职业的人在特定的工作和劳动中所应遵循的特定的行为规范。职业道德不仅是从业人员在职业活动中的行为标准和要求，而且是本行业对社会所承担的道德责任和义务。没有职业道德，再好的技术也没用，技术越高对社会造成的危害可能会越大。

职业道德是社会道德在职业生活中的具体化。它涵盖了从业人员与服务对象、职业与职工、职业与职业之间的关系。不论从事什么工作，都有职业道德问题。卖菜的短斤缺两，卖粮的掺沙子，卖肉的注水等，都是缺乏道德意识或道德意识浅薄的表现。可以说，一个社会的文明水平，一个人的文明水平，在相当程度上取决于职业道德意识的强弱和深浅。

劳动创造财富，安全带来幸福；质量是企业的生命，安全是职工的生命。安全生产取决于人，旨在保护劳动者的生命安全和健康，体现了以人为本的先进思想和科学理念，经济发展绝不能也不可能以牺牲劳动者生命安全为代价。作为一名技术工人，也要把“安全第一”落到实处，把预防为主放在各项工作的首位，时刻注意安全，真正做到珍爱生命，安全生产。

坚持德育为先，把社会主义核心价值观融入学习全过程，树立中国特色社会主义的共同理想，弘扬民族精神、时代精神，爱岗敬业、诚实守信。

1.1.1 职业道德概述

（1）在内容方面，职业道德总是要鲜明地表达职业义务、职业责任以及职业行为上的道德准则。它不是一般地反映社会道德的要求，而是要反映职业、行业以至产业特殊利益的要求；它不是在一般意义上的社会实践基础上形成的，而是在特定的职业实践基础上形成的，因而它往往表现为某一职业特有的道德传统和道德习惯，表现为从事某一职业的人们所特有的道德心理和道德品质，甚至造成从事不同职业的人们在道德品貌上的差异。

（2）在表现形式方面，职业道德往往比较具体、灵活、多样。它总是从本职业的交流活动的实际出发，采用制度、守则、公约、承诺、誓言、条例，以至标语口号之类的形式，这些灵活的形式既易于为从业人员所接受和实行，又易于形成一种职业的道德习惯。

（3）从调节的范围来看，职业道德一方面是用来调节从业人员内部关系，加强职业、行业内部人员的凝聚力；另一方面，它也是用来调节从业人员与其服务对象之间的关系，用来塑造本职业从业人员的形象。

（4）从产生的效果来看，职业道德既能使一定的社会或阶级的道德原则和规范"职业化"，又能使个人道德品质"成熟化"。职业道德虽然是在特定的职业生活中形成的，但它绝不是离开阶级道德或社会道德而独立存在的道德类型。在阶级社会里，职业道德始终是在阶级道德和社会道德的制约和影响下存在和发展的；职业道德和阶级道德或社会道德之间的关系，就是一般与特殊、共性与个性之间的关系。任何一种形式的职业道德，都在不同程度上体现着社会道德的要求。同样，社会道德在很大程度上都是通过具体的职业道德形式表现出来的。同时，职业道德主要表现在实际从事一定职业的成人的意识和行为中，是道德意识和道德行为成熟的阶段。职业道德与各种职业要求和职业生活相结合，具有较强的稳定性和连续性，形成比较稳定的职业心理和职业习惯，以致在很大程度上改变了人们在学校生活阶段和少年生活阶段所形成的品行，影响道德主体的道德风貌。

1.1.2 职业道德的特点

通过概述不难看出职业道德具有以下特点。

1. 职业道德具有适用范围的有限性

每种职业都担负着一种特定的职业责任和职业义务。由于各种职业的责任和义务不同，从而形成各自特定的职业道德的具体规范。范围上的有限性和针对性是指职业道德不像社会公德，不是对社会全体成员的共同要求，它只适用于从事职业的人，对于没有职业的儿童、学生等都是不适用的。针对性是指不同行业的职业道德要求是针对本行业的特点确定的，只能在本行业发挥作用，不同行业的职业道德一般不能互相通用。

2. 职业道德具有发展的历史继承性

由于职业具有不断发展和世代延续的特征，从事同一职业的人，由于长期有职业生活，往往会形成一些共同的、比较稳定的职业心理、职业习惯和职业品德。不仅其技术世代延续，其管理员工的方法、与服务对象打交道的方法，也有一定历史继承性。只要某种职业存在，与之相适应的职业道德就是不可缺少的。

3. 职业道德表达形式多种多样

随着社会的发展，社会具体行业和岗位的划分越来越细，职业道德的内容越来越丰富，地位越来越重要。由于各种职业道德的要求都较为具体、细致，因此其表达形式多种多样。常见的形式有制度、章程、守则、公约、须知、誓词、条例等，甚至也可以采取更为简便的标语、口号、标牌、对联等形式。

4. 职业道德兼有严格的纪律性

纪律也是一种行为规范，但它是介于法律和道德之间的一种特殊的规范。它既要求人们能自觉遵守，又带有一定的强制性。就前者而言，它具有道德色彩；就后者而言，又带有一定的法律色彩。也就是说，一方面遵守纪律是一种美德；另一方面，遵守纪律又带有严格性，具有法令的要求。例如，工人必须执行操作规程和安全规定；军人要有严明的纪律等。因此，职业道德有时又以制度、章程、条例的形式表达，让从业人员认识到职业道德具有纪律的规范性。

1.1.3 职业道德的作用

职业道德是社会道德体系的重要组成部分，它一方面具有社会道德的一般作用，另一方面又具有自身的特殊作用，具体表现在以下方面。

1. 调节职业交往中从业人员内部以及从业人员与服务对象之间的关系

职业道德的基本职能是调节职能。它一方面可以调节从业人员内部的关系，即运用职业道德规范约束职业内部人员的行为，促进职业内部人员的团结与合作。如职业道德规范要求各行各业的从业人员要团结、互助、爱岗、敬业、齐心协力地为发展本行业、本职业服务。另一方面，职业道德又可以调节从业人员和服务对象之间的关系。如职业道德规定了制造产品的工人要怎样对用户负责、营销人员怎样对顾客负责、医生怎样对病人负责、教师怎样对学生负责等。如果工人、营销人员、医生、教师达不到这些要求，势必他们之间会产生矛盾，这些矛盾都是由职业道德引起的，所以只能通过职业道德解决。

2. 有助于维护和提高本行业的信誉

一个行业、一个企业的信誉，也就是它们的形象、信用和声誉，是指企业及其产品与服务在社会公众中的信任程度。提高企业的信誉主要靠产品质量和服务质量，而从业人员职业道德水平高则是产品质量和服务质量的有效保证。若从业人员职业道德水平较低，很难生产出优质的产品和提供优质的服务。

3. 促进本行业的发展

行业、企业的发展有赖于高的经济效益，而高的经济效益源于高的员工素质。员工素质主要包含知识、能力、责任心三个方面，其中责任心是最重要的。而职业道德水平高的从业人员其责任心是极强的，因此，职业道德能促进本行业的发展。

4. 有助于融洽人际关系，提高全社会的道德水平

职业道德是整个社会道德的主要内容。社会是各行各业有机结合的统一体。在社会主义社会中，大家都是国家、社会的主人，劳动既是为自己，也是为社会、为他人。职业道德一方面涉及每个从业者如何对待职业，如何对待工作；同时也是一个从业者生活态度、价值观念的表现，是一个人的道德意识、道德行为发展的成熟阶段，具有较强的稳定性和连续性。另一方面，职业道德也是一个职业集体，甚至一个行业全体人员的行为表现，如果每个行业、每个职业集体都具备优良的道德，对整个社会道德水平的提高肯定会发挥重要作用。

1.1.4　职业道德的基本规范

职业道德不是离开社会道德而独立存在的道德类型。职业道德与社会道德的关系是特殊与一般、个性与共性的关系。

社会主义职业道德是在社会主义道德原则的指导下发展起来的，它继承了历史上优秀的职业道德传统，是人类历史上最进步的职业道德。在社会主义社会，各行各业的职业道德内容虽有不同，但都有一些共同的、基本的规范。

(1) 爱岗敬业：爱岗与敬业是相互联系的，不爱岗就很难做到敬业，不敬业也很难说是真正的爱岗。提倡爱岗敬业，就是提倡“干一行，爱一行”的精神，实质就是提倡为人民服务的精神，提倡爱集体、爱社会主义、爱国家的精神。如果每个人都能够做到爱岗敬业、尽职尽责，每个岗位上的事都将办得更好、更出色，社会主义事业就会欣欣向荣。只要用真情去做好本职工作，敬业精神就会发扬光大，就会得到社会的尊重和赞扬。相反，那种对工作不负责任，这山望着那山高的人，是不道德的。

(2) 诚实守信：诚实守信尽管自古就存在，但是今天对它的需要尤为突出、迫切。对于企业、集团公司来说，诚实守信的基本作用是树立自己的信誉，树立值得他人信赖的道德形象。我国自改革开放以来，特别是实行社会主义市场经济以来，社会生活发生了前所未有的变化，这些变化使得交往双方都把对方的信誉看得很高。谁的信誉高，谁在竞争中就能占据优势地位。信誉被视为企业的生命所在，对于从业者个人来讲也是同样的。因此，诚实守信作为职业道德规范是与职业良心联系在一起的，做人要讲良心，职业道德中要有职业良心。要做到诚实守信，从职业道德的角度讲，很重要的就是要靠职业良心来监督。

(3) 办事公道：办事是否公道，主要与品德相关。坚持原则、不徇私情、不谋私利、不计个人得失、不惧怕权势，就是维护了国家、人民的利益，维护了社会主义事业的利益。办事公道作为职业道德，从利益关系的角度而言，就是以国家、人民利益为最高原则，以社会主义事业的利益为最高原则。

(4) 服务群众：服务群众就是全心全意地为人民服务，一切以人民的利益为出发点和归宿。人生价值在服务群众中得到实现，市场经济呼唤服务精神，社会文明需要服务精神。

(5) 奉献社会：培养社会责任感和无私精神，充分实现自我价值。坚持把公众利益、社会利益摆在第一位，这是每个从业者从业行为的宗旨和归宿。

1.1.5 本行业职业道德要求

各行业的工作性质、社会责任、服务对象和服务手段不同，因此每个行业都有各自的职业道德规范，这就是行业职业道德规范，它是职业道德基本规范在这一行业的具体化。

按照产业划分，第一产业为农业，第二产业为工业和建筑业，第三产业是除第一、第二产业以外的其他各行业。由此可知，从事电工等技术工作属于第二产业。另外，在工业发达的国家，一般都把信息当作社会生产力发展和国民经济发展的重要资源，把信息产业作为所有产业核心的新型产业群，称为第四产业。

本行业的职业道德要求：质量第一，信誉第一；遵规守纪，安全生产；爱护设备，钻研技术；热心为用户服务，不谋取私利。

(1) 质量第一，信誉第一：第二产业的劳动目的是为社会提供物质产品，因此就必须保证这些物质产品是合格品、优质品。企业只有凭借质量优势，才能在市场上赢得竞争力。

(2) 遵规守纪，安全生产：劳动纪律是为生产过程顺利进行而制定的，它对保障正常生产秩序、提高劳动生产率有重要作用。每一个劳动者都应该努力培养高度的组织性和纪律性，维护生产秩序，服从生产指挥，在工作中，把全部精力用于生产劳动中。没有安全，就没有生产，作为一名技术工人，也要把安全第一落到实处，把预防为主放在各项工作的首位，时刻注意安全，真正做到珍爱生命，安全生产。

(3) 爱护设备，钻研技术：设备是生产的工具，没有设备，就无法生产。要爱护生产设备，坚持文明生产。钻研技术、精通业务不只是对劳动者的自身要求，也是社会发展的必然要求。现代科学技术成果在生产上的大量应用，先进设备和现代化管理思想、管理方法的广泛采用，都要求劳动者努力学习科学文化知识，不断提高技术和业务水平。

(4) 热心为用户服务，不谋取私利：树立共产主义远大理想，树立共产主义的世界观和人生观；热爱祖国、热爱社会主义、热爱共产党、热爱集体事业、热爱本职工作；积极做好本职工作；充分发挥主动性、积极性和创造性，热爱劳动、各尽所能，发扬共产主义劳动态度；关心集体，关心同志，尊师爱徒，团结互爱；积极参加企业民主管理，讲求工作实效，提高产品质量，降低生产成本；顾全大局，勇挑重担，做到个人利益服从集体利益和国家利益，暂时利益服从长远利益，局部利益服从整体利益。

1.1.6 职业道德的自我培养

职业道德修养是一个从业人员形成良好的职业道德品质的基础和内在因素。一个从业人员只知道什么是职业道德规范而不进行职业道德修养，是不可能形成良好的职业道德品质的。要做好本职工作，不但要树立职业理想，端正劳动态度，还必须培养职业良心。

1. 职业道德修养

人的一生是一个不断学习和不断提高的过程，也是一个不断修养的过程。所谓修养，就是人们为了在理论、知识、思想、道德品质等方面达到一定的水平，所进行的自我教育、自我改善、自我提高的活动过程。修养是人们提高科学文化水平和道德品质必不可少的手段。

所谓职业道德修养，是指从事各种职业活动的人员，按照职业道德基本原则和规范，在职业活动中所进行的自我教育、自我改造、自我完善，使自己形成良好的职业道德品质和达到一定的职业道德境界。

2. 职业道德与人自身的发展

(1) 人总是要在一定的职业中工作生活，职业是人谋生的手段，从事一定的职业是人的需求，职业活动是人的全面发展的最重要条件。

(2) 职业道德是事业成功的保证，没有职业道德的人干不好任何工作。职业道德是人事业成功的重要条件，职业道德是人格的一面镜子：①人的职业道德品质反映着人的整体道德素质；②提高职业道德水平是人格升华的最重要的途径。

3. 职业道德行为养成的方法

(1) 在日常生活中培养：从小事做起，严格遵守行为规范；从自我做起，自觉养成良好习惯。

(2) 在专业学习中练习：增强职业意识，遵守职业规范；重视技能练习，提高职业素养。

(3) 在社会实践中体验：参加社会实践，培养职业情感；学做结合，知行统一。

(4) 在职业活动中强化：将职业道德知识内化为信念，将职业道德信念外化为行为。

职业道德修养的方法多种多样，除上述职业道德行为养成外，概括起来，还有以下几种。

① 学习职业道德规范，掌握职业道德知识。

② 努力学习现代科学文化知识和专业技能，提高文化素养。

③ 经常进行自我反思，增强自律性。

1.1.7　电工职业守则

(1) 服从企业领导和管理部门的统一领导，当好企业领导的参谋，努力做好本职工作。

(2) 努力学习电力电工专业知识、企业安全工作规程及低压电器装备规程等有关规程。

(3) 遵纪守法，作风正派，办事公正，不损害国家集体利益，严禁随意拉闸停电。

(4) 遵守职业道德，为企业尽责尽力。

(5) 严格执行电价政策，按供电局规定督促企业按时交纳电费。

(6) 认真做好安全用电、计划用电、节约用电工作，认真做好各项记录及负荷平衡工作。

(7) 工作期间严禁喝酒和擅自离开工作岗位，不做与工作无关的其他事。

1.2 安全知识与劳动保护

1.2.1 安全的意义

安全是什么？对于一个人，安全意味着健康；对于一个家庭，安全意味着幸福；对于一个企业，安全意味着发展。古语道："千里之堤，溃于蚁穴"，意思是说虽然是小问题，却有可能导致全局的失败。如果我们把企业的经营发展比作千里之堤，那么出现的安全问题就是那小小的蚁穴，安全工作做不好，一切工作都将毫无意义。

企业的最终目的是获得经济利益，安全就是最大的利益。安全是最大的节约，任何忽视安全隐患的做法，势必会给企业带来巨大的经济损失。从这个意义上讲，安全就是财富、就是资源、就是生产力。所以就企业而言，安全应置于一切工作的首位，全体员工不能有丝毫的松懈。当安全与生产进度发生矛盾时，应服从于安全；当安全与日常管理工作发生矛盾时，应服从于安全；当安全与个人利益发生矛盾时，更应服从于安全。

1.2.2 劳动保护

劳动保护是指采用立法及依靠技术进步和科学管理，采取技术和组织措施，消除劳动过程中危及人身安全和健康的不良条件与行为，防止伤亡事故和职业病，保障劳动者在劳动过程中的安全和健康，促进社会主义现代化的建设和发展。

劳动保护也是国家和单位为保护劳动者在劳动生产过程中的安全和健康所采取的立法、组织和技术措施的总称。劳动保护的目的是为劳动者创造安全、卫生、舒适的劳动工作条件，消除和预防劳动生产过程中可能发生的伤亡、职业病和急性职业中毒，保障劳动者以健康的劳动力参加社会生产，促进劳动生产率的提高，保证社会主义现代化建设顺利进行。劳动保护的基本内容如下。

(1) 劳动保护的立法和监察。主要包括两方面的内容，一是属于生产行政管理的制度，如安全生产责任制度、加班加点审批制度、卫生保健制度、劳保用品发放制度及特殊保护制度；二是属于生产技术管理的制度，如设备维修制度、安全操作规程等。

(2) 劳动保护的管理与宣传。企业劳动保护工作由安全技术部门负责组织、实施。

(3) 安全技术。是指为了消除生产中引起伤亡事故的潜在因素，保证职工在生产中的安全，在技术上采取的各种措施，主要解决、防止和消除突发事故对于职工安全的威胁问题。

(4) 工业卫生。是指为了改善劳动条件，避免有毒、有害物质危害职工健康，防止职业中毒和患职业病，在生产中所采取的技术组织措施的总和。它主要解决威胁职工健康的问题，实现文明生产。

(5) 工作时间与休假制度。

(6) 女职工与未成年职工的特殊保护;不包括劳动权利和劳动报酬等方面内容。

1.2.3 劳动保护用品

劳动保护用品是指保护劳动者生产过程中人身安全与健康所必备的一种防御性装备。劳动保护用品作为保护劳动者安全与健康的一种预防辅助措施,对于减少生产劳动过程中的伤亡事故和职业危害起着相当重要的作用。各种防护类用品如下。

(1) 头部防护类:头部的防护一般采用安全帽,其广泛用于建筑、造船、冶金、采矿、起重等作业。

(2) 呼吸道防护类:包括防尘口罩、防毒面具、防毒口罩。

(3) 面部、眼部防护类:包括护目镜、防护面具、辐射线防护用品、激光防护用品、防酸面罩。

(4) 听觉防护类:包括耳塞、耳罩。

(5) 手的防护:包括一般作业手套、焊接手套、耐热手套、化学用手套、电气用手套等。

(6) 足部防护类:包括护趾安全鞋、绝缘鞋、防酸鞋、耐油鞋、防水鞋、防静电鞋。

(7) 坠落防护类:包括各种安全带、安全网、安全绳等。

1.2.4 安全生产和全面安全管理

1. 安全第一、预防为主

"安全第一、预防为主"是我国劳动保护工作的总指导方针,也是我国的安全生产方针。

"安全第一"是要求一切生产部门和企业必须树立对劳动者高度负责的根本态度,坚持在保证安全的情况下,组织生产建设。

"预防为主"就是要求尊重安全生产科学规律,积极采用先进技术和科学管理办法,对生产系统的危险和有害因素进行预测和预防。在生产岗位上,一个看似微不足道的违章行为造成严重后果的例子数不胜数,一个未熄灭的烟头就有可能造成严重的后果。所以要做到预防为主,及时消除安全隐患;经常检查,防止各类事故发生;规章健全、责任明确。

安全工作无小事,工作中不能抱任何侥幸心理,坚决消除事故隐患,时刻要把"安全"工作放在各项工作的首位,去部署、去检查,真正把安全工作落到实处,防患于未然,才能杜绝事故发生,让人为事故无可乘之机。

要提高思想认识,加强安全知识教育,增强责任意识,使每个人都认识到安全工作的重要性,增强防范意识、自我约束能力,自觉遵守安全规定,主动提高规避各种事故的能力,有效地避免事故的发生。

2. 安全生产管理

(1) 抓好安全生产教育,贯彻预防为主方针。安全教育是安全管理的重要内容。安全技术操作教育要从基本功入手,做到操作动作熟练,并能在复杂情况下判断和避免事故发生。对于学生实操要进行实操工场、实操工种、实操设备三级安全教育,对新工人要进行厂、车间、班组三级安全教育,对待特殊工种,如焊工、电工、制冷操作工、电梯维修工等工种的技术工人,要做到教育、培训、考核合格后持作业证上岗。

(2) 认真贯彻"五同时",做好"三不放过"。即在计划、布置、检查、总结和评比生产工作的同时,要计划、布置、检查、总结和评比安全工作。出了事故后,除了按制度做好报告工作和保护现场外,还必须做到事故原因不查清不放过,没有预防措施或措施不落实不放过,事故责任者和广大员工没有受到深刻教育不放过。

3. 全面安全管理

全面安全管理是指对安全生产实行全过程、全员参加和全部工作安全管理,简称 TSC。

(1) 全过程安全管理是指一个工程从计划、设计开始,经过基建、试车、投产、生产、运输,一直到更新、报废的全过程,都需要进行安全管理和控制。

(2) 全员参加安全管理是指从厂长、车间主任、技术和管理人员、班组长到每位工人参加的安全管理。其中,领导参加是安全管理的核心。国家要求"管理生产的必须管理安全,安全生产人人有责",就是这个意思。

(3) 全部工作的安全管理是指对生产过程中的每项工艺都进行全面分析、全面评价、全面采取措施等。"高高兴兴上班来,平平安安回家去"是实现安全管理的目的。

1.2.5 环保管理

1. 环保管理的含义

环境包括大气、水体、矿藏、森林、野生动物、自然保护区和风景游览区等,这些都是国家的自然资源,是人民生活的基本条件。

环保管理是指人们运用经济、法律、技术、行政、教育等手段,限制人类损害环境质量活动,并通过全面规划使经济发展与环境保护相协调,达到既发展经济满足人类需要,又不超出环境的容许范围。也就是说,人类在满足不断增长的物质和文化需要的同时,要正确处理经济规律和生态规律的关系;要运用现代科学的理论和方法,对人类损害自然环境质量的活动施加影响;在更好地利用自然环境的同时,促进人类与环境系统协调发展。

2. 环保工作在国民经济中的战略地位

环保和改善环境是关系到经济和社会发展的重要问题,是进行社会主义物质文明和精神文明建设的重要组成部分。

环境是人类生存发展的物质基础。自然环境不仅为人类的生存提供场所,也为生产提供各种原料和基地。但是,由于人类不合理地利用自然资源,乱排"三废"(废水、废气、废渣)、滥砍滥伐和环境污染的日益严重,不仅破坏了生态环境,甚至危害人的生命。工业生产同样以环境资源为基础,从环境取得资源并向环境排出废物组成循环系统。因此,环保工作的目的是为人类保护好良好的生活、工作环境,这是人类生存发展的需要,是劳动力再生产的必要条件;同时,也是保护人类所需要的物质资源,使经济和社会得到发展。

由此可见，经济建设和环境之间的关系是否协调，是经济建设中重要的战略问题。农、轻、重三行业的比例失调，用几年的时间便可以得到调整；经济发展与环境的关系失调，若生态环境被破坏，那将是用几十年的时间也难以扭转的。可见环境问题是制定经济和社会发展战略的重要依据。要使经济持续发展，就必须使其与环境保护相协调，把环境保护作为经济发展的一个战略目标，放到重要的位置。

3. 环保管理的任务

环保管理是工业企业管理的一个重要内容。生产过程在生产出产品的同时也产生一定数量的废弃物，特别是污染物，这是生产过程一个整体的两个方面，它们相互依存，是对立的统一。

工业企业环保管理的基本任务，就是要在区域环境质量的要求下，最大限度地减少污染物的排放，避免对环境的损害。通过控制污染物排放的科学管理，促进企业减少原料、燃料、水资源的消耗，减低成本，提高科学技术水平，促进消除污染，改善环境，保障职工健康，减轻或消除社会经济损失，从而获得最佳的、综合的社会效益。

为了实现上述任务，工业企业环保管理应着重做好以下几个方面的工作。

(1) 加强环保教育，提高广大职工保护环境的自觉性。

(2) 结合技术改造，最大限度地把“三废”在生产过程中解决。这是企业防治工业污染、做好环保管理的根本途径。

(3) 贯彻以预防为主、防治结合、综合治理的方针，大搞综合利用，变废为宝，实现“三废”资源化。这是防止工业污染的必经之路。

(4) 进行净化处理，使“三废”达到国家规定的排放标准，不污染或少污染环境。这是必要的防治手段。

(5) 把环保工作列入经济责任制。这是搞好环保管理的重要保证。

(6) 对热处理、电镀、铸造等排污比较严重的生产厂点，环保部门要会同有关部门对其治理“三废”的情况和措施进行检查、验收和审核，采取必备条件和评分相结合的考核办法，全部符合必备条件才发许可证；不符合要求的不能发证，或限期整顿；未经批准不得擅自生产或扩大生产规模。

(7) 贯彻“三同时”原则。新建、扩建和改建的企业，在建设过程中，对存在污染的项目，必须与主体工程同时设计，同时施工，同时投产。各种有害物质的排放，必须遵守国家规定的标准。

1.2.6 质量管理简介

全面质量管理体系是指在最经济的基础上考虑到充分满足顾客要求的条件下进行市场研究、设计、制造和售后服务，把企业内各部门的研制质量、维持质量和提高质量的活动构成为一体的一种有效的体系。

全面质量管理强调为了取得真正的经济效益，管理必须始于识别顾客的质量要求。全面质量管理就是为了实现这一目标而指导人、机器、信息的协调活动。

1. 质量

国家标准对质量所下的定义为：质量是产品或服务满足明确或隐含需要能力的特征和特性的总和。“质量”的含义不仅是对技术要求而言，还要考虑到社会，即符合法律、法规、环境、安全、能源利用和资源保护等方面要求。目前更流行、更通俗的定义是从用户的角度去定义质量：质量是用户对一个产品(包括相关的服务)满足程度的度量。质量是产品或服务的生命。质量受企业生产经营管理活动中多种因素的影响，是企业各项工作的综合反映。要保证和提高产品质量，必须对影响质量的各种因素进行全面系统的管理。质量的主体主要包括：产品和/或服务的质量；工作的质量；设计质量和制造质量。

2. 质量管理

质量管理就是确定企业的质量方针、目标和职责，并予以实施的全部活动。质量方针是由企业最高管理者正式批准颁布的企业总的质量宗旨和质量方向，是企业各职能部门和全体职工日常工作应遵循的准则。

3. 全面质量管理

全面质量管理就是企业组织全体职工和有关部门参加，综合运用现代科学和管理技术成果，控制影响产品质量的全过程和各因素，经济地研制生产和提供用户满意的产品的系统管理活动。全面质量管理是企业管理现代化、科学化的一项重要内容。我们要形成这样的意识：好的质量是设计、制造出来的，不是检验出来的；质量管理的实施要求全员参与，并且要以数据为客观依据，要视顾客为上帝，以顾客需求为核心。

全面质量管理过程的全面性，决定了全面质量管理的内容应当包括设计过程、制造过程、辅助过程、使用过程四个过程的质量管理。

1）设计过程质量管理的内容

产品设计过程的质量管理是全面质量管理的首要环节。这里所指的设计过程，包括市场调查、产品设计、工艺准备、试制和鉴定等过程(即产品正式投产前的全部技术准备过程)。主要工作内容包括：通过市场调查研究，根据用户要求、科技情报与企业的经营目标，制定产品质量目标；组织有销售、使用、科研、设计、工艺、制度和质管等多部门参加的审查和验证，确定适合的设计方案；保证技术文件的质量；做好标准化的审查工作；督促遵守设计工作程序等。

2）制造过程质量管理的内容

制造过程，是指对产品直接进行加工的过程。它是产品质量形成的基础，是企业质量管理的基本环节。它的基本任务是保证产品的制造质量，建立一个能够稳定生产合格品和优质品的生产系统。主要工作内容包括：组织质量检验工作；组织和促进文明生产；组织质量分析，掌握质量动态；组织工序的质量控制，建立管理点等。

3）辅助过程质量管理的内容

辅助过程，是指为保证制造过程正常进行而提供各种物资技术条件的过程，包括物资采购供应、动力生产、设备维修、工具制造、仓库保管、运输服务等。主要工作内容包括：做好物资采购供应(包括外协准备)的质量管理，保证采购质量，严格入库物资的检查验收，按质、按量、按期地提供生产所需要的各种物资(包括原材料、辅助材料、燃料等)；组织好设备维修工作，保持设备良好的技术状态；做好工具制造和供应的质量管理工作等。另外，企业物资采购的质量管理也日益重要。

4）使用过程质量管理的内容

使用过程是考验产品实际质量的过程，它是企业内部质量管理的继续，也是全面质量管理的出发点和落脚点。这一过程质量管理的基本任务是提高服务质量（包括售前服务和售后服务），保证产品的实际使用效果，不断促使企业研究和改进产品质量。主要工作内容包括：开展技术服务工作，处理出厂产品质量问题；调查产品使用效果和用户要求。

4．ISO 9000 管理

随着社会发展，越来越多的企业实施 ISO 9000 族标准管理。ISO 9000 族标准是世界上普遍认同的国际质量管理体系标准，按照 ISO 9001：2000 标准建立起质量管理体系，并按其管理思想和方法实施有效管理，坚持八项质量管理原则（以顾客为关注焦点和持续改进是其中的两项重要原则），通过了这一标准的认证，即向顾客证明了质量保证能力，并增强顾客满意度，取得国内外顾客的广泛信任。它的实施有利于提高产品质量，保护消费者利益；为提高组织的运作能力提供了有效的方法；有利于增进国际贸易，铲除技术壁垒；有利于组织的持续改进和持续满足顾客的需求和期望。

ISO 9001 族标准体现了发达国家在质量管理方面的思想和方法，即强调"过程控制"：把握住事物的过程，把握其结果；采用"过程方法"：在质量管理体系中实现管理职责、资源管理、产品实现和测量、分析与改进四大过程的循环，重视顾客要求的输入，关注的是顾客满意度的信息反馈，并持续改进该体系。此外，称为"PDCA"（策划、实施、检查、处置）的方法适用于所有过程。PDCA 循环也称戴明循环，如图 1-1 所示。

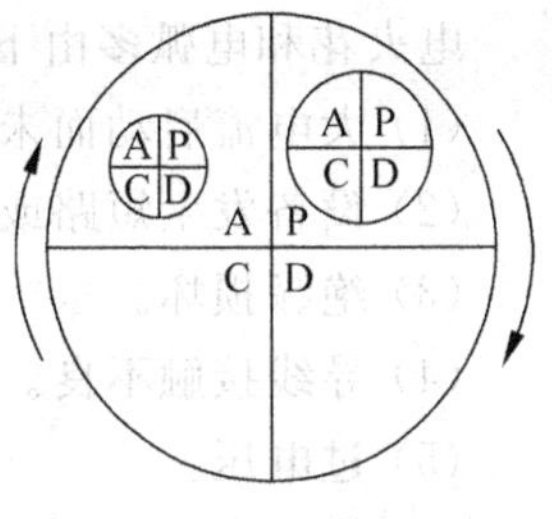

图 1-1　质量控制的 PDCA（戴明）循环

PDCA 含义：

（1）P(Plan，策划)——确定方针和目标，确定活动计划；

（2）D(Do，实施)——实地去做，实现计划中的内容；

（3）C(Check，检查)——总结执行计划的结果，注意效果，找出问题；

（4）A(Action，处理)——对总结检查的结果进行处理，对成功的经验加以肯定并适当推广、标准化；对失败的教训加以总结，以免重现。

一个好的质量体系的建设，企业必须首先保证质量体系建立过程的完善，其步骤通常包括分析质量环、研究具体组织结构、形成文件、全员培训、质量体系审核、质量体系复审等几个步骤。其次，企业要抓住质量体系的特征，保证质量体系设立的合理性，使全面质量管理有效地发挥作用。最后，要保证质量体系在实际生产中得到有效的实施。

1.3　电工安全知识介绍

电气设备是现代生活中各行各业不可缺少的生产设备，不仅工业生产要用到各种电气设备，其他行业也在不同程度上要用到各种电气。

1.3.1 用电安全常识

用电方面常见的安全事故为触电、电气火灾及爆炸。

1. 触电

触电分为电击和电伤两种。电击是指较高电压和较强的电流通过人体，使心、肺、中枢神经系统等重要部位受到伤害，足以致命。电伤是指电弧烧伤、接触通过强电流发生高热的导体引起热烫伤、电光性眼炎等局部性伤害。

一般人体电阻为1 000～2 000Ω，但在潮湿情况下阻值会减半。

在工频(50Hz)条件下，40～500mA电流通过人体0.1s就可能导致心室纤维颤动，有生命危险，由此可大致推断出安全电压的最高值。

2. 电气火灾及爆炸

电气设备的过热、电火花和电弧经常是导致电气火灾及爆炸的直接原因。

电气设备过热多由短路、过载、接触不良、铁芯发热、散热不良、长时间使用和严重漏电等引起。

电火花和电弧多由下列情况引起。

(1) 大电流启动而未用保护性开关。

(2) 设备发生短路或接地。

(3) 绝缘损坏。

(4) 导线接触不良。

(5) 过电压。

(6) 静电火花和感应火花等。

3. 用电安全技术措施

1) 绝缘

绝缘是指用绝缘材料将带电物体包围起来。但绝缘材料在强电场作用下会被击穿，潮湿或腐蚀性环境下或因使用时间过长而变质，这些情况都可能降低其绝缘性能。测量绝缘性能较常用的方法是用兆欧表测量材料的绝缘电阻。

2) 接地和接零

接地是指把设备或线路的某一部分与专门的接地导线连接起来。接零是指把电气设备正常时不带电的导电部分(如金属机壳)与电网的零线连接起来。

3) 漏电保护装置

主要用于防止单相触电及因漏电而引起的触电事故和火灾事故、各种接地故障。其额定电流与动作时间的乘积不应超过30mA·s。

4) 安全电压

安全电压是由人体允许的电流和人体电阻等因素决定的。我国对安全电压的规定如下。

(1) 手提照明灯、危险环境的携带式电动工具均应采用42V或36V安全电压。

(2) 密闭的、特别潮湿的环境所用的照明及电动工具应采用 12V 安全电压。

(3) 水下作业应采用 6V 安全电压。

1.3.2 电工安全知识

(1) 电工必须持证上岗。各专业电工须经专业技术培训，具备必要的电气知识，熟悉《电业安全工作规程》，经考试合格，持有“特种作业操作许可证”或供电部门颁发的“进网电工考试合格证”，并按期复审培训考试，复审考试不合格不得上岗作业。

(2) 严格执行保证安全的技术措施和组织措施。对变电站、配电室所有电气设备的停供电、检修、预试操作，都要严格执行《电业安全工作规程》所规定的保证安全的技术措施和组织措施，不得随意更改操作程序和简化安全措施。

(3) 加强对供/用电设备的维护管理。对主要的供/用电设备要建立技术档案资料，对所有的供/用电设备要定期维护保养，不符合要求的设备不许投运。

(4) 严禁使用不合格的电气设备。坚决不使用国家明令淘汰的电气设备，不购买也不使用无厂家、无生产许可证、无产品质量检验合格证、无保障、不包换的电气设备。

(5) 加强备用电源的管理。对一个单回路供电的单位或经营者，不允许擅自从电网的另一电源回路上引接备用电源或安装自备发电机。如需引接电网的另一回路供电电源或安装自备发电机，不管容量大小，必须到当地供电部门登记办理有关手续，经供电部门同意并到现场验收合格后，方可使用；否则，由供电部门按有关规定处理。

(6) 供/用电设备外壳必须可靠接地。所有供电设备、用电设备的金属外壳、金属支架，都必须做可靠的接地保护，以防在运行中绝缘击穿漏电伤人。

(7) 低压配电线路的零线必须重复接地。在低压配电线路较长或用电负荷较集中的配电线路上，都要隔段在零线上做重复接地保护，以防零线断线，三相负荷不平衡，中性线零位电压中心点位移，使相线电压升高或降低过大而烧坏 220V 的用电设备。

(8) 接地必须符合要求。所有电气设备的金属外壳接地、零线重复接地，包括引线、接地桩、连接体的材料、截面积的选用、连接的可靠程度及阻值都必须符合规定要求。

(9) 同一供电点的保护接地、接零必须统一。在同一台变压器供电线路上所接的各种用电设备金属外壳的保护是采用保护接地还是接零，必须选用统一的一种保护接线方式，不允许在同一台变压器供电系统选用两种保护接线方式。

(10) 防护安全用具必须齐全、合格。电气工作人员操作时必须穿戴使用的绝缘防护用具，如绝缘鞋、绝缘靴、绝缘手套、绝缘杆、验电器、遮栅、接地线、标示牌、安全绳、安全带、安全帽、登高用具等，都必须齐全、符合要求，并严格执行。

1.3.3 安全用电规程

(1) 任何电气设备未经验电，一律视为有电状态处理，不准用身体和导电物触摸。

(2) 带电工作台不准放置茶杯、饮料等与工作无关的导电物体。

(3) 电气开关和插座附近严禁堆放导电物品。

(4) 严禁乱拉、乱接电气线路。

(5) 非专业人员和非指定人员,不得进行控制柜和控制开关等电气设备的操作。

(6) 用电时,先打开控制电源总开关,然后打开电源分开关,最后打开终端的用电设备,使用结束切断电源操作顺序与用电时相反。

(7) 发现有异味及异常现象应立即切断有关电源,并通知有关人员,以便及时妥善处理。

(8) 不得用湿手或湿物触摸电器、开关、插头、照明灯具。

(9) 正确使用插头、插座、开关、电器。

(10) 离开岗位前,应检查及断开无用的电源。

(11) 当发生人身触电事故和火灾事故时,应立即断开有关设备电源,然后进行抢救并通知相关部门。

(12) 电气设备发生火灾时,应首先切断电源,再用四氯化碳、二氧化碳干粉灭火器灭火,严禁使用水和泡沫灭火器灭火。

1.3.4 电气火灾

建筑电气火灾作为一种灾害,在经济迅速发展的形势下,给国家财产和人民的生命安全造成的损失也与日俱增。据统计,80%以上的火灾为建筑火灾,而电气则是引发建筑火灾的首要因素。

电气火灾产生的原因有很多,归纳起来,主要有以下几个方面。

1. 短路

发生短路时,线路中的电流增加为正常时的几倍甚至几十倍,而产生的热量又和电流的平方成正比,使得温度急剧上升,大大超过允许范围。如果温度达到可燃物的自燃点,即引起燃烧,从而导致火灾。

当电气设备的绝缘老化变质,或受到高温、潮湿或腐蚀的作用而失去绝缘能力时,即可引起短路。

绝缘导线直接缠绕、钩挂在铁丝上时,由于磨损或铁锈腐蚀,很容易使绝缘破坏而形成短路。由于设备安装不当或工作疏忽,可能使电气设备的绝缘受到机械损伤而形成短路。由于累积等过电压的作用,电气设备的绝缘可能遭到击穿而形成短路。在安装和检修工作中,由于接线和操作的错误,也可能造成短路事故。

2. 过载

过载会引起电气设备发热。造成过载的原因大体上有以下两种情况。

(1) 设计时选用线路或设备不合理,以致在额定负载下产生过热。

(2) 使用不合理,即线路或设备的负载超过额定值,或者连续使用时间过长,超过线路或设备的设计能力,由此造成过热。

3. 接触不良

接触部分是电路的薄弱环节,是发生过热的一个重点部位。

不可拆卸的接头连接不牢、焊接不良或接头处混有杂质,都会增加接触电阻而导致接头过热。

可拆卸的接头连接不紧密或由于震动而松弛，也会导致接头发热。

活动接头，如闸刀开关的触头、接触器的触头、插式熔断器的触头、灯泡与灯座的接触处等活动触头，如果没有足够的接触电压或接触表面粗糙不平，会导致触头过热。

对于铜铝接头，由于铜和铝电性不同，接头处易因电解作用而腐蚀，从而导致接头过热。

4. 铁芯发热

变压器、电动机等设备的铁芯，如铁芯绝缘损坏或承受长时间过电压，将增加涡流损耗和磁滞损耗而使设备发热。

5. 散热不良

各种电气设备在设计和安装时都考虑有一定的散热或通风措施，如果这些措施受到破坏，就会造成设备过热。

1.4 电工安全操作与文明生产

电工实操时要避免由于操作者疏忽安全守则而造成人身和设备事故，具体要求如下。

1.4.1 电工实操课堂制度

(1) 实操课前必须根据实操场地与课题的要求，穿戴好劳动保护用品。

(2) 教师上课时，学生不得讲话或干其他事情；提问要举手，经教师同意后方可起立发问；进出实操场地应得到教师的许可。

(3) 学生尽可能按教师分配的工位进行练习，不得串岗，更不许擅自动用他人设备。

(4) 严格遵守操作规程，防止发生人身设备事故。

(5) 按实操课题的要求保质保量完成实操课题的练习。

(6) 学生应自觉遵守课堂纪律并做到“六不”。

① 不闲谈打闹。

② 不擅自离岗。

③ 不干私活。

④ 不得将公用工具带出实操场地。

⑤ 不擅自拆修电气设备。

⑥ 不顶撞教师。

(7) 爱护公共财物，节约用电。

(8) 保持工作场所的整洁，下课后全面清扫场地，保养设备。

1.4.2 电力拖动实操场地实操规则

(1) 进入实操室内的所有同学都应按实操课题的要求，穿戴好各种劳动保护用品。

(2) 学生需按任课教师要求,进入分配的工位实操,不得串岗、大声喧哗和闲谈。

(3) 实操过程中,如需对元件板通电,应征得任课教师的允许,在任课教师的指导下才能送电。

(4) 各工位实操板上元件未经任课教师许可,不得私自拆卸和维修、更换元件及改动板上各元件的连线。

(5) 进入实操场地的学生,应听从任课教师的安排进入工位实操。实操时应按任课教师对实操课题的要求进行实操,不能随意进行与课题无关的任何操作。

(6) 保持场地内的清洁,每天课后清洁场地。

(7) 课后关断所有应关的电源,锁好门窗。

1.4.3 电工实操室守则

(1) 进入实操室实操时,要穿好工作服、扣好工作服纽扣,衬衫要系入裤内,不得穿凉鞋、拖鞋、湿鞋、背心进入实操室,女同学不得穿裙子、高跟鞋和戴围巾。

(2) 严禁在实操室内进食、追逐、打闹、喧哗、玩手机、阅读与实操无关的书刊、收听广播和 MP3 等。

(3) 实操时要严格遵守安全技术操作规程和各项规章制度。

(4) 学生必须在教师的指导下有秩序地进行实操课所规定的项目实操,凡进入实操室者,应当十分注意安全工作,不得擅自动用实操室的一切仪表和仪器。

(5) 要有科学的态度,严肃认真,实事求是地记录实操项目数据,不得弄虚作假。

(6) 注意保持室内的整洁,每次做完实操课题后应负责清理使用过的仪表和仪器。

(7) 人离灯熄,关停电动机,下课要切断电源。

(8) 实操室内不得抛掷物品或零件。

(9) 学生非当班实操时间无事不能进入实操室;非本实操室实操生未经教师同意,一律不准进入。

(10) 要做好设备和工位使用及交接记录登记。工具附件要清点、抹净后按指定位置放置整齐。

(11) 实操室地面不得乱摆放工件杂物和工具箱,地面墙壁保持清洁,严禁乱涂乱画。

(12) 实操用的工具、刀具、量具、材料等不准私自拿回课室或宿舍。

(13) 不得擅自离开工作岗位,有事要先请假,未到下课时间不得擅自离开实操室。

(14) 如有违反上述纪律,经劝告不改者,指导教师有权取消其实操资格。如因此发生事故,则应追究责任并按章赔偿。

1.4.4 电工安全技术操作规程

(1) 按规定穿戴劳保用品。

(2) 工作前先检查防护用品、工具、仪器等是否完好。凡须进行耐压试验或机械试验的防护用品及工具,必须是试验合格并在有效期内的才准使用。

(3) 使用梯子时要有人扶持或绑牢，梯子与地面的夹角以60°为宜；在水泥地面等硬滑地面上使用梯子要有防滑措施；使用人字梯时，拉线必须牢固；不准使用钉子钉成的梯子，梯首尾尽量绑辅助扎线；梯子不准垫高使用。

(4) 在高处工作时，上下传递物品不得抛掷，要用吊绳传递。

(5) 验电时，必须使用电压等级相符并且合格的验电器，验电前应先在有电设备上试验证明电器完好。

(6) 电烙铁必须放在烙架上才能通电。使用时必须检查其外壳是否漏电。使用完毕应立即断电，禁止将通电的电烙铁放在桌子上和易燃物品附近。

(7) 使用电压36V以上的手持电动工具时，应戴绝缘手套并站在绝缘物上，电动工具的外壳必须接地良好。严格将接地线和工作零线拧在一起插入插座。必须用两相带地或三相带地插座或将接地线单独接到地线上，保护接地线不允许有工作电流通过。工具的额定电压要与线路电压相符。

(8) 移动的电气设备要使用多股铜芯软线作为电源线，拖地电线应加防护，电源线不应过长。

(9) 所有电气设备的金属外壳、支架等都必须接地，保护接地线载面应符合接地装置规程的规定。

(10) 保护接地的连线必须焊接或螺丝压接。

(11) 使用接线板临时接线时，插头、插座、保险器必须完整，按相线、中线、地线分别连接。延长引线使用插座作驳接不应超过3个，以免地线松脱或电阻增大。

(12) 电气设备或线路拆除之后，可能来电的线头必须使用绝缘胶布包扎好。高压的电动机或电器、设备拆除后，遗留线头必须短路接地。

(13) 安装灯头，开关必须接在相线(火线)上，螺口灯头的螺口必须接在零线上。

(14) 装置熔断器、熔丝时容量要与线路或设备的安装相适合。带电更换熔断器时，应戴防护眼镜和绝缘手套，必要时使用绝缘夹钳，并站在绝缘垫上。

(15) 不得带电移动电气设备。

(16) 不得对电气设备、电力拖动线路等强电设备或线路进行带电接线、检测、维修、更换元器件等操作。

1.5 其他安全常识

1.5.1 物料搬运安全知识

物料搬运中，因不注意安全姿势和所搬物件的复杂性，未采用正确的方法，或过高估计了个人的能力而伤及腰、腿、膝、脚、手的情况颇为常见。

1. 人力搬运

人力搬运时应注意以下几点。

(1) 要正确估计所搬物件的重量和自己的能力。有标签的物件通常都会在标签上注明物件重量,最好是看毛重,即连带包装箱的重量。一定要看清楚,不要不自量力。若有怀疑,应请人帮忙。一个普通人短时间徒手提举的物件重量最好不超过30kg。

(2) 要注意个人防护。要戴安全手套,穿合适的工衣。如果搬运的是有毒或有腐蚀性的物料,更应采用密闭型着装,包括面罩和脚罩。

(3) 提举前应找准物体重心,确定着手的地方后靠近物体,屈膝蹲下,用整个手部握紧而不是仅用手指,后脚用力蹬地,直立提起物体,平稳地向前移动。

(4) 有可能时尽量借助一些工具,如撬杆(铁笔)、滚筒(直径为50~80mm,长为1~1.5m的圆管多根)、绳索、千斤顶或其他专用工具等,这样比直接徒手搬运更为安全和有效。

(5) 如果搬运的是较重较大的新设备,其下面常装有两根平行的方木条(俗称"草鞋"),可以撬高以后放入滚筒来搬运,故先不要急于将木条卸下。

(6) 物体形状复杂者应特别注意,因为其搬运难度较大,如容易滑落和损坏等。

2. 机械搬运

机械搬运设施有多种,如绞盘、滑轮组、起重装置、电动葫芦等。

1) 机械搬运的注意事项

(1) 所有机械搬运设施均要由18岁以上经过专门训练的人员使用(有主管人员在场指导的训练学员除外)。

(2) 如果设备操作人员不能看见他所吊运的物品,必须有专门的指挥者在场指挥,或有其他信号系统,保证操作人员能完全正确而安全地控制所吊运的物品。

(3) 设备应标有清楚的安全负荷,所吊的负荷不能超过此负荷。

(4) 应检查设备是否装有灵敏的制动装置。

(5) 重物正悬挂在半空时,操作者必须站在控制器旁边。

(6) 应从正确的位置以正确的方式吊起重物,防止下滑和跌落。

2) 吊索与链条的运用

常用的吊索有多股绞合的麻绳、塑胶丝绳、钢丝绳、硬橡胶带等,它们的承载能力应经过试验。

吊索应经常检查,中间有缺损者不宜使用。

链条不要用螺栓与螺母连接。

(1) 加载时应注意的事项如下。

① 吊索容易被所吊重物的尖锐边缘割破,故在吊索与重物之间应特别加垫软木或其他合适材料作垫块来加以保护。

② 不要由于长度不足而出现吊钩两边吊索的夹角太大的情况。

③ 注意确保吊索的各边均匀受力,避免某一边因受力太大、不胜负荷而被拉断。

(2) 吊运前应注意的事项如下。

① 认真检查重物是否吊得牢固和可靠。

② 经常查看吊钩是否在重物的正中央,重物是否平衡,防止来回摆动。

③ 吊钩受力前要将手放开。

④ 观察重物吊起时有无受阻。

⑤ 劝告旁人与重物保持安全距离。

(3) 吊运中应注意的事项如下。

① 只能由负责吊运的人发出信号,其他人不要乱指挥。

② 重物的中间和上面不能有人。

③ 不要沿地面拖拉链条、吊索、吊钩和重物。

(4) 卸载时应注意的事项如下。

① 确保重物卸到坚固的地面或其他基础上,重物下面应有垫料,保证在卸除吊索时不会破坏吊料。

② 垫料应不易毁坏,容易清理。

1.5.2 防火与灭火

1. 火的来源与类型

起火有三个条件,即可燃物、助燃物和点火源,三者缺一不可。

燃烧有三种类型:着火、自燃和闪燃。着火是可燃物受到外界火源的直接点燃而开始的。自燃指没有受到外界火源的直接点燃而自行燃烧的现象,如黄磷在34℃的空气中就能自燃。闪燃是指当火焰或炽热物体接近有一定温度的易燃和可燃液体时,其液面上的蒸汽与空气的混合物会发生一闪即灭的燃烧现象。发生闪燃的最低温度称为该液体的闪点。

2. 防火措施

(1) 尽可能清除一切不必要的可燃物品,对易燃气体和液体要特别注意,防止焊接车间的氧气瓶、阀门、导管等接触油脂。

(2) 在有易燃物品存放的地方严禁吸烟。

(3) 打开装有易燃液体的容器时应使用不会产生火花的安全工具。

(4) 衣服上溅上易燃液体时,应远离点火源,随即洗掉。

(5) 建筑物应符合《建筑设计防火规范》的要求。

(6) 在有易燃物品的场所,不能使用铁制工具,不能穿钉鞋和穿化纤服装,以防产生火灾;各类电气及其线路应严格遵守用电安全规定,防止过热及产生电弧与火花。

(7) 搬运装有易燃易爆气体及液体的金属瓶(如乙炔瓶、氧气瓶)时,不准拖拉及滚动,不能产生撞击及震动;各类运动机件应保持良好润滑,松紧适当,防止产生摩擦碰撞以引起火花。

(8) 所有厂房、车间均应贴有防火标志,并应严格遵守。

(9) 焊接作业点与乙炔瓶、氧气瓶保持不少于10m的水平距离,不得有可燃、易爆物品,高处焊接时要注意火花走向。

(10) 如遇可燃气体管道泄漏而着火,应先关闭有关阀门,再行灭火。

3. 灭火

灭火的方法有冷却法、窒息法、隔离法和化学抑制法四种。冷却法一般用水冷;窒息法是用难燃物料覆盖火场,阻止空气流入的方法;将可燃物搬开的方法称为隔离法;化学抑制法则是加入化学物料直接参与燃烧化学反应,使燃烧赖以持续的游离基消失,从而达到灭火的目的,如1211灭火剂、干粉灭火剂即是此类化学物料。

1) 几种手提灭火器简介

(1) 充水灭火筒。钢筒内装水,由压缩空气射出。筒身为红色。

(2) 泡沫灭火筒。钢筒内装有能与水相溶,并可通过化学反应或机械方法产生泡沫的灭火药剂。产生的泡沫相对密度小(0.11~0.5),可漂浮于可燃液体表面,或附着于可燃固体表面,形成一个泡沫隔离层,起到窒息和隔离的作用。筒身为奶黄色。

(3) 二氧化碳灭火筒。钢筒内装有压缩成液态的二氧化碳,筒身为黑色。初喷时会骤冷,为防出口冷凝堵塞,阀门必须全开。

(4) 干粉灭火筒。钢筒内装干粉状化学灭火剂(如碳酸氢钠、碳酸氢钾、磷酸二氢钠等)和防潮剂、流动促进剂、结块防止剂等添加剂,它同时具有上述4种灭火功能。筒身为蓝色。适宜扑救易燃液体、油漆、电气设备的火灾等。因为灭火后留有残渣,不宜用于精密机械或仪器的灭火。其冷却功能有限,不能迅速降低燃烧物的表面温度,容易复燃。

(5) 可蒸发液体灭火筒。这是一种高效、低毒且适用范围较广的灭火器材。筒身为绿色。以前使用的液体是溴氯(BCF),近年发现它对同温层有损害,故改用气体灭火器FM200,FM200对飞机、车辆和重要的工业装置的灭火特别有效。

各种灭火器均应贴有标签,清楚标明其类型、使用方法、适用于哪些类型的火灾扑救;还应注明保养负责单位或人员、上次试验或保养的日期等。

2) 其他消防设施

其他的消防设施主要有烟雾感应器、温度感应器、消防水管系统、灭火毡、灭火弹、砂箱、各种消防标志、走火通道和警钟等。

1.5.3 化学药品和危险物料简介

1. 工业用危险物料的分类

(1) 爆炸性物料。其本身可因化学反应产生大量高温高压气体,高速膨胀,足以对周围造成杀伤性破坏。

(2) 易氧化物料。虽然其本身不一定可燃,但与其他物料混杂时容易氧化,增加了火灾的危险性。

(3) 会自燃的物料。在普通环境中不需外加能量,只要与空气接触,就会升温自燃。

(4) 有毒物料。普通接触即会对人产生严重伤害甚至致命。

(5) 腐蚀性物料。普通接触即会产生程度不同的腐蚀性损害。

2. 化学药品对健康的影响

化学药品与人们的生活关系密切。化学药品可以防病治病,可以增加农业收成,但有些化学药品如果使用不当,会危及人类健康,也可能毒化环境。化学药品进入人体的途径有呼吸、吸收(通过皮肤或眼)、进食、妊娠等。

3. 减少有害化学药品影响的方法

(1) 使用较为安全的其他代用品。

(2) 加强抽风。

(3) 大量送入新鲜空气。

1.6 实操场地9S管理简介

“9S管理”来源于企业，是现代企业行之有效的现场管理理念和方法，通过规范现场、现物，营造一目了然的工作环境，培养师生良好的工作习惯，其最终目的是提升人的素质，养成良好的工作习惯。

1.6.1 何谓9S

9S就是整理(SEIRI)、整顿(SEITON)、清扫(SEISO)、清洁(SEIKETSU)、素养(SHITSUKE)、安全(SAFETY)、节约(SAVING)、学习(STUDY)、服务(SERVICE)九个项目，因其均以“S”开头，故简称为9S。其作用是提高效率，保证质量，使工作环境整洁有序；预防为主，保证安全。

1. 整理(SEIRI)

定义：区分要用和不要用的，留下必要的，其他都清除掉。

目的：把“空间”留出来活用。

2. 整顿(SEITON)

定义：有必要留下的，依规定摆整齐并加以标识。

目的：不用浪费时间找东西。

3. 清扫(SEISO)

定义：工作场所看得见看不见的地方全都清扫干净，并防止污染的发生。

目的：消除“脏污”，保持工作场所干净明亮。

4. 清洁(SEIKETSU)

定义：将上面3S实施的做法制度化、规范化，保持成果。

目的：通过制度化来维持成果，并显现“异常”之所在。

5. 素养(SHITSUKE)

定义：每位师生都养成良好习惯，遵守规则，有美誉度。

目的：改变“人质”，养成工作认真、讲究的习惯。

6. 安全(SAFETY)

定义：①管理上制定正确作业流程，配置适当的工作人员监督指示功能；②对不符合安全规定的因素及时举报消除；③加强作业人员安全意识教育，一切工作均以安全为前提；④签订安全责任书。

目的：预知危险，防患于未然。

7. 节约(SAVING)

定义：减少企业的人力、成本、空间、时间、库存、物料等消耗。

目的：养成节约成本的习惯，加强作业人员减少浪费意识的教育。

8. 学习(STUDY)

定义：深入学习各项专业技术知识，从实践和书本中获取知识，同时不断地向同事及上级主管学习，从而达到完善自我、提升综合素质。

目的：使企业得到持续改善，培养学习性组织。

9. 服务(SERVICE)

定义：站在客户(外部客户、内部客户)的立场思考问题，并努力满足客户要求，特别是不能忽视内部客户(后道工序)的服务。

目的：让每一位员工都树立服务意识。

1.6.2 9S 管理的目的

通过规范现场、现物，营造一目了然的工作环境，培养师生良好的工作习惯，其最终目的是提升人的品质，养成良好的工作习惯。9S 管理是校企合一的体现，在企业现场管理的基础上，通过创建学习型组织不断提升企业文化素养，消除安全隐患，节约成本和时间。实行 9S 管理的目的如下。

(1) 全面现场改善，创造明朗、有序的实操环境，建设具有示范效应的实操场所。

(2) 全校上下初步形成改善与创新文化氛围。

(3) 激发全体员工的向心力和归属感；改善员工精神面貌，使组织活力化。人人都变成有修养的员工，有尊严和成就感，对自己的工作尽心尽力，并带动改善意识，增加组织的活力。

(4) 优化管理，减少浪费，降低成本，提高工作效率，塑造一流学校形象。

(5) 形成校企合一的管理制度，建立持续改善的文化氛围。

(6) 提高工作场所的安全性。储存明确，物归原位，工作场所宽敞明亮，通道畅通，地上不会随意摆放不该放置的物品。如果工作场所有条不紊，意外的发生也会减少，当然安全就会有保障。

(7) 9S 管理的根本目的是提高人的素质。

1.6.3 9S 管理意识

(1) 9S 管理是校园文化的体现，是校企合一教学的需要。

职业院校是与生产紧密联系的学校，很多校方管理都与企业息息相关，校企合一，使学生具有企业职业素养是教学目标。

(2) 工作再忙，也要进行 9S 管理。

教学与 9S 管理并非对立，9S 管理是工作的一部分，是一种科学的管理方法，可以应用于生产工作的方方面面。其目的之一就是提高工作效率，解决生产中的忙乱问题。

1.6.4　9S 管理流程

推行 9S 管理，所做的管理内容和所评估的业绩应当是在持续优化和规范生产现场的同时，达到不断提高生产效率和降低生产成本的目的。

9S 管理流程，如图 1-2 所示。

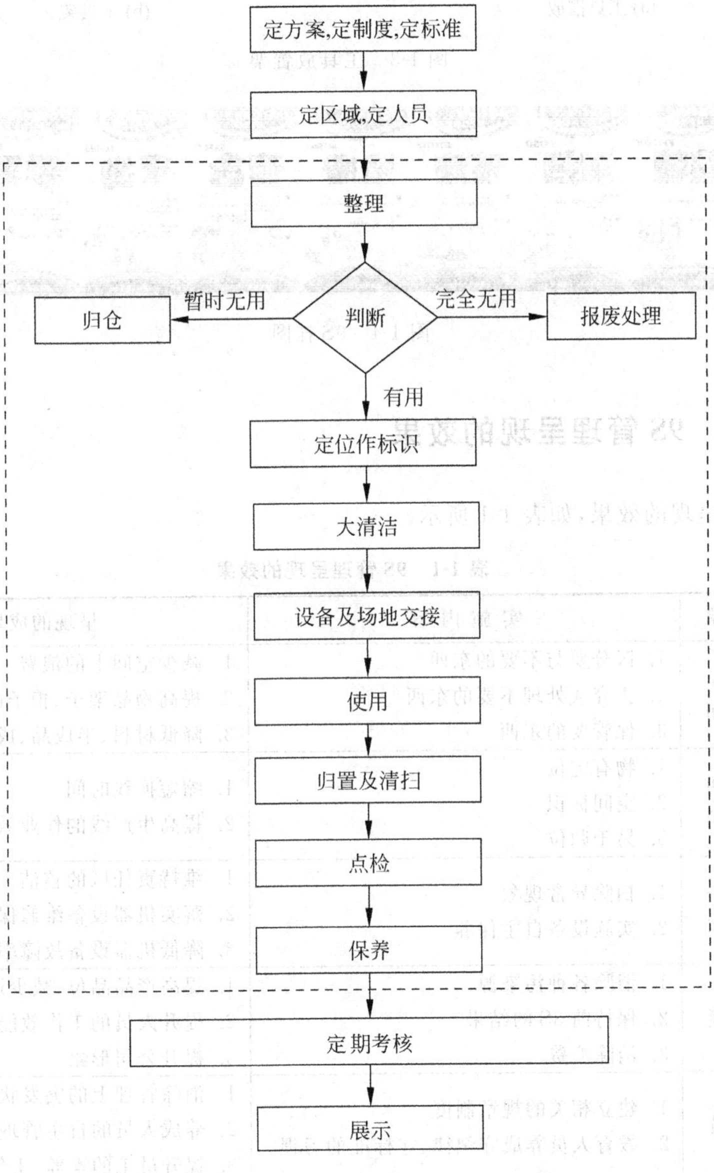

图 1-2　9S 管理流程

我国香港地区某学校教师设计的工具放置架如图 1-3 所示；9S 挂图如图 1-4 所示。

(a) 工具摆放　　(b) 工具架

图 1-3　工具放置架

图 1-4　9S 挂图

1.6.5　9S 管理呈现的效果

9S 管理呈现的效果，如表 1-1 所示。

表 1-1　9S 管理呈现的效果

9S	对象	实 施 内 容	呈现的成果
整理	物品 空间	1. 区分要与不要的东西 2. 丢弃或处理不要的东西 3. 保管要的东西	1. 减少空间上的浪费 2. 提高物品架子、柜子的利用率 3. 降低材料、半成品、成品的库存成本
整顿	时间 空间	1. 物有定位 2. 空间标识 3. 易于归位	1. 缩短换线时间 2. 提高生产线的作业效率
清扫	设备 空间	1. 扫除异常现象 2. 实施设备自主保养	1. 维持责任区的整洁 2. 落实机器设备维修保养计划 3. 降低机器设备故障率
清洁	环境	1. 消除各种污染源 2. 保持前 3S 的结果 3. 消除浪费	1. 提高产品品位、减少返工 2. 提升人员的工作效能 3. 提升公司形象
素养	人员	1. 建立相关的规章制度 2. 教育人员养成守纪律、守标准的习惯	1. 消除管理上的突发状况 2. 养成人员的自主管理 3. 提升员工的素养、士气

续表

9S	对象	实施内容	呈现的成果
安全	人员	1. 通过现场整理整顿、现场作业9S实施,消除安全隐患 2. 通过现场审核法,消除危险源	实现全面安全管理
节约	人员	1. 减少成本、空间、时间、库存、物料消耗 2. 内部挖潜,杜绝浪费	1. 养成降低成本的习惯 2. 加强操作人员减少浪费意识教育
学习	人员	1. 学习各项专业技术知识 2. 从实践和书本中获取知识	1. 持续改善 2. 培养学习型组织
服务	人员	1. 满足客户要求 2. 培养全局意识,我为人人,人人为我	人人时时树立服务意识

1.6.6 实操安全保证书

实操安全保证书参考如下。

通过学习有关实操制度以及相关安全知识,本人在电工实操时,一定遵守各项规章制度,遵守各项安全操作规程,做到安全、文明实操。

(1)

(2)

(3)

班级：

保证人姓名：

学号：

年　　月　　日

习　　题

1. 什么是职业道德?
2. 安全生产有哪些意义?
3. 根据本章介绍内容,写一份学习心得或实操安全保证书。

CHAPTER 2

第2章

安全用电

知识目标：

(1) 能够叙述电流对人体的伤害。

(2) 能够叙述触电种类、触电急救方法。

(3) 能够叙述电气火灾及安全技术规程。

技能目标：

通过训练掌握触电急救方法，能正确实施触电急救。

2.1 电对人体的危害

2.1.1 触电概述

触电是指人体触及或接近带电导体，发生电流对人体造成伤害的现象。人体是导体，当人体接触设备的带电部分并形成电流通路时，就会有电流流过人体，从而造成触电。

电流通过人体会对人体的内部组织造成破坏，如电流通过肌肉组织，会引起肌肉收缩；电流流经血管、神经、心脏、大脑等器官可能导致功能障碍等。电流不但直接作用于机体外，还会刺激中枢神经系统，甚至使重要器官的功能受到破坏。电流作用于人体，表现的症状有针刺感、压迫感、打击感、痉挛、疼痛乃至血压升高、昏迷、心律不齐、心室颤动等。在易致颤期(人体心脏每收缩、扩张一次的过程中，有一个约 0.1s 的特定时段，在这个时段里心脏对电流最敏感，称为易致颤期，也叫易损期)，即使是小电流通过也可能导致死亡。

2.1.2 触电伤害因素

电流通过人体内部，对人体伤害的严重程度与通过人体电流的大小、电流通过人体的持续时间、电流通过人体的途径、电流的种类以及人体的状况等多种因素有关，而且各因素之间是相互关联的，伤害严重程度主要与电流大小和通电时间长短有关。

1. 通过人体电流的大小

通过人体的电流越大，人体的生理反应越明显，感觉越强烈。按照通过人体电流的大小、人体出现的不同状态，可将电流划分为感知电流、摆脱电流和室颤电流。

1) 感知电流

在一定概率下，电流通过人体时能引起感觉的最小电流叫感知电流。概率为 50% 时，成年男性的平均感知电流值(有效值，下同)约为 1.1mA，最小为 0.5mA；成年女性约为 0.7mA。

感知电流一般不会对人体造成伤害，但当电流增大时，引起人体的反应变大，可能导致坠落等二次事故。

2) 摆脱电流

手握带电体时，人能自行摆脱带电体的最大电流叫摆脱电流。成年男性的平均摆脱电流值约为 16mA，成年女性平均摆脱电流值约为 10.5mA。

当通过人体的电流达到摆脱电流值，暂时不会有生命危险，但如超过摆脱电流值且时间过长，则可能昏迷、窒息，甚至死亡。由此，可以认为摆脱电流是有较大危险的。

3) 室颤电流

室颤电流是指在较短时间内，能引起心室颤动的最小电流。电流引起心室颤动而造成血液循环停止，是电击致死的主要原因。因此，可以认为引起心室颤动的最小电流值就是致命电流。通过人体电流的大小取决于外加电压和人体电阻，如表 2-1 所示。人体电阻主要由体内电阻和皮肤电阻组成。体内电阻一般约为 500Ω；皮肤电阻主要由皮肤表面的角质层决定，它受皮肤干燥程度、是否破损、是否沾有导电性粉尘等的影响。如皮肤潮湿时的电阻不及干燥时的电阻的 1/2，所以手湿时不要接触电气设备或拉合开关。人体电阻还会随电压升高而降低，工频电压为 220V 时，人体电阻只有 50V 时的 1/2。当受很高电压作用时，皮肤被击穿，则皮肤电阻可忽略不计，这时流经人体的电流则会成倍增加，人体的安全系数将降低。一般情况下，220V 工频电压作用下人体的电阻为 1 000～2 000Ω。

表 2-1　人体电阻与接触电压情况(部分)

接触电压/V	12.5	31.3	62.5	125	220	250	280	500	1 000
人体电阻/Ω	16 500	11 000	6 240	3 530	2 222	2 000	1 417	1 130	640
流过电流/mA	0.8	2.84	10	35.2	99	125	268	443	1 562

2. 通过人体的电流持续时间的影响

电流从左手到双脚引起心室颤动的效应。通电时间越长，越容易引起心室颤动，造成的危害越大，具体原因如下。

(1) 随通电时间延长，能量积累增加(如电流热效应随时间延长而加大)，一般认为通电时间与电流的乘积大于 50mA・s 时就有生命危险。

(2) 通电时间延长，人体电阻因出汗而下降，导致人体电流进一步增加。

(3) 心脏在易损期对电流最为敏感,最容易受到损害,发生心室颤动而导致心跳停止。如果触电时间大于一个心跳周期,则发生心室颤动的机会加大,电击的危害加大。

因此,通过人体的电流越大,持续时间越长,电击伤害造成的危害越大。通过人体电流的大小和通电时间长短是电击事故严重程度的基本决定因素。

3. 电流途径的影响

电流通过人体的途径不同,造成的伤害也不同。电流通过心脏可引起心室颤动,导致心跳停止,使血液循环中断而致死。电流通过中枢神经或有关部位,会引起中枢神经系统强烈失调;通过头部会使人立即昏迷;而当电流过大时,则会导致死亡。电流通过脊髓,可能导致肢体瘫痪。

电流通过人体的途径如图 2-1 所示,这些伤害中,以对心脏的危害性最大,流经心脏的电流越大,伤害越严重。人的心脏位置稍偏左,因此,电流从左手到前胸到右手的途径是最危险的[图 2-1(a)],其次是左手到前胸到左脚[图 2-1(b)],再其次是右手到前胸到右脚[图 2-1(c)],包括双手到双脚及左手到单(或双)脚、右脚或双脚等。电流从右脚到左脚可能会使人站立不稳[图 2-1(d)],导致摔伤或坠落,因此这个途径也是相当危险的。

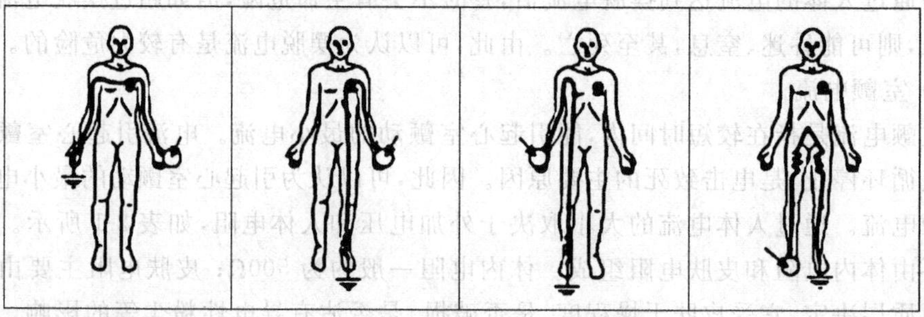

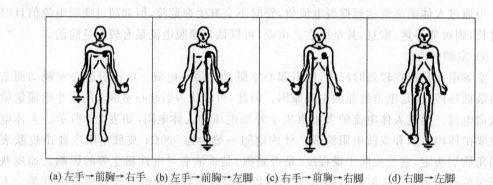

(a) 左手→前胸→右手　(b) 左手→前胸→左脚　(c) 右手→前胸→右脚　(d) 右脚→左脚

图 2-1　电流通过人体的途径

4. 不同种类电流的影响

直流电和交流电均可使人发生触电。相同情况下,直流电比交流电对人体的危害较小。在电击持续时间长于一个心搏周期时,直流电的心室颤动电流比交流电高好几倍。直流电在接通和断开瞬间,平均感知电流约为 2mA。接近 300mA 的直流电流通过人体时,在接触面的皮肤内会感到疼痛,随着电流通过时间的延长,可引起心律失常、电流伤痕、烧伤、头晕甚至有时失去知觉,但这种症状是可恢复的。如超过 300mA 则会使人失去知觉;达到数安培,只要几秒,就可能发生内部烧伤甚至死亡。

交流电的频率不同,对人体的伤害程度也不同。实验表明,50～60Hz 的电流危害性最大;低于 20Hz 或高于 350Hz 时,危害性相应减小,但高频电流比工频电流更容易引起皮肤灼伤。因此,不能忽视使用高频电流的安全问题。

5. 个体差异的影响

不同的个体在同样条件下触电可能出现不同的后果。一般而言,女性对电流的敏感程度较男性强，小孩较成人易受伤害，特别是有心脏病、神经系统疾病的人更容易受到伤害，后果更严重。

2.2 触电种类与急救

触电事故是由电能以电流形式作用于人体造成的事故。触电可分为电击和电伤。

2.2.1 电击

人体接触带电部分，造成电流通过人体，使人体内部的器官受到损伤的现象，称为电击触电。人受到电击后，可能会出现肌肉抽搐、昏厥、呼吸停止或心跳停止等现象，严重时甚至有生命危险。大部分触电死亡事故都是电击造成的，通常所说的触电事故基本上是对电击而言的。

按照人体触及带电体的方式和电流通过人体的途径可分为单相触电、两相触电和跨步电压触电。

1. 单相触电

当人体直接接触带电设备或线路中的一相时，电流通过人体流入大地，这种触电现象称为单相触电，如图 2-2 所示。在高压系统中，人体虽没有直接触碰高压带电体，但由于安全距离不足而引起高压放电，造成的触电事故也属于单相触电。大部分触电都属于单相触电事故。一般情况下，接地电网的单相触电危险性比不接地的电网的危险性大。

2. 两相触电

两相触电是指人体同时接触带电设备或线路中的两相导线（或在高压系统中，人体同时接触不同相的带电导体，而发生高压放电）时，电流从一相导体通过人体流入另一相导体，如图 2-3 所示。两相触电危险性较单相触电大，因为当发生两相触电时，加在人体上的电压由相电压（220V）变为线电压（380V），这时会加大对人体的伤害。

3. 跨步电压触电

当电气设备发生接地故障，接地电流通过接地体向大地流散，若人在接地短路点周围行走，其两脚之间的电位差，就是跨步电压。由跨步电压引起的人体触电，就是跨步电压触电，如图 2-4 所示。

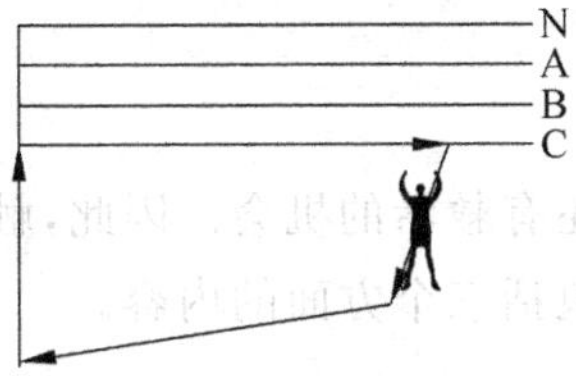

图 2-2 单相触电

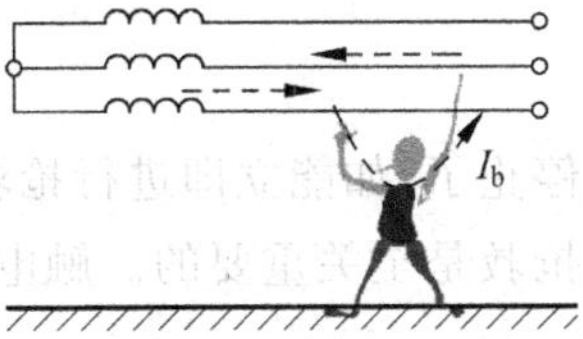

图 2-3 两相触电

图 2-4 跨步电压触电

一般认为,距接地点 20m 以外可认为地电位为零。在对可能存在较高跨步电压(如高压故障接地处、大电流流过接地装置附近)的接地故障点进行检查时,室内不得接近故障点 4m 以内,室外不得接近故障点 8m 以内。若进入上述范围,工作人员必须穿绝缘靴。

2.2.2 电伤

电伤是有电流的热效应、化学效应或者机械效应直接造成的伤害。电伤会在人体表面留下明显伤痕,如电烧伤、电烙伤、皮肤金属化、机械性损伤和电光眼。造成电伤的电流通常都比较大。

1. 电烧伤

电烧伤是电流的热效应造成的伤害,分为电流灼伤和电弧烧伤。前者是人体触及带电体时电流通过人体的热效应造成的伤害,一般发生在低压设备或者低压线路上;后者是电弧放电产生的高温造成的伤害,如在高压开关柜分闸操作,先拉隔离开关造成的电弧。

高压电弧的烧伤较低压电弧严重,直流电弧的烧伤较工频交流电严重。人体与带电体之间发生电弧对人体造成的烧伤,以电流进、出口的烧伤最为严重,同时体内也会受到伤害。

2. 电烙印

电烙印是在人体与带电体接触的部位留下的永久性斑痕。斑痕处皮肤失去原有弹性、色泽,表皮坏死,失去知觉。

3. 皮肤金属化

高温电弧作用下,熔化、蒸发的金属微粒渗入表皮,使皮肤粗糙而张紧的伤害称为皮肤金属化。

4. 机械性损伤

由于电流对人体的作用使得中枢神经反射和肌肉强烈收缩,导致机体组织断裂、骨折等伤害。应当注意这里所说的机械伤害与电流作用引起的坠落、碰撞等伤害是不一样的,后者属于二次伤害。

5. 电光眼

电光眼是发生弧光放电时,由红外线、可见光、紫外线对眼睛造成的伤害。对于短暂的照射,紫外线是引起电光眼的主要原因。

2.2.3 触电急救

人触电后,即使心跳和呼吸停止了,如能立即进行抢救,也还有救活的机会。因此,触电后争分夺秒、立即就地正确地抢救是至关重要的。触电急救包括三个方面的内容。

(1) 使触电者脱离电源。

(2) 脱离电源后,立即检查触电者的受伤情况。

(3) 根据受伤情况确定处理方法,对心跳、呼吸停止的,立即就地采取人工心肺复苏方法抢救。

1. 触电脱离方法及注意事项

按照触电电压等级,可分为低压触电与高压触电,两种情况需使用不同的方法脱离电源。

1) 低压触电脱离电源方法

(1) 拉:如果电源开关或插头就在附近,应立即断开开关或拔掉插头,如图 2-5 所示。

(2) 切:救护人员如有绝缘胶柄的钳或绝缘木柄的刀、斧等,可用这些绝缘工具将触电回路上的绝缘导线切断,必须将相线、零线都切断,如图 2-6 所示。

图 2-5 拉开电源

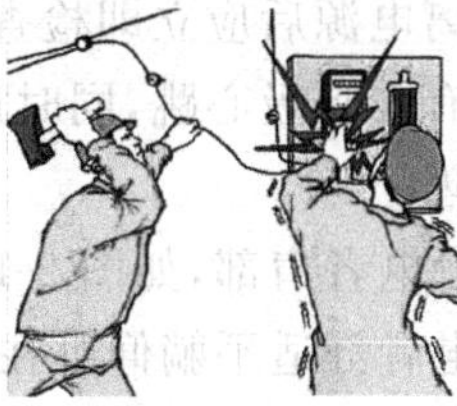

图 2-6 切断电源

(3) 挑:如果带电导线触及人体发生触电时,可以用绝缘物体,如干燥的木棍、竹竿小心地将电线从触电者身上拨开,但不能用力挑,以防电线甩出触及自己或他人,也要小心电线沿木棍滑向自己,如图 2-7 所示。

(4) 拽:如触电者的衣服是干燥又不紧身的,救护人先用干燥的衣服将自己的手严密包裹,然后用包好的手拉触电者干燥的衣服,将触电者拉离带电体,如图 2-8 所示。

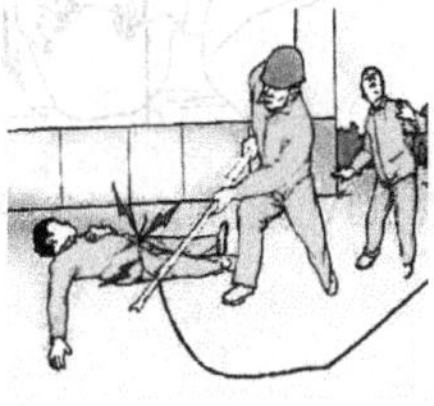

图 2-7 挑开电源

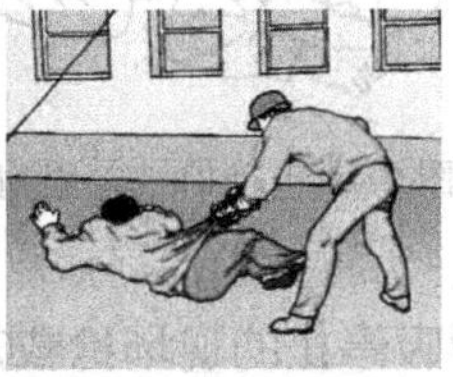

图 2-8 拽开触电者

(5) 垫:当无法立即切断电源通过人体流入大地的电流时,可在地面与人体之间塞入一块干燥木板或绝缘垫,如图 2-9 所示,暂时切断带电导体通过人体流入大地的电流,再设法关断电源。

2) 高压触电脱离电源方法

立即通知有关部门停电;戴上绝缘手套,穿上绝缘靴,使用相应电压等级的绝缘工具拉开开关。

3) 注意事项

救人时应确保自身安全,使用适当的绝缘工具,并且尽可能单手操作;防止切断电源时触电者可能发生的摔伤,在黑暗处应迅速解决照明问题。

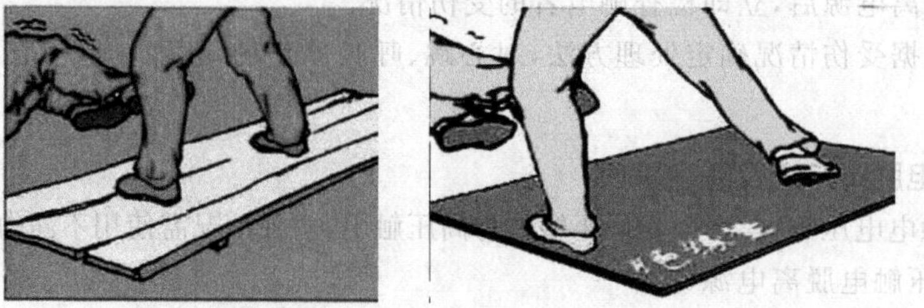

图 2-9 垫木板或绝缘垫

2. 脱离电源后,检查触电者受伤情况的方法

触电者脱离电源后应立即检查其受伤情况,首先判断其神志是否清醒,如神志不清则应迅速判断其有无呼吸心跳,同时还应检查是否有骨折、烧伤等其他伤害,然后按情况进行现场急救处理。

(1) 轻拍触电者肩部,如图 2-10 所示,大声呼叫触电者(如:同学! 同学! 同学!)。

(2) 让触电者舒适平躺仰卧在干燥的地上,如图 2-11 所示,进行"试、听、看"。

① 试:试鼻孔呼吸,触摸颈动脉(10s)。

② 听:听呼吸声,听心跳声。

③ 看:看胸部起伏,看瞳孔有无放大。

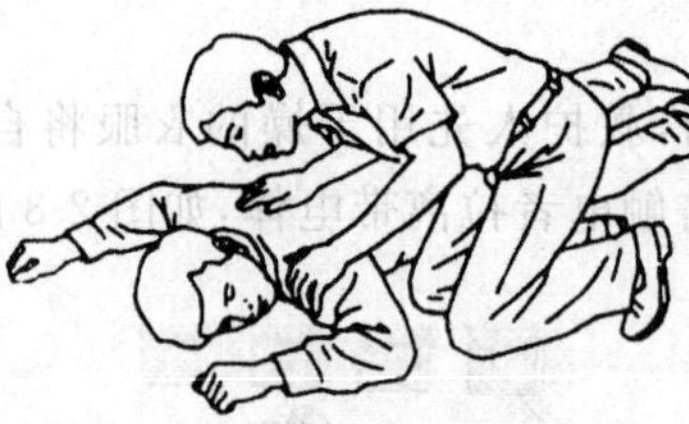

图 2-10 轻拍触电者肩部

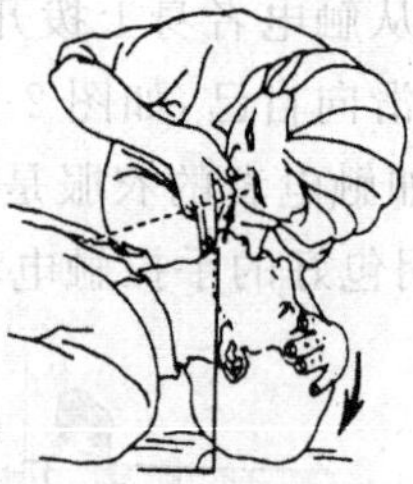

图 2-11 让触电者舒适平躺仰卧

3. 心跳、呼吸停止的现场抢救方法

发现有人触电后,应立即通知医院派救护车来抢救,即使触电者神志清醒也应送医院检查。在医生到来之前,现场人员应立即根据触电者受伤情况采取相应的抢救措施,绝不能坐等医生。

1) 急救前准备

清除口中异物,使触电者仰面躺在平硬的地方,迅速解开其围巾、领口、紧身衣和裤带。如发现触电者口内有食物、假牙、血块等异物,可将其身体及头部同时侧转,迅速用一个手指或两个手指交叉从口角处插入,从口中取出异物。

采用仰头抬颌法通畅气道:一只手放在触电者前额,另一只手的手指将其颌骨向上抬起,气道即可通畅,如图 2-12 所示。

2) 口对口(鼻)人工呼吸

对于呼吸停止的假死触电者,救护人员在完成气道通畅的操作后,应立即对触电者施行口对口人工呼吸，同时通知医务人员到现场。

救护人员蹲跪在触电者的右侧或左侧，用一只手捏住其鼻翼，另一只手的食指和中指托住其下巴，如图 2-13 所示；救护人员吸气后，与触电者口对口紧合不漏气，向触电者口内吹气，吹 2s 后停 3s（每分钟约 12 次）。救护人员换气时应将触电者的口或鼻放松，让其借自己胸部的弹性自动吐气，吹气和放松时要注意观察触电者胸部有无起伏的呼吸动作。

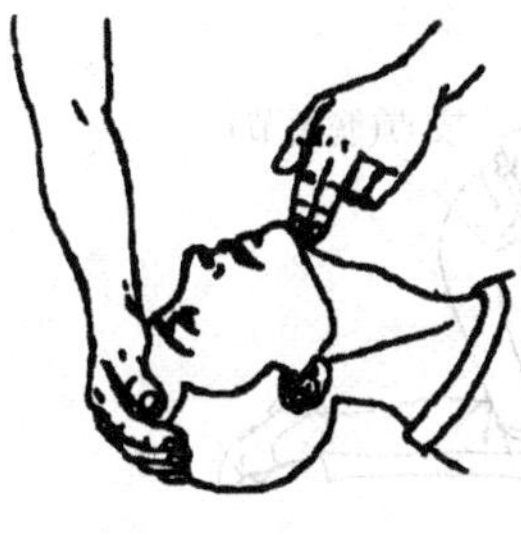
图 2-12 通畅气道

图 2-13 人工呼吸

3）人工呼吸安全注意事项

（1）吹气时如有较大的阻力，可能是头部后仰不够，应及时纠正，使气道保持畅通。

（2）触电者如牙关紧闭，可改成口对鼻人工呼吸。吹气时要将其嘴唇紧闭，防止漏气。

（3）呼吸恢复后也必须把触电者送医院进一步治疗及监护。

（4）抢救直至医生作出临床死亡的认定为止。

4）胸外挤压

对于心脏停止的假死触电者，救护人员应使触电仰面躺在平硬的地方并解开其衣服。在完成气道通畅的操作后，应立即对触电者施行胸外挤压急救法，同时通知医务人员到现场。

（1）确定按压位置。右手的食指和中指沿触电者的右侧肋弓下缘向上，找到肋骨和胸骨接合处的中点，如图 2-14(a)所示；右手的两手指并齐，中指放在切迹的中点（剑突底根部），如图 2-14(b)所示；食指平放在胸骨下部，另一只手的掌根紧挨食指上缘，置于胸骨上，掌根处即为正确按压位置，如图 2-14(c)所示。

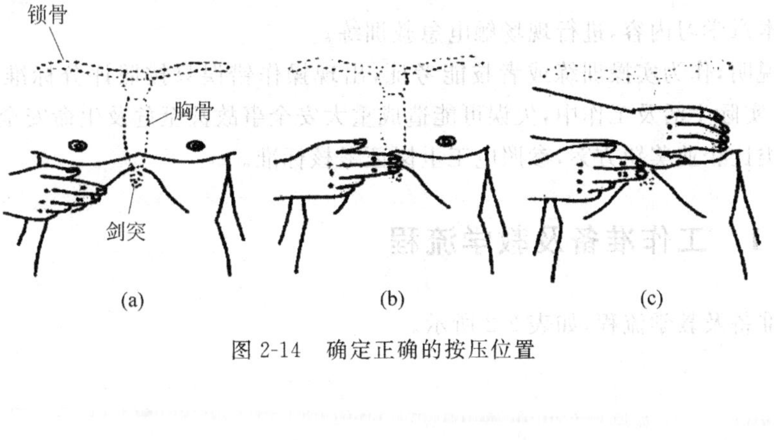

(a) (b) (c)

图 2-14 确定正确的按压位置

(2) 按压姿势。如图 2-15 所示,救护人员跪在触电者一侧肩旁,两肩位于触电者胸骨下上方,两臂伸直,肘关节固定不屈,手掌相叠,手指翘起,不得接触触电者胸壁。以髋关节为支点,利用上身的重力,垂直将正常成人胸骨压陷 3～5cm(儿童和瘦弱者酌减)。压至符合要求后立即全部放松,但救护人员的掌根不要离开触电者的胸壁。按压姿势与用力按压有效的标志是在按压过程中可以感觉到颈动脉搏动。

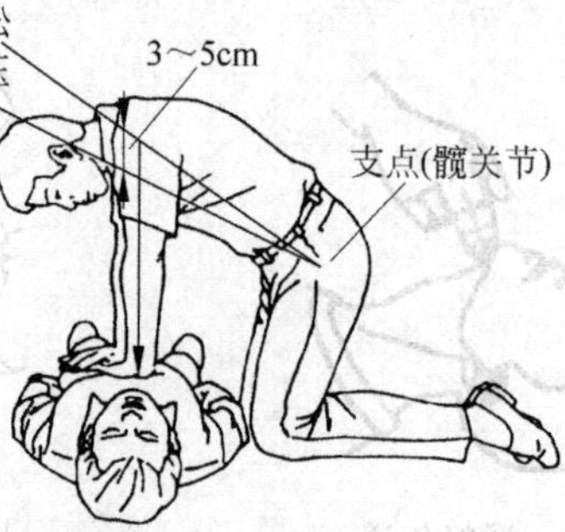

图 2-15 按压姿势

(3) 按压频率。胸外按压要以均匀速度进行。操作频率以每分钟 80 次左右为宜,每次包括按压和放松一个循环。按压和放松时间相等。

4. 现场心肺复苏要求

1) 单人抢救

人工呼吸和心脏按压交替进行,每做两次人工呼吸再按压心脏 30 次,反复进行。但在做第二次人工呼吸时,吹气后不必等伤员呼气就可立即按压心脏。

2) 双人抢救

一人进行人工呼吸并判断伤员是否恢复自主呼吸和心跳,另一人进行心脏按压。一人吹两口气后不必等伤员呼气,另一人立即按压心脏 30 次,反复进行,但吹气时不能按压。

2.3 触电急救操作训练

根据本章学习内容,进行现场触电急救训练。

特别说明,作为实操训练或者技能考证,出现操作错误只按照评分标准扣除相应分数,但是在实际生活及工作中,失误可能造成重大安全事故甚至危及生命安全。本书实操评分标准类比企业奖罚方案,参照电工上岗证考核标准。

2.3.1 工作准备及教学流程

工作准备及教学流程,如表 2-2 所示。

表 2-2 工作准备及教学流程

序号	工作准备及教学流程
1	准备本次实操课题需要的器材、工具、电工仪表等
2	检查学生出勤情况；检查工作服、帽、鞋等是否符合安全操作要求
3	集中讲课，重温相关操作要领，布置本次实操作业
4	教师分析现场情况，现场示范触电急救的操作流程
5	学生分组练习，教师巡回指导
6	教师逐一对学生进行考查测验

2.3.2 实操器材

模拟的低压触电现场、急救人体模型、体操垫及各类绝缘工具，如表 2-3 所示。

表 2-3 触电急救训练材料、工具、量具、电工仪表清单

设备/设施/器材	数量	设备/设施/器材	数量
心肺复苏模拟人	2 个	器材摆放架	2 个
急救箱	2 个	体操垫	2 块
一次性纱布、棉纱、棉签、止血药、绷带、酒精	若干	各类绝缘工具	若干

2.3.3 实操评分

(1) 触电事故现场应急处理评分表，如表 2-4 所示。

表 2-4 触电事故现场应急处理评分表

考评项目	考评内容	配分	扣 分 原 图	得分
触电事故现场的应急处理	低压触电的断电应急程序	10	口述低压触电使触电者脱离电源方法不完整，扣 1～5 分 口述注意事项不合适或不完整，扣 1～5 分	
	高压触电的断电应急程序	10	口述高压触电使触电者脱离电源方法不完整，扣 1～5 分 口述注意事项不合适或不完整，扣 1～5 分	
	否定项	口述高、低压触电脱离电源方法不正确，扣 20 分		
	合 计	20	违反安全穿着、违反安全操作规范，本项目为 0 分	

(2) 单人徒手心肺复苏操作评分表，如表 2-5 所示。

表 2-5 单人徒手心肺复苏操作评分表

考评项目	考评内容	配分	扣分原图	得分
单人徒手心肺复苏操作	判断意识	1	未拍患者肩部,未大声呼叫患者□ 扣1分	
	呼救	1	不呼救,未解衣扣、腰带,未述摆体位或体位任一项目不正确□ 扣1分	
	判断颈动脉搏	2	位置不对、同时触摸两侧颈动脉、大于10s或少于10s,任一项目不正确□ 扣2分	
	按压定位	2	定位方法不正确□ 扣1分	
	胸外按压	5	节律不均匀、一次小于15s或大于18s、按压幅度小于5cm,任一项目不正确□ 扣5分	
	畅通气道	1	不清理口腔、未述摘掉假牙,任一项目不正确□ 扣5分	
	打开气道	1	未打开气道、过度后仰或程度不够□ 扣1分	
	吹气	5	一次未捏鼻孔、吹气间不松鼻孔□ 每次扣1分 不看胸口起伏□ 每次扣1分	
	判断	1	不判断、无观察一侧瞳孔、无触摸颈动脉□ 扣1分	
	整体质量判定有效指征	1	掌根不重叠、手指不离开胸壁、每次按压手掌离开胸壁、按压时间过长(少于放松时间、按压时身体不垂直),任一项目不正确□ 扣1分	
合计		20	违反安全穿着、违反安全操作规范,本项目为0分	

2.3.4 实操过程注意事项

在教师的指导下对人体模型实施触电急救,使触电者尽快脱离电源。在模拟的低压触电现场让学生模拟触电的各种情况,要求学生选择正确的绝缘工具,使用安全快捷的方法使触电者脱离电源,通过判断相应特征采取对应急救措施。

习 题

1. 讲述真、假死的判断方法。
2. 简述人工呼吸的步骤。
3. 简述心肺复苏的步骤。

CHAPTER 3

第3章

常用电工材料及电工工具

知识目标：

(1) 能够叙述常用绝缘材料、导电材料、磁性材料的用途及使用常识。

(2) 能够叙述常用电工工具的用途。

技能目标：

(1) 根据《电工手册》,能够正确选择电工材料。

(2) 通过训练能正确识别与使用常用电工工具。

3.1 常用电工材料

3.1.1 绝缘材料

绝缘材料的作用在于隔离导电体与外界的接触,以及绝缘带有不同电位的导体,使电流按一定的方向流动。

绝缘材料的基本要求是绝缘强度、绝缘电阻、耐热性、吸水性、黏度与酸值、介电损耗与介电常数、机械强度。

绝缘材料在使用过程中,发生缓慢的、不可逆变化,使其电气性能和机械强度逐渐恶化,这种变化称为绝缘材料的老化。

绝缘材料按化学性质分为无机绝缘材料、有机绝缘材料和混合绝缘材料。

1. 绝缘漆

绝缘漆包括浸渍漆、覆盖漆、硅钢片漆、电缆浇注胶等,如图 3-1 所示。

图 3-1　绝缘漆

1) 浸渍漆

浸渍漆主要用于浸渍电动机、电器的线圈和绝缘零件,以填充间隙,提高材料的电气性能和力学性能。常用的浸渍漆有 1030 醇酸树脂漆、

1032 三聚氰胺醇酸树脂漆等，它们都是烘干漆，具有较好的耐热、耐油和耐电弧性，漆膜光滑有光泽。

2）覆盖漆

覆盖漆有清漆和磁漆两种。主要用于覆盖经浸渍处理后的线圈和绝缘零件，在其表面形成连续而光滑的漆膜，作为绝缘保护层，防止机械损伤和受外界环境的侵蚀。常用的覆盖漆有 1231 醇酸晾干漆，其干燥快，硬度强，有弹性，电气性能好。

3）硅钢片漆

硅钢片漆用于覆盖硅钢片表面，降低铁芯的涡流损耗，提高防锈和防腐蚀能力。常用的是 1611 油性硅钢片漆，具有附着力强、坚硬、光滑、漆膜薄、厚度均匀、耐油和防潮性能。

4）电缆浇注胶

电缆浇注胶用于浇注电缆的接线盒和终端盒。常用的有 1811 沥青电缆胶和 1812 环氧电缆胶，适用于 10kV 以下的电缆。沥青电缆胶耐潮性好；环氧电缆胶密封性好，电气性能好，结构简单，体积小。

2. 浸渍纤维制品

1）玻璃纤维漆布(带)

玻璃纤维漆布(带)主要用作电动机、变压器、电器的衬垫或绝缘。常用的是 2432 三聚氰胺醇酸玻璃漆布，如图 3-2 所示。

2）漆管

漆管主要用作电动机、变压器、电器的引出线和连接线的绝缘套管。常用的是 2730 醇酸玻璃漆管，其电气性能和力学性能较好，耐油、耐潮性好，但弹性较差。

3）绑扎带

绑扎带主要用于绑扎变压器的铁芯和代替合金钢丝绑扎电动机转子绕组端部。常用的是聚酯 B 型和环氧 B 型玻璃纤维无纬带，其中聚酯 B 型玻璃纤维无纬带用途较广。

3. 层压制品

层压制品如图 3-3 所示，用于电动机、变压器、电器的绝缘零件，具有良好的电气性能和力学性能，耐油、耐潮性较好。层压制品分三种：3240 环氧玻璃布板、3460 环氧玻璃布管、3840 环氧玻璃布棒。

4. 压塑料

压塑料如图 3-4 所示，用于电动机、电器的绝缘零件。具有良好的电气性能和力学性能，耐油、耐潮性、防霉性较好。

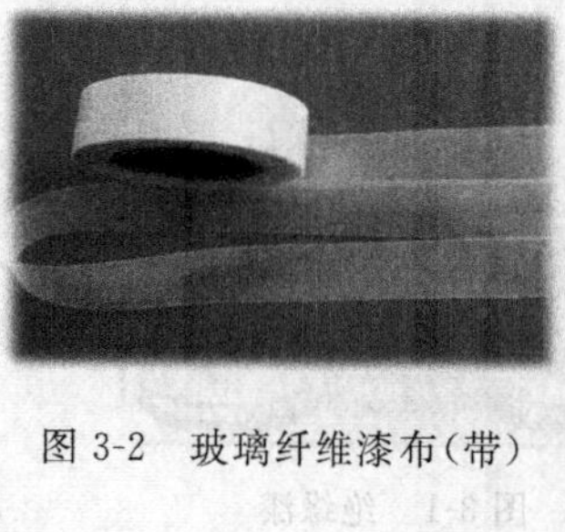

图 3-2 玻璃纤维漆布(带)

图 3-3 层压制品

图 3-4 压塑料

5. 云母制品

云母制品如图 3-5 所示。

图 3-5 云母制品

1) 柔软云母板

柔软云母板主要用于电动机的槽绝缘、匝间绝缘和相间绝缘。常用的有 5131 醇酸玻璃柔软云母板和 5231-1 醇酸玻璃柔软云母板,柔韧性较好,可以弯曲。

2) 塑性云母板

塑性云母板用于直流电动机换向器的 V 形环和其他绝缘零件。

3) 云母带

云母带适用于电动机、电器的线圈及连接线的绝缘。

4) 换向器云母板

换向器云母板主要用于直流电动机换向器的片间绝缘。

5) 衬垫云母板

衬垫云母板主要用于电动机、电器的绝缘衬垫。

6. 薄膜和薄膜复合制品

1) 薄膜

薄膜如图 3-6 所示,适用于电动机的槽绝缘、匝间绝缘和相间绝缘,以及其他电工产品线圈的绝缘。常用的是 2820 聚酯薄膜,具有厚度薄、柔软、电气性能和力学性能好的特点。

图 3-6 薄膜

2) 薄膜复合制品

薄膜复合制品适用于电动机的槽绝缘、匝间绝缘和相间绝缘,以及其他电工产品线圈的绝缘。常用的是 6520 聚酯薄膜绝缘纸复合箔。

7. 其他绝缘材料

(1) 绝缘纸和绝缘纸板。

(2) 玻璃纤维和合成纤维编织物。

(3) 电工用热塑性塑料。

(4) 电工用橡胶。

(5) 绝缘包扎带。

(6) 绝缘子。

3.1.2 导电材料

导电材料一般都是金属,但并不是所有金属都可以作为导电材料。导电材料的基本要求是:导电性好,有适当的机械强度,不易氧化和腐蚀,易加工和焊接,资源丰富,价格便宜。例如,架空线需要较高的机械强度,常选用铝镁硅合金;电阻材料需要较大的电阻系数,常选用镍铬合金或铁铬铝合金;保险丝应具有较低的熔点,故选用铅锡合金;电灯的灯丝要求熔点高,故选用钨丝。

1. 裸导线和裸导体制品

裸电线和裸导体制品是指没有绝缘和护层的导电线材，如图 3-7 所示。

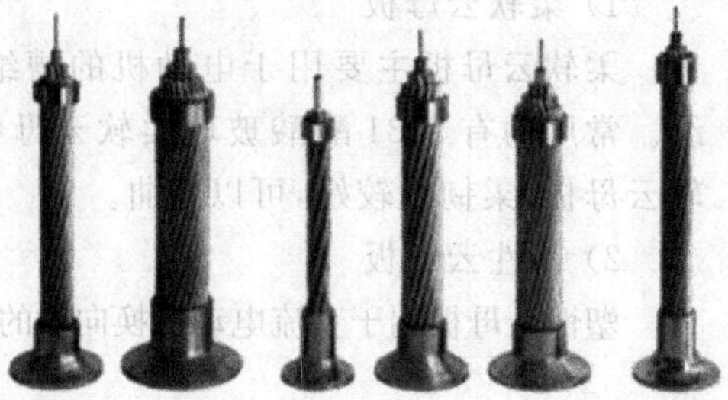

图 3-7　裸导线

1）圆单线

圆单线主要用作各种电线、电缆的导电线芯，也可以直接作为产品用于架空的通信广播线等，常用的有铜线和铝线。

2）软接线

软接线指柔软的铜绞线和各种编织线，主要用作电动机、电器线路电刷连接，以及移动电器设备的连接设备线，如引出线、接地线等。

3）型线

型线指非圆形截面的裸导线，主要用于安装配电设备及其他电制品，如输配电母线等。

2. 电磁线

电磁线是电线电缆的主要品种，如图 3-8 所示，主要用于电动机、电器、电工仪表中，作为绕组或绝缘导线，可分为漆包线、玻璃丝包线和纸包线。

图 3-8　电磁线

1）漆包线

漆包线根据使用的漆不同可以分为油性漆包线、缩醛漆包线和聚酯漆包线。根据截面不同分为漆包圆线和漆包扁线。

油性漆包线电气性能良好，但机械强度差，一般用于电动机及电器的绕组。缩醛漆包线具有优良的力学性能和电气性能，主要用于中小型高速电动机的绕组、油浸式变压器线圈及电器、仪表线圈；聚酯漆包线具有良好的电气性能，主要用于中小型电动机的绕组及变压器、电器、仪表的线圈。

2）玻璃丝包线

玻璃丝包线根据结构不同分为双玻璃丝包线和双玻璃丝包聚酯漆包线。

双玻璃丝包线具有良好的电气性能和力学性能，广泛应用于电动机、电器、仪表的绕组。双玻璃丝包聚酯漆包线具有良好的电气性能和力学性能，适用于大型高压电动机、特种电动机和干式变压器的绕组。

3）纸包线

纸包线如图 3-9 所示，大部分用于油浸式变压器的线圈，耐压性较好。按结构分为

Z 型圆铜线、ZL 型圆铝线、ZB 型扁铜线和 ZBL 型扁铝线。

3. 电气装备用电线电缆

电气装备用电线电缆包括各种电气设备内部的安装连接线、电源电缆、信号控制系统用电缆、低压配电系统用的绝缘电缆等。电线电缆一般由导电线芯、绝缘层和保护层组成，如图 3-10 所示。

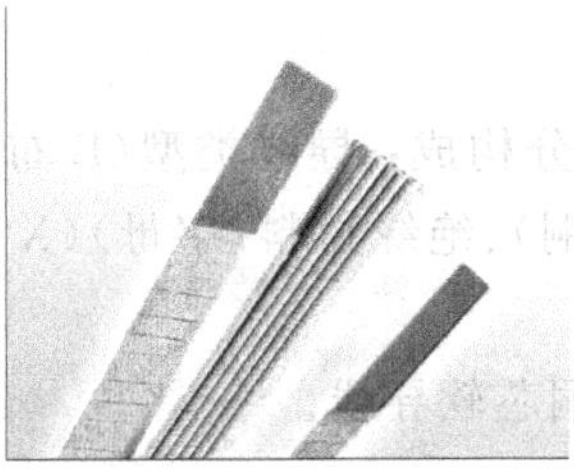

图 3-9 纸包线

图 3-10 电线电缆

电线电缆按使用特性可以分为通用电线电缆，电动机、电器用电线电缆，仪器仪表用电线电缆，信号控制电线电缆等。

1) 电线电缆的分类

电线电缆作为传输电流的载体，用途非常广泛，型号、规格繁多。常见的有以下两种。

(1) B 系列橡胶塑料电线。这种系列电线结构简单、重量轻、价格较低，电气和力学性能有较大的裕度，广泛应用于各种动力、配电和照明线路。

(2) R 系列橡胶塑料软线。这种系列的软线由多根铜线绞合而成，它除了有 B 系列的特点以外，而且比较柔软，大量用于日用电器和仪器仪表作电源线、小型电气装备和仪器仪表内部作安装线及照明的灯头线。常用电线电缆如表 3-1 所示。

表 3-1 常用电线电缆一览表

名 称	型号	规 格	用 途
聚氯乙烯绝缘铜芯线	BV	交流 500V 以下	架空线、照明线和动力线路的传输线
聚氯乙烯绝缘铝芯线	BLV		
裸铜线			
铜芯橡胶线	BX		
铝芯橡胶线	BLX		
铝芯氯丁橡胶线	BLXF		
聚氯乙烯绝缘铜芯软线	BVR	交流 250V 以下	移动不频繁场所电源连接线
聚氯乙烯绝缘双股铜芯绞合软线	BVS	交流 250V 以下	移动电器、吊灯电源连接线
聚氯乙烯绝缘双股铜芯平行软线	RVB		
棉纱编织橡胶绝缘双根铜芯绞合软线(花线)	BXS	交流 250V 以下	吊灯电源连接线
聚氯乙烯绝缘护套铜芯软线	BVV	交流 250V 以下	室内外照明和小容量动力线路敷设
氯丁橡胶绝缘护套铜芯软线	RHF	交流 250V 以下	电工工具电源连接线
聚氯乙烯绝缘护套铜芯软线	RVZ	交流 500V 以下	交直流额定电压 500V 以下移动式电工工具的电源连接线

除了以上两种常用的电线电缆外，还有Y系列通用橡胶塑料软线、J系列电动机、电器引接线、YH电焊机用电缆等多种电线电缆。

2) 电线电缆的选用

(1) 允许载流量大于负载最大电流。

(2) 电线电缆的额定电压大于线路的最大电压。

(3) 有足够的机械强度。

3) 绝缘导体的型号命名

根据国家相关标准，绝缘导体的型号命名由四部分构成：导线类型(B布线用，R软导线，A安装用导线)、导体材料(字母)(L铝，无标注铜)、绝缘材料(字母)(X橡胶，V聚氯乙烯塑料)、线芯标称面积(单位mm^2)。

如BVR-1.5表示标称面积1.5mm^2的聚氯乙烯铜芯软导线。

4. 熔体

熔体又叫保险丝，如图3-11所示。熔体置于熔断器中，是电路安全运行的保障，当线路电流值超过某一规定数值时，因电流的发热作用而自行熔断，断开电路，以保护电路和电动机、电器。

熔体的熔断电流与熔体的材料、截面积、长度、端接点、周围环境和电流作用的时间有关。为确保电路安全运行，必须正确、合理地选择熔体。其选择的原则是：当电流超过电气设备正常运行值一定时间后，熔体熔断，在短时过电流时熔体不应熔断，常用熔体选择如表3-2所示。

图3-11 熔体

表3-2 熔体选择一览表

线路	选用原则
照明电路	熔体额定电流=所有照明灯具额定电流之和
家用电器	熔体额定电流≤所有家用电器额定电流之和
单台电动机	熔体额定电流=1.5～2.5倍电动机额定电流
多台电动机	熔体额定电流=最大一台电动机额定电流的1.5～2.5倍额定电流+其他电动机额定电流
电路	熔体额定电流≤导线持续运行额定电流80%

3.1.3 常用磁性材料

磁性材料如图3-12所示。磁性材料按其磁性强弱分为强磁性材料和弱磁性材料两种，电工用磁性材料均属强磁性材料。按其特性不同，又分为软磁材料和硬磁材料(又称永磁材料)。

1. 软磁材料

软磁材料的特点是磁导率高，剩磁弱。这类材料在较弱的外界磁场作用下，就能产生较强的磁感应强度，且外界磁场的增强很快达到饱和状态；当外界磁场去掉后，它的磁性就基本消失。

图 3-12 磁性材料

(1) 电工用纯铁：电工用纯铁一般用于直流磁场，常用的是电磁纯铁。

(2) 硅钢板：硅钢板按其制造工艺不同，分为冷轧和热轧两种。冷轧硅钢板与热轧硅钢板比较，由于在冷轧条件下合金的晶粒取向比较一致，故具有铁耗损小、导磁性能好等优点。冷轧硅钢板又有单取向和无取向之分，单取冷轧硅钢板的磁导率与其轧制方向有关，沿轧制方向的磁导率最高，其他方向较低；无取向冷轧硅钢板的磁导率没有方向性。

2. 硬磁材料

硬磁材料的特点是剩磁强。这类材料在外界磁场的作用下，在达到饱和状态以后，即使外界磁场去掉，它还能在较长时间内保持强而稳定的磁性。常用的硬磁材料是铝镍钴合金，其型号为 13、32 及 52 号铝镍钴，主要用于制造永磁电动机的磁极铁芯和磁电系仪表的磁钢。

3.1.4 线管

线管如图 3-13 所示，常用的线管有水管、煤气管、电线管、硬塑料管及金属软管。

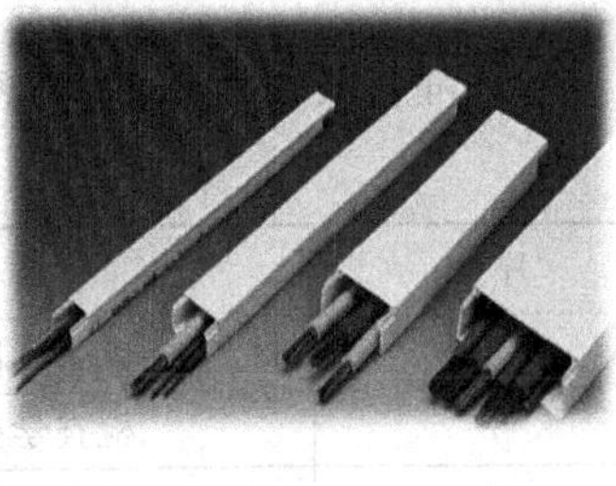

图 3-13 线管

1. 水管和煤气管

水管和煤气管一般管壁较厚，适合潮湿和有腐蚀性气体的场所，明敷或者埋地敷设。

2. 电线管

电线管是一种管壁较薄的钢管，适合干燥场所明敷或暗敷。

3. 硬塑料管

硬塑料管耐腐蚀性好，机械强度不如水管、煤气管和电线管。采用这种管线布线时，施工方便，周期短，价格较便宜，应用比较广泛。

4. 金属软管

金属软管又称蛇皮管，比较柔软，主要用于线管和电气设备之间、线管和移动电器之间的连接,可以做任意角度的连接,壁厚 3mm。管线之间的连接应使用各种管接头。

3.1.5 润滑脂

润滑脂如图 3-14 所示,使用时应注意以下几点。

(1) 轴承运行 1 000～1 500h 后应加润滑油,运行 2 500～3 000h 后应更换润滑油。

(2) 不同型号润滑油不能混用。

(3) 润滑油不能加太多或太少,一般占轴承容积的 1/3～1/2。

图 3-14 润滑脂

3.2 常用电工材料的识别训练

根据本章学习内容,进行常用电工材料识别训练。

3.2.1 工作准备及教学流程

工作准备及教学流程,如表 3-3 所示。

表 3-3 工作准备及教学流程

序号	工作准备及教学流程
1	准备本次实操课题需要的器材、工具、电工仪表等
2	检查学生出勤情况;检查工作服、帽、鞋等是否符合安全操作要求
3	集中讲课,重温相关操作要领,布置本次实操作业
4	教师分析实操情况,现场示范识别材料操作流程
5	学生分组练习,教师巡回指导
6	教师逐一对学生进行考查测验

3.2.2 实操器材

识别如表 3-4 所示的常用电工材料。

表 3-4 识别常用电工材料清单

设备/设施/器材	数量	设备/设施/器材	数量
电线电缆	若干	熔体	若干
磁性材料	若干	绝缘材料	若干

3.2.3 实操评分

常用电工材料的识别评分表如表 3-5 所示。

表 3-5 常用电工材料识别评分表

考评项目	考评内容	配分	名称	规格	用途	扣分原因	得分
常用电工材料的识别	电线电缆	25				每错一项 扣 5 分	
	熔体	25				每错一项 扣 5 分	
	磁性材料	25				每错一项 扣 5 分	
	绝缘材料	25				每错一项 扣 5 分	
	合计	100	违反安全穿着、违反安全操作规范,本项目为 0 分				

3.2.4 实操过程注意事项

在教师的指导下学会识别常用的电线电缆、熔体、磁性材料、绝缘材料,能说出其名称、规格和用途。

根据实操给出的材料,编上编号,做好标记,把识别情况记录在表 3-6 中。

表 3-6 常用电工材料的识别训练记录表

类别	名称	规格	用途
电线电缆的识别			
熔体的识别			
磁性材料的识别			
绝缘材料的识别			

3.3 常用电工工具

常用电工工具包括通用工具、线路安装和设备装修工具、登高工具。正确使用常用电工工具,有利于提高工作效率、保证操作安全、延长工具使用寿命。

3.3.1 通用工具

1. 试电笔

试电笔又称为低压验电笔,它被比喻为电工的“眼睛”,用来检验线路和设备是否带电,常见的有钢笔式、螺丝刀式和感应显示式三种。低压试电笔检验电压的范围是60~500V,其实物、结构如图3-15所示。

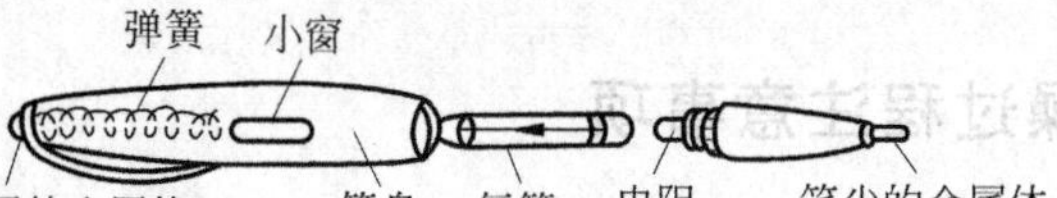

图3-15　试电笔

试电笔一般由氖管、电阻、弹簧、笔身和笔尖构成,常见的形式有钢笔式和旋凿式两种。

使用时,手指须接触笔顶部的金属部分,使电流在带电体→试电笔→人体→大地之间构成回路,使用方法如图3-16所示。

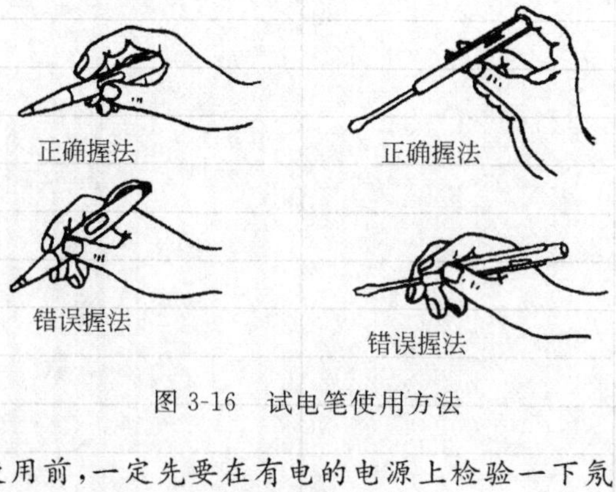

图3-16　试电笔使用方法

注意:试电笔在使用前,一定先要在有电的电源上检验一下氖管是否正常发光,防止因氖管损坏,在检验中造成误判,危及人身安全。

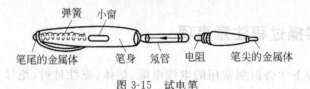

2. 螺钉旋具

螺钉旋具如图 3-17 所示。螺钉旋具的头部形状可分为一字形和十字形，是用来拆卸或紧固螺钉的工具。使用螺钉旋具时，要用力平稳，推压和旋转要同时用力；通常紧固时顺时针旋转，旋出时逆时针旋转。

注意：带电操作时，手不要触及螺钉旋具的金属杆，以免发生触电事故。

3. 钳子

钳子如图 3-18 所示，根据用途不同可分为尖嘴钳、钢丝钳、扁口钳。

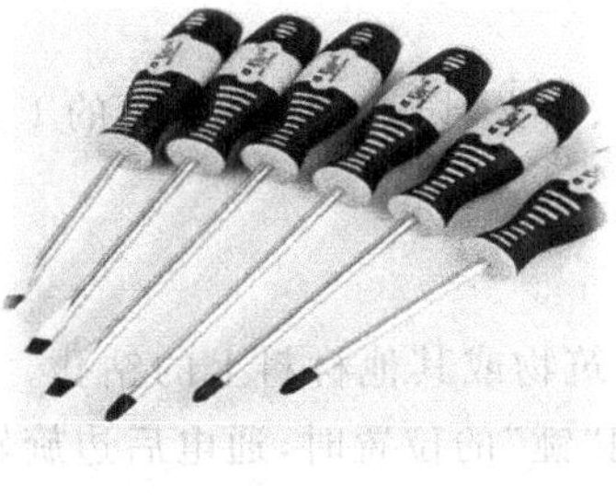

图 3-17 螺钉旋具

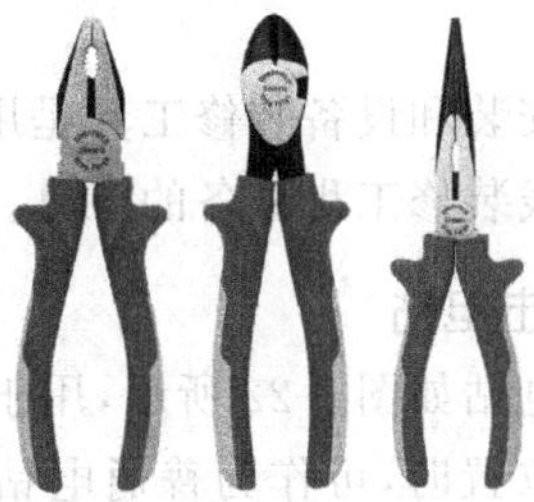

图 3-18 钳子

尖嘴钳头部细而尖，在狭小的空间也能灵活操作，它一般用于夹持较小的螺钉、导线等元件，剪断细小金属丝或绕弯一定圆弧的接线鼻。

钢丝钳也称为平口钳或老虎钳，主要用来夹持和拧断金属薄板及金属丝，工作电压一般在 500V 以内。

扁口钳又称斜口钳或断线钳，常用于剪切多余线头或代替剪刀剪切尼龙套管、尼龙线卡等。

4. 活络扳手

活络扳手如图 3-19 所示，活络扳手的扳口可在规定范围内任意调整大小，用于旋动螺母。

注意：活络扳手不可反用，以免损坏扳唇，也不可用钢管接长手柄作加力杆使用，更不可当作撬棒和手锤使用。另外，旋动螺杆、螺母时，应把工件的两侧平面夹牢，以免损坏螺母的棱角。

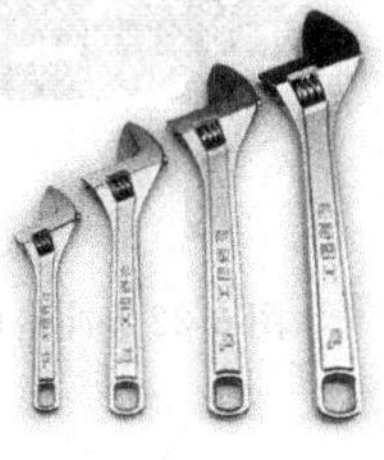

图 3-19 活络扳手

5. 电工刀

电工刀如图 3-20 所示，常用于剥削导线绝缘层、切割木台缺口、切削木枕等。

注意：由于电工刀刀柄没有绝缘，不能直接在带电体上进行操作；割削时刀口应朝外，以免伤手；剥削导线绝缘层时，刀面与导线成小于 45°的锐角，以免削伤线芯。

6. 镊子

镊子如图 3-21 所示，是电工电子维修中必不可少的工具，主要用于夹持导线线头、小型工件或物品。镊子常用不锈钢制成，有较强的弹性。

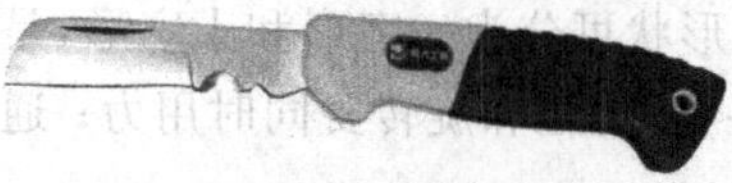

图 3-20 电工刀

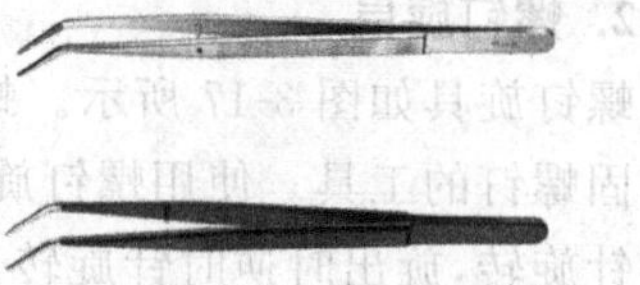

图 3-21 镊子

3.3.2 线路安装和设备装修工具

线路安装和设备装修工具是用于打孔、紧线、钳夹、切割、剥线、弯管的工具和设备，是电力内外线装修工程必备的工具。

1. 冲击电钻

冲击电钻如图 3-22 所示，用于在配电板、建筑物或其他材料上的钻孔。当把开关置于“钻”的位置时，可作为普通电钻使用；当调到“锤”的位置时，通电后边旋转、边前后冲击，便于在混凝土或砖结构建筑物上打孔，如冲击膨胀螺丝孔、穿墙孔等。

2. 管子钳

管子钳如图 3-23 所示，是电气管道装修或给排水工程中用于旋转接头及其他圆形金属工件的专用工具，常用规格有 250mm、300mm、350mm 等几种。

3. 剥线钳

剥线钳如图 3-24 所示，是用于剥削导线绝缘层的专用工具。它的钳口有 0.5～3mm 的多个不同孔径的切口，可以剥削截面积 $6mm^2$ 以下不同规格的绝缘层。剥线时，线头应放在大于线芯的切口上，用力捏一下钳柄，导线的绝缘层即可自动剥离弹出。

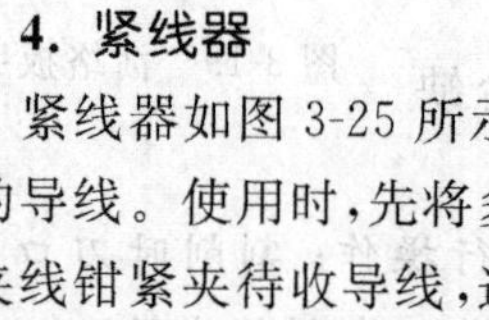

图 3-22 冲击电钻

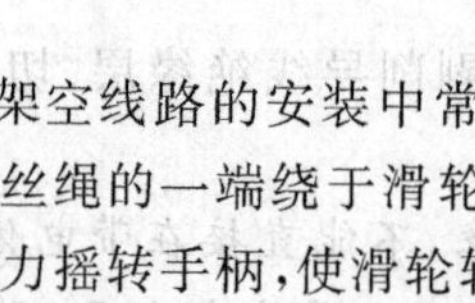

图 3-23 管子钳

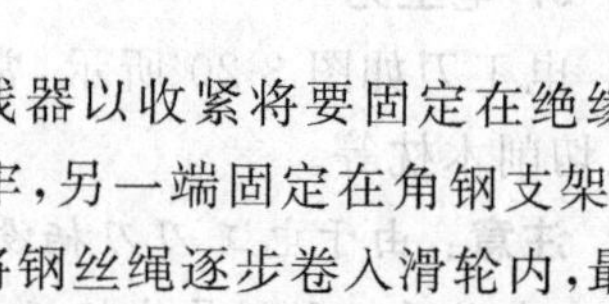

图 3-24 剥线钳

4. 紧线器

紧线器如图 3-25 所示。在架空线路的安装中常用紧线器以收紧将要固定在绝缘子上的导线。使用时，先将多股钢丝绳的一端绕于滑轮上拴牢，另一端固定在角钢支架上，用夹线钳紧夹待收导线，适当用力摇转手柄，使滑轮转动，将钢丝绳逐步卷入滑轮内，最后将架空线收紧到合适弧垂。

5. 弯管器

弯管器如图 3-26 所示，是将钢管弯曲成型的专用工具，用于管道配线中。

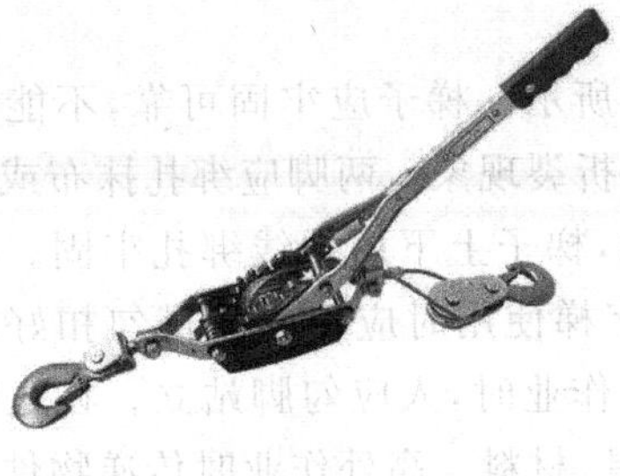

图 3-25 紧线器

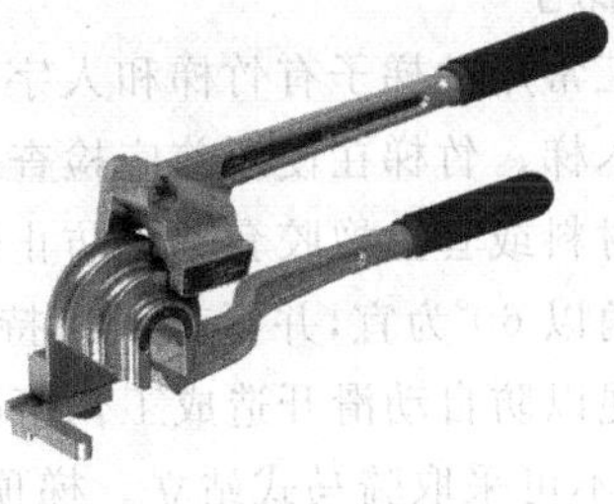

图 3-26 弯管器

弯管器由手柄和弯头组成。弯管时先将钢管要弯曲的前缘送入弯头，然后操作者用脚踏住钢管，手适当用力扳动手柄，使钢管稍弯曲，再逐点依次移动弯头，每移动一个位置扳弯一个弧度，最后将钢管弯成所需要的形状。

6. 切割器具

常用的切割器具有手钢锯和钢管割刀两类。手钢锯如图 3-27 所示，由锯弓、锯条、张紧螺母构成，用于锯割槽板、角钢、电线管道等。

注意：锯条安装时锯齿朝前，不要装反；锯条在使用时前、中、后部都要用到，避免仅使用中部。

7. 套丝器具

套丝器具如图 3-28 所示。钢管之间的连接，应在连接处套丝，即加工外螺纹，再用管接头连接。厚壁钢管套丝一般用管子绞板；电线管或硬塑料管套丝，常用圆板架和圆板牙。套丝时，先将管壁已涂少量机油的管子固定在龙门钳上，一头伸出，不要太长，然后将绞板丝牙套上管端，调整绞板活动刻度盘，使板牙内径与钢管外径配合，用固定螺钉将板牙锁紧，再调整绞板上的三个支持脚使其卡住钢管，以保证套丝时板牙前进平稳。绞板调整好后，握住手柄，平稳向前推进，同时顺时针方向扳动。

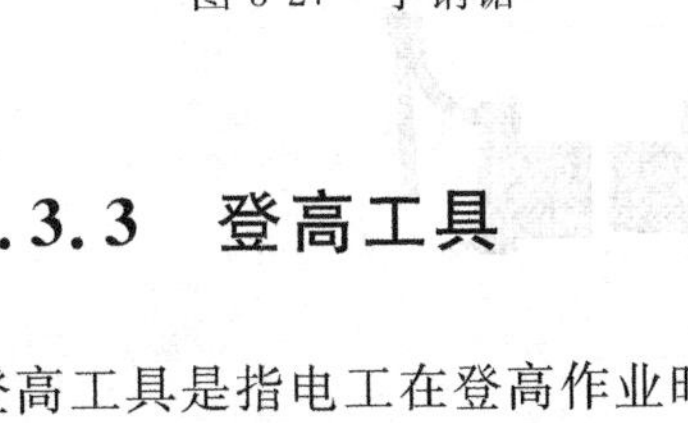

图 3-27 手钢锯

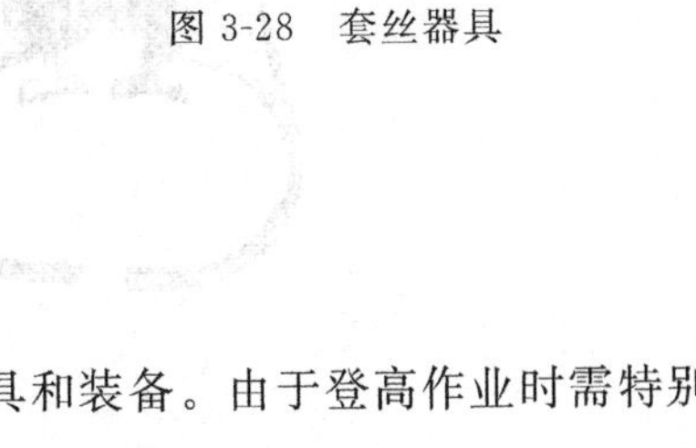

图 3-28 套丝器具

3.3.3 登高工具

登高工具是指电工在登高作业时所需要的工具和装备。由于登高作业时需特别注意安全，因此必须保证登高工具的牢固可靠。

1. 梯子

电工常用的梯子有竹梯和人字梯,如图 3-29 所示。梯子应牢固可靠,不能使用钉子钉成的木梯。竹梯在使用前应检查是否有虫蛀及折裂现象。两脚应绑扎抹布或胶皮之类的防滑材料或套上橡胶套。为防止竹梯横档松动,梯子上下用铁线绑扎牢固。竹梯与地面的夹角以 60°为宜,并要有人扶持或绑牢。人字梯使用时应将中间搭勾扣好或在中间绑扎拉绳以防自动滑开造成工伤事故。在竹梯上作业时,人应勾脚站立。在人字梯上作业时,切不可采取骑马式站立。梯顶不得放置工具、材料。高处作业时传递物件不得上下抛掷。梯顶一般不应低于工作人员的腰部,切忌在梯子的最高处或一级、二级横档上工作。不准垫高梯子使用。梯子的安放应与带电部分保持安全距离。扶梯人应戴好安全帽。

2. 登高板

登高板如图 3-30 所示,又称为踏板,用来攀登电杆。登高板由脚板、绳索、铁钩组成。脚板由坚硬的木板制成,绳索为直径 16mm 的多股白棕绳或尼龙绳,绳两端系结在踏板两头的扎结槽内,绳顶端系铁挂钩,绳的长度应与使用者的身材相适应。踏板和绳均应能承受 2206N 的拉力试验。

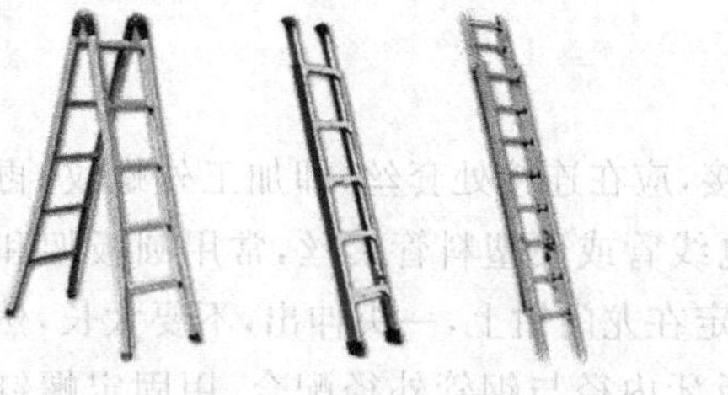

图 3-29 梯子

图 3-30 登高板

3. 脚扣

脚扣如图 3-31 所示,也是攀登电杆的工具。脚扣分为木杆脚扣和水泥杆脚扣两种。木杆脚扣的扣环上有凸出的铁齿。水泥杆脚扣的扣环上装有橡胶套或橡胶垫起防滑作用,脚扣大小有不同规格,以适应不同粗细电杆的需求。用脚扣在杆上作业易使人疲劳,故只宜在杆上短时间使用。

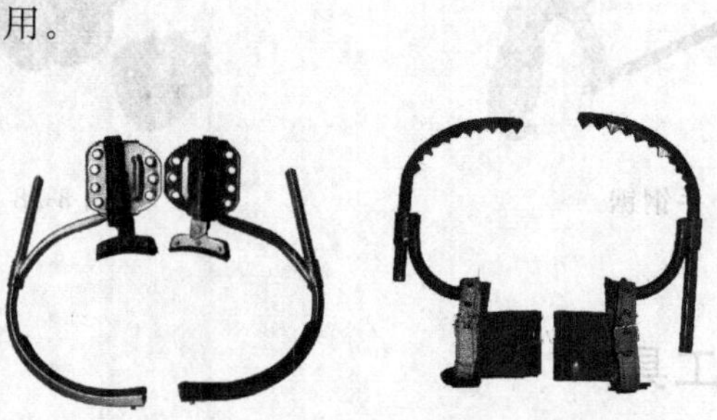

图 3-31 脚扣

4. 安全带

安全带是登杆作用时必备的保护用具，如图 3-32 所示，无论用登高板或脚扣都要和安全带配合使用。安全带由皮革、帆布或化纤材料制成；安全带由腰带、腰绳和保险绳组成。

图 3-32 安全带

腰带用来系挂腰绳、保险绳和吊物绳，使用时应系结在臀部上部而不是系结在腰间，在杆上作业也作为一个撑点，使全身重量不全落在脚上，否则操作时容易扭伤腰部且不便操作。腰绳用来固定人体腰下部，以扩大上身活动的幅度，使用时应系在电杆横担或抱箍下方，以防止腰绳窜出杆顶而造成工伤事故。保险绳用来防止万一失足人体下落时不致坠地摔伤，一端要可靠地系结在腰带上，另一端用保险钩勾在横担、抱箍或其他固定物上，要高挂低用。另外，安全带使用前必须仔细检查，长短要调节适中，作业时要扣好保险扣。

3.4 常用电工工具的使用训练

根据本章学习内容，进行常用电工工具的使用训练。

3.4.1 工作准备及教学流程

工作准备及教学流程如表 3-7 所示。

表 3-7 工作准备及教学过程

序号	工作准备及教学流程
1	准备本次实操课题需要的器材、工具、电工仪表等
2	检查学生出勤情况；检查工作服、帽、鞋等是否符合安全操作要求
3	集中讲课，重温相关操作要领，布置本次实操作业
4	教师分析实操情况，现场示范使用常用电工工具
5	学生分组练习，教师巡回指导
6	教师逐一对学生进行考查测验

3.4.2 实操器材

常用电工工具使用训练所需器材、工具、仪表如表 3-8 所示。

表 3-8 常用电工工具使用训练器材清单

设备/设施/器材	数量	设备/设施/器材	数量
通用电工工具	若干	线路装修工具	若干
登高工具	若干		

3.4.3 实操评分

常用电工工具使用训练评分表如表 3-9 所示。

表 3-9 常用电工工具使用训练评分表

考评项目	考评内容	配分	名称	结构	用途	使用方法	扣分原因	得分
常用电工工具的使用	通用工具	20					每错一项 扣 5 分	
	装修工具	40					每错一项 扣 10 分	
	登高工具	40					每错一项 扣 10 分	
合 计		100	违反安全穿着、违反安全操作规范，本项目为 0 分					

3.4.4 实操过程注意事项

在教师的指导下学会识别与使用常用电工工具、通用工具、线路安装工具及登高工具。

1. 通用电工工具使用训练

根据实操给出的工具，给每件工具编上编号，做好标记，把认识情况记录在表 3-10 中。

表 3-10 通用电工工具使用训练记录表

编号	工具名称	基本结构	主要用途	使用方法摘要
1				
2				
3				
4				

2. 线路装修工具使用训练

根据实操给出的工具，给每件工具编上编号，做好标记，把认识情况记录在表 3-11 中。

表 3-11 线路装修工具使用训练记录表

编号	工具名称	基本结构	主要用途	使用方法摘要
1				
2				
3				
4				

3. 登高工具使用训练

根据实操给出的工具，给每件工具编上编号，做好标记，把认识情况记录在表 3-12 中。

表 3-12　登高工具使用训练记录表

编号	工具名称	基本结构	主要用途	使用方法摘要
1				
2				
3				
4				

习　题

1. 试电笔检验电压范围是多少？
2. 梯子的使用注意事项有哪些？
3. 安全带的使用注意事项有哪些？
4. 弯管器的作用是什么？弯管时有何要求？

CHAPTER 4

第4章

电工基本操作工艺

知识目标：

(1) 能够叙述各类导线的连接方法。

(2) 能够叙述电气设备紧固件的埋设方法。

技能目标：

根据不同场合，能够正确连接导线。

4.1 导线连接

4.1.1 线头绝缘层的剥削

1. 塑料硬线

去除塑料硬线的绝缘层可以用剥线钳、钢丝钳和电工刀，如图 4-1 所示。

(1) 线芯截面积为 $4mm^2$ 以下的塑料硬线，可用钢丝钳进行剥离。具体方法是：根据所需线头长度，用钢丝钳刀口轻轻切破绝缘层表皮，注意不要切入芯线，然后左手把紧导线，右手握住钢丝钳头部，用力向外剥塑料绝缘层。在剥绝缘层时，不可在刀口处加剪切力以免伤及线芯。有条件时，可使用剥线钳。

(2) 线芯截面积大于 $4mm^2$ 的塑料硬线绝缘层，一般用电工刀进行剥离。具体方法是：根据所需的线头长度，电工刀刀口以 45°角切入塑料绝缘层，如图 4-2(a)所示，但不可伤及线芯；接着刀面与芯线保持 15°角向外推进，将绝缘

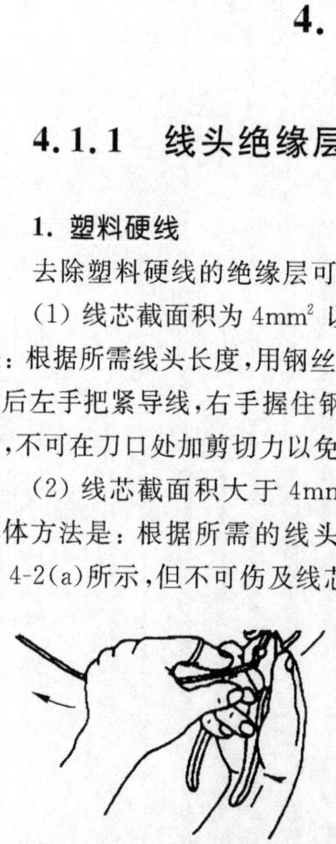

图 4-1 用钢丝钳剥离塑料硬线绝缘层

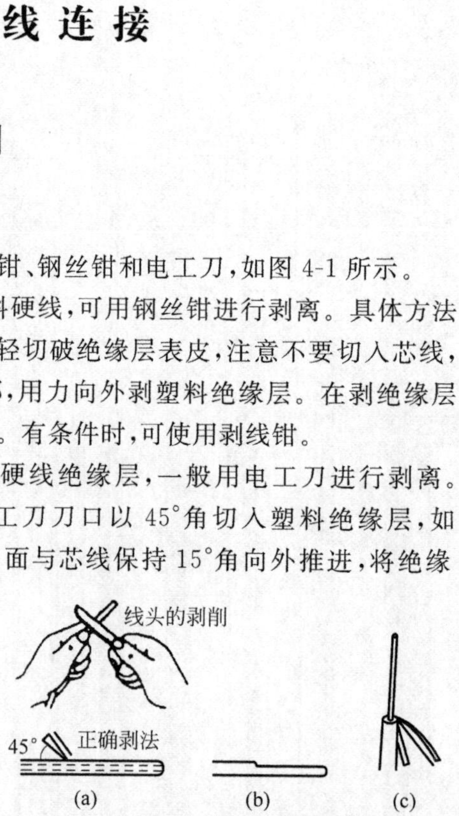

图 4-2 用电工刀剥离塑料硬线绝缘层

层削出一个缺口，如图 4-2(b)所示；然后将未削去的绝缘层向后扳翻，再用电工刀切齐，如图 4-2(c)所示。

2. 塑料软线

因塑料软线太软，其绝缘层只能用剥线钳或钢丝钳来剥离，不能使用电工刀。使用剥线钳的方法是：先将线头放在大于线芯的切口上，用手将钳柄一握，导线的绝缘层即可自动剥离、弹出，如图 4-3 所示。

3. 塑料护套线

塑料护套线如图 4-4 所示。绝缘层分为外层公共护套层和内部每根芯线的绝缘层。公共护套层一般用电工刀剥削，按所需长度用刀尖在线芯缝隙间划开护套层，并将护套层向后扳翻，用刀口齐根切去。切去护套层后，露出的每根芯线绝缘层的剥离方法同塑料硬线。

4. 花线

花线绝缘层外层是棉纱编织而成的，剥削前先将编织层推后，露出橡胶绝缘层，如图 4-5 所示，然后用钢丝钳按照剥削塑料软线的方法将橡胶绝缘层勒去。

图 4-3　塑料软线

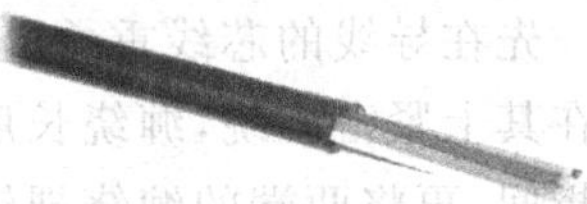

图 4-4　塑料护套线

图 4-5　花线

5. 塑套软线

塑套软线如图 4-6 所示，外包护套层可用电工刀按切除塑料护套层的方法切除，剥开内部的保护层，露出多股芯线绝缘层，用钢丝钳勒去。

6. 漆包线

漆包线如图 4-7 所示。绝缘层由于线径不同，去除的方法也不同。直径在 0.1mm 以上的，既可用细砂纸或细纱布擦去，也可用薄刀片刮去；直径在 0.1mm 及以下的，只能用细砂纸或细砂布轻轻擦除。漆包线越细越容易折断，操作时需特别小心。

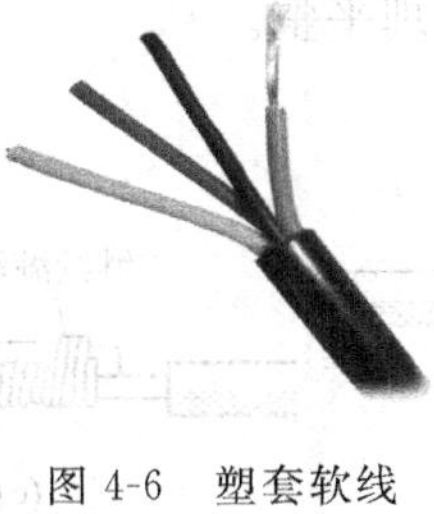

图 4-6　塑套软线

图 4-7　漆包线

4.1.2 导线线头的连接

常用的导线按材料分为铜芯与铝芯；按芯线股数不同，有单股、7 股等多种规格，其连接方法也不同。

1. 单股铜芯导线

1）绞接法和缠绕法

绞接法用于截面较小的导线。将剖除绝缘层和氧化层的两线头呈 X 形相交，再将它们相互缠绕 2～3 圈后扳直两线头，然后将每个线头在另一芯线上紧贴密绕 5～6 圈后，剪去多余线头，将线头处理平整，如图 4-8 所示。

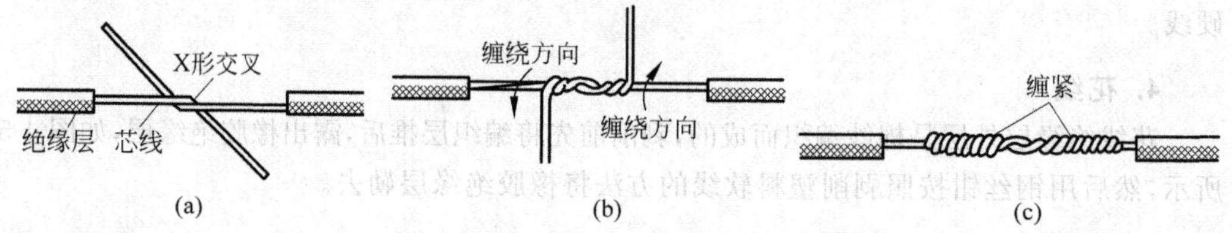

图 4-8 绞接法连接导线

缠绕法用于截面较大的导线。先在导线的芯线重叠处植入一根相同直径的芯线，再用一根截面约 1.5mm² 的裸铜线在其上紧密缠绕，缠绕长度为导线直径的 10 倍左右，然后将被连接导线的芯线线头分别折回，再将两端的缠绕裸铜线继续缠绕 5～6 圈后，剪去多余线头，将线头处理平整，如图 4-9 所示。

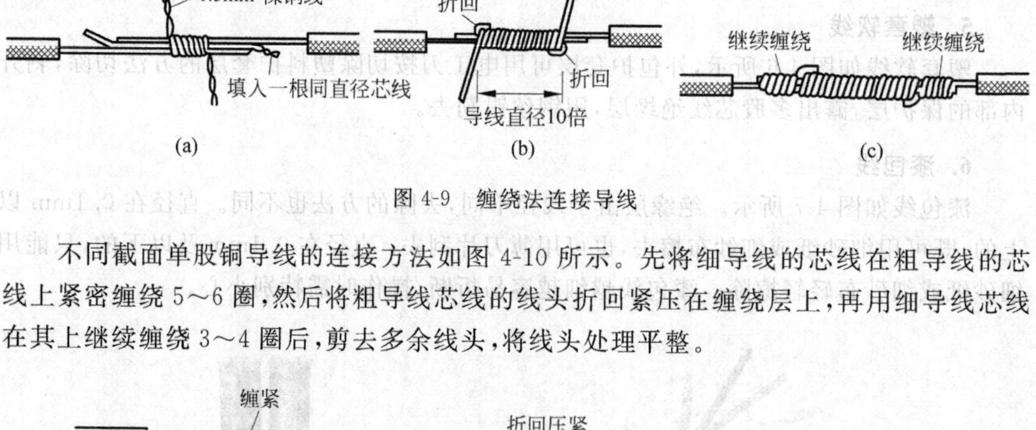

图 4-9 缠绕法连接导线

不同截面单股铜导线的连接方法如图 4-10 所示。先将细导线的芯线在粗导线的芯线上紧密缠绕 5～6 圈，然后将粗导线芯线的线头折回紧压在缠绕层上，再用细导线芯线在其上继续缠绕 3～4 圈后，剪去多余线头，将线头处理平整。

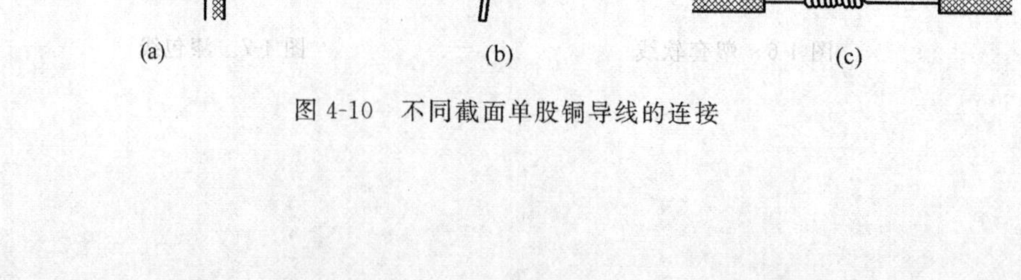

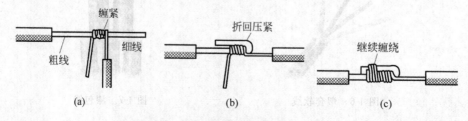

图 4-10 不同截面单股铜导线的连接

2）T 形连接

单股铜导线的 T 形分支连接如图 4-11 所示。将支路芯线的线头紧密缠绕在干路芯线上 5～8 圈后剪去多余线头即可。对于较小截面的芯线，可先将支路芯线的线头在干路芯线上打一个环绕结，再紧密缠绕 5～8 圈后剪去多余线头即可。

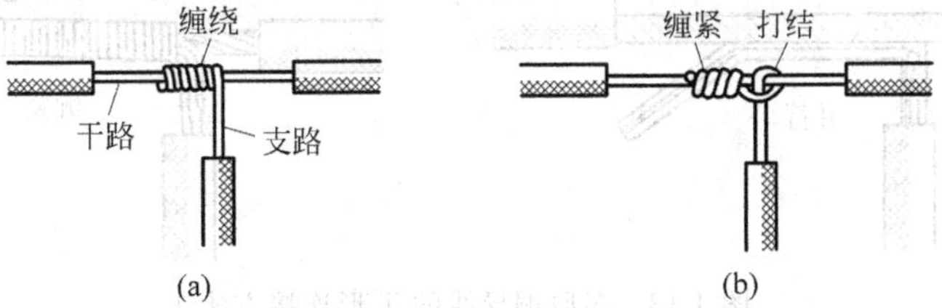

图 4-11 单股铜导线的 T 形分支连接

2. 多股铜导线

多股铜导线常用 7 股铜导线，有多种连接方法。

1）直接连接

多股铜导线的直接连接如图 4-12 所示。首先将剥去绝缘层的多股芯线拉直，将其靠近绝缘层的约 1/3 芯线绞合拧紧，将其余的 2/3 芯线成伞状散开，另一根需连接的导线芯线也如此处理，如图 4-12(a)所示；接着将两伞状芯线相对互相插入后捏平芯线，如图 4-12(b)所示；然后将每一边的芯线线头分作 3 组，先将某一边的第 1 组线头翘起并紧密缠绕在芯线上，如图 4-12(c)所示；再将第 2 组线头翘起并紧密缠绕在芯线上，如图 4-12(d)所示；最后将第 3 组线头翘起并紧密缠绕在芯线上，如图 4-12(e)、(f)所示。以同样方法缠绕另一边的线头，如图 4-12(g)所示。

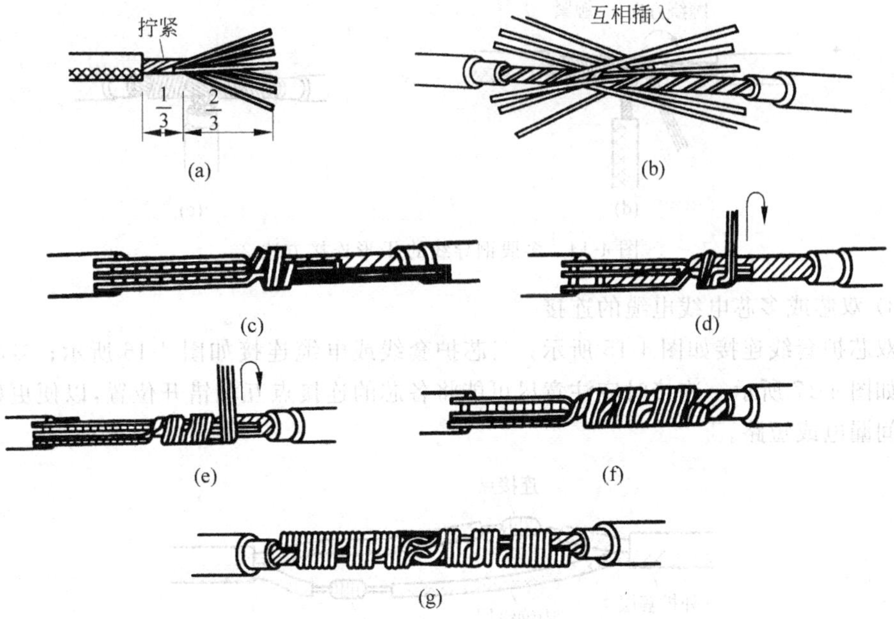

图 4-12 多股铜导线的直接连接

2）T 形连接

多股导线的 T 形连接有两种方法，一种方法是将支路芯线 90°折弯后与干路芯线并行，然后将线头折回并紧密缠绕在芯线上即可，如图 4-13 所示。

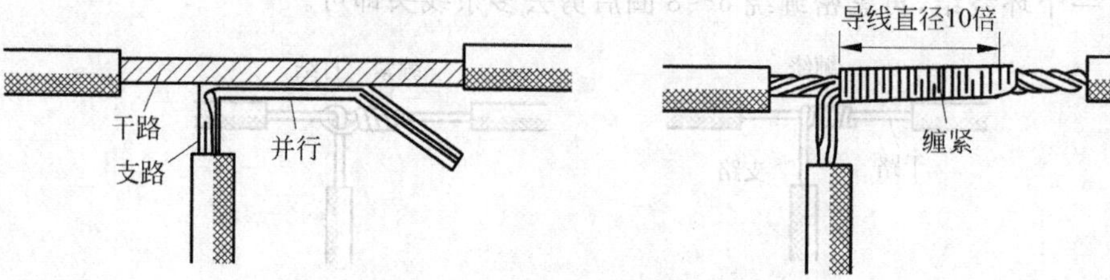

图 4-13　多股铜导线的 T 形连接方法 1

另一种方法如图 4-14 所示。将支路芯线靠近绝缘层的约 1/8 芯线绞合拧紧，其余 7/8 芯线分为两组，如图 4-14(a)所示，一组插入干路芯线中，另一组放在干路芯线前面，并朝右边按图 4-14(b)、(c)所示方向缠绕 4～5 圈，再将插入干路芯线中的那一组朝左边按图 4-14(d)所示方向缠绕 4～5 圈，连接好的导线如图 4-14(e)所示。

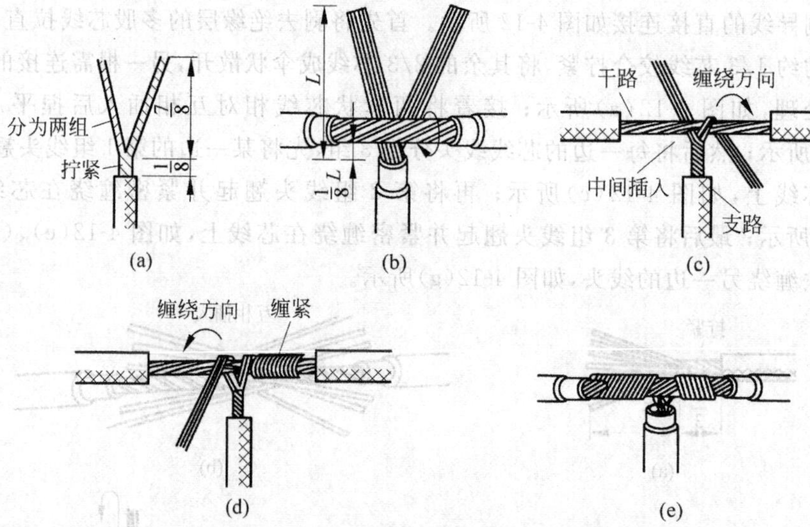

图 4-14　多股铜导线的 T 形连接方法 2

3）双芯或多芯电线电缆的连接

双芯护套线连接如图 4-15 所示；三芯护套线或电缆连接如图 4-16 所示；多芯电缆连接如图 4-17 所示。连接时应注意尽可能将各芯的连接点互相错开位置，以便更好地防止线间漏电或短路。

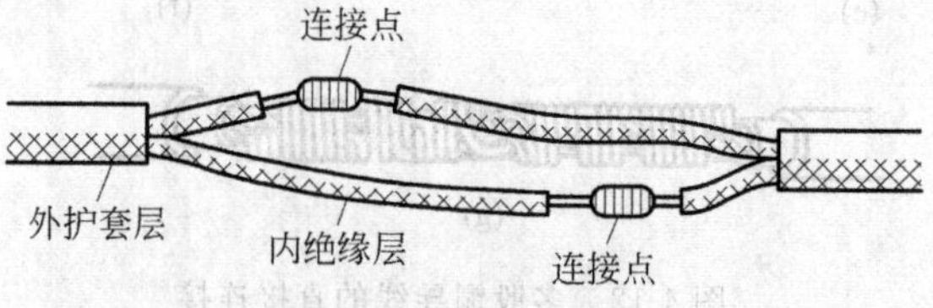

图 4-15　双芯连接

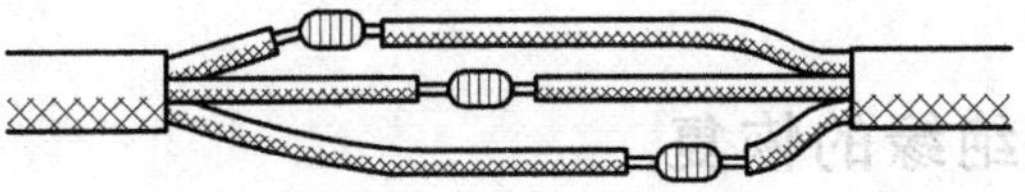

图 4-16 三芯连接

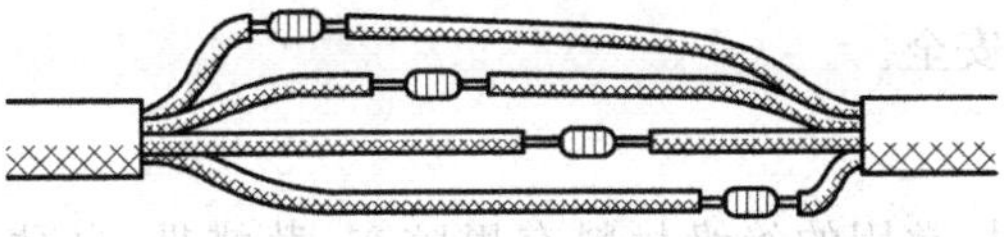

图 4-17 多芯连接

4）压接管压接法

压接管压接法适用于室内外负荷较大的铝芯线的连接。接线前，应先选好适合导线规格的压接管钳（套管）与压模，如图 4-18 所示。

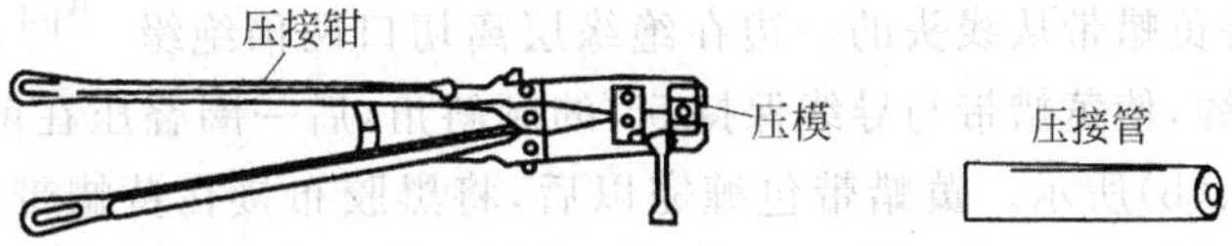

图 4-18 压接钳与压接管

将两根去皮并已涂上凡士林的线头相对插入并穿出压接管 25～30mm，如图 4-19 所示。

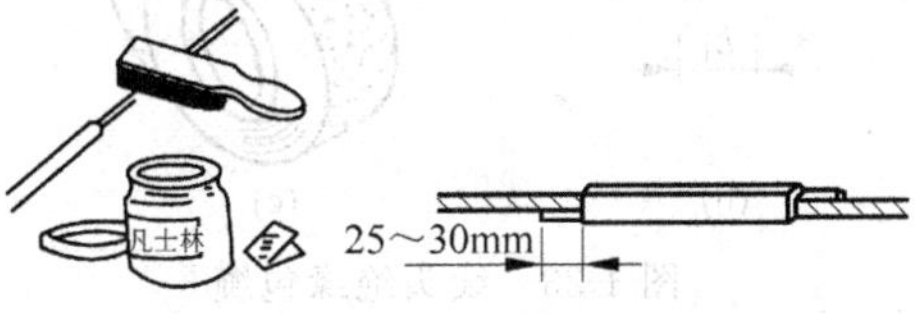

图 4-19 涂凡士林及穿线

用压接钳进行压接，如图 4-20 所示。

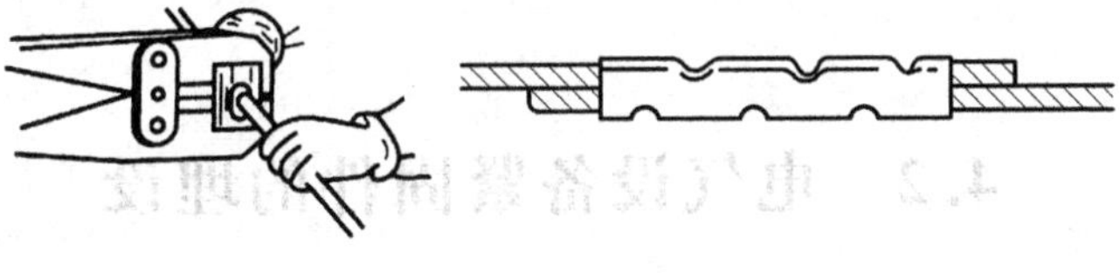

图 4-20 压接管压接

压接管压接分路接法如图 4-21 所示。

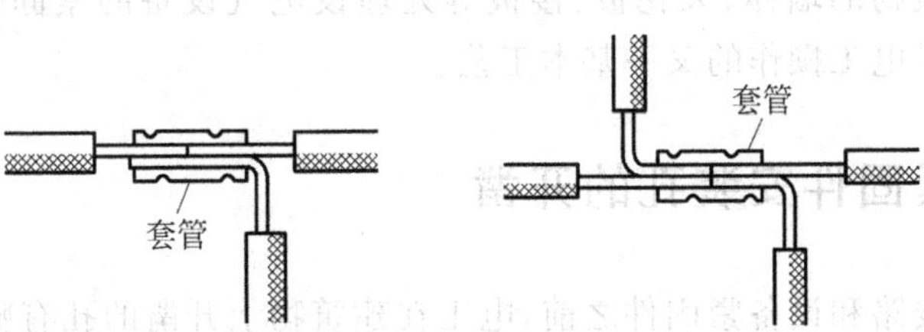

图 4-21 压接管压接分路接法

4.1.3 线头绝缘的恢复

在线头连接完成后，破损的绝缘层必须恢复。恢复后的绝缘强度不应低于原有的绝缘强度，才能保证用电安全。

1. 绝缘材料

在恢复导线绝缘时，常用的绝缘材料有黑胶布、黄蜡带、自黏性绝缘橡胶带、电气绝缘胶带等，如图 4-22 所示。一般绝缘带宽度为 10～20mm 较为合适。其中，电气胶带因颜色有红、绿、黄、黑，所以又称为相色带。

图 4-22 电气绝缘胶带

2. 包缠方法

包缠时，先将黄蜡带从线头的一边在绝缘层离切口两倍绝缘带宽度处开始包缠，使黄蜡带与导线保持 55°的倾斜角，后一圈叠压在前一圈 1/2 的宽度上，如图 4-23(a)、(b)所示。黄蜡带包缠完以后，将黑胶布接在黄蜡带的尾端，朝相反方向斜叠包缠，仍倾斜 55°，后一圈叠压在前一圈 1/2 处，如图 4-23(c)、(d)所示。

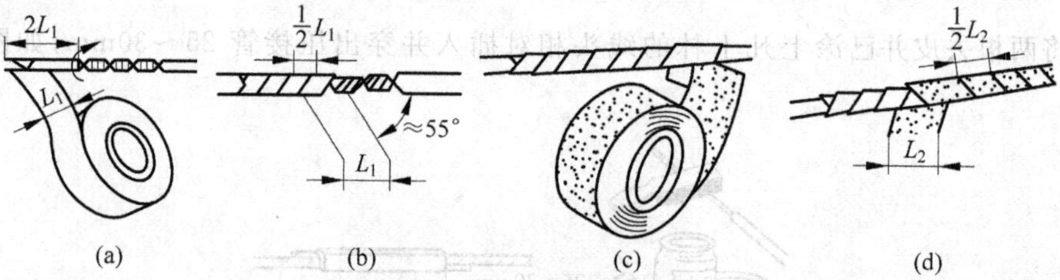

图 4-23 线头绝缘包缠

在 380V 的线路上恢复绝缘层时，先包缠 1～2 层黄蜡带，再包缠一层黑胶带。在 220V 的线路上恢复绝缘层时，可先包一层黄蜡带，再包一层黑胶布，或不包黄蜡带，只包两层黑胶布。

4.2 电气设备紧固件的埋设

在建筑物上安装电气线路和设备，必须解决这些线路和设备在建筑物上的固定问题。如何牢固地在建筑物的墙体、天花板、楼板等处埋设电气设备的紧固件，并满足安全、适用、美观的要求，是电工操作的又一基本工艺。

4.2.1 紧固件安装孔的开凿

在预埋电气线路和设备紧固件之前，电工在建筑物上开凿的孔有膨胀螺栓孔、导线穿墙孔及预埋其他紧固件的墙孔。

1. 膨胀螺栓孔的开凿

常用的膨胀螺栓按材料不同可分为塑料、橡胶和金属三种，它的紧固作用是利用螺钉或螺栓旋入胀管时，使胀管胀开，以膨胀力使其自身及电气器材固定在建筑物上。膨胀螺栓预埋时，必须使用冲击钻在建筑物上钻孔，孔径的大小和深度应刚好与膨胀螺栓的大小和深度相配合，安装时也不需要水泥砂浆，直接将膨胀螺栓旋入孔中即可。常用的膨胀螺栓钻孔规格如表 4-1 所示。

表 4-1　常用的膨胀螺栓钻孔规格　　单位：mm

螺栓规格	M6	M8	M10	M12	M16
钻孔直径	10.5	12.5	14.5	19	23
钻孔深度	40	50	60	70	100

2. 穿墙孔的开凿

在室外与室内之间、室内与室内之间，导线穿越墙壁时，均应开凿穿墙孔，并在孔内安装穿墙套管，如瓷管、钢管或硬塑料管等。

在砖墙上开凿穿墙孔时多用冲击钻钻孔，有时也用无缝钢管制成的长凿凿打；在水泥墙或混凝土楼板上开凿穿墙孔时，常用中碳钢制成的长凿凿打。室内的穿墙孔应凿得平直，两侧与线路保持在同一水平面上。户内向户外开凿的穿墙孔，户外应稍低，以利于排水。穿墙孔的大小应与穿墙套管的外径配合。若在同一穿越点需要排列多根穿墙套管，应一管一孔，均匀水平排列。进户穿墙套管埋设时，防水弯头应朝下。所有穿墙套管在墙孔内均应用水泥封固。

4.2.2 膨胀螺栓的安装

电工使用的膨胀螺栓按材料和膨胀形式不同，可分为塑料胀管式、沉头式、裙尾式、箭尾式等多种，部分螺栓如图 4-24 所示。

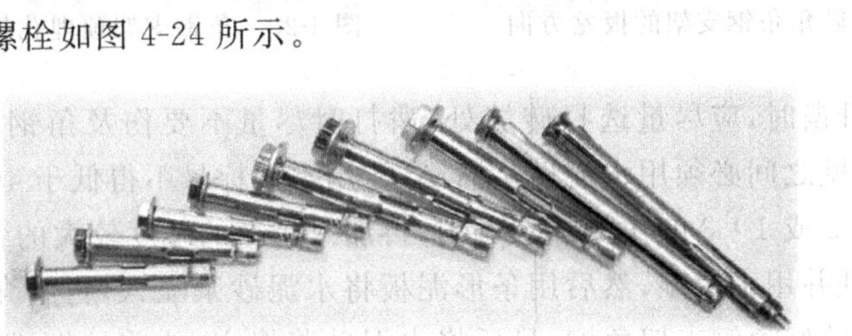

图 4-24　电工常用膨胀螺栓

安装过程中，由于各种膨胀螺栓的形式不同，安装方法也不一样。塑料胀管式膨胀螺栓和箭尾式膨胀螺栓安装较为简单，将胀管卡入墙孔，然后用带垫圈的螺钉直接拧入胀管，将要安装的器材紧固在建筑物上即可。这两种螺栓是利用螺钉直接胀开胀管，使胀管被卡紧在墙孔内。沉头式膨胀螺栓和裙尾式膨胀螺栓，在塞入墙孔之前，应先将沉头螺栓或金属螺母装进胀管内，再装入墙孔，安装时利用螺母或螺钉拧入胀管而将器材紧固在建筑物上。它们的原理是当螺钉拧入或螺母旋紧时，通过有锥度的金属螺母和沉头螺栓将胀管胀开,使其卡紧。

4.2.3 角钢支架、开脚螺栓和拉线耳的安装

要将绝缘子固定在建筑物上,多用角钢支架支承。由于绝缘子要承受电气线路的张力,故角钢支架必须安装牢固。

按功能不同,角钢支架有一字形和"ㄇ"形两类。其中,一字形多用于安装线路中间的绝缘子;"ㄇ"形多用于安装线路转角和终端的绝缘子。埋设前应对埋入建筑物内的部分先锯口扳岔,扳岔方向由角钢支架受力方向决定。终端角钢支架的扳岔方向如图 4-25 所示;中间角钢支架的扳岔方向如图 4-26 所示;转角角钢支架的扳岔方向如图 4-27 所示,角钢支架预埋孔的开凿如图 4-28 所示。

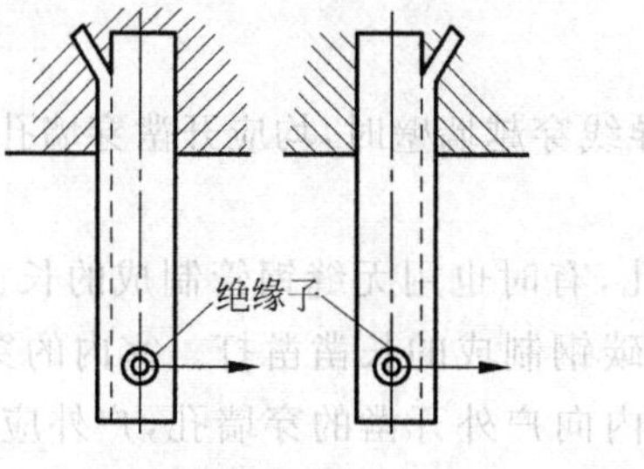

图 4-25 终端角钢支架的扳岔方向

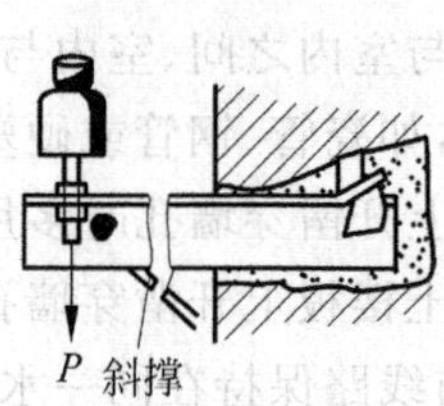

图 4-26 中间角钢支架的扳岔方向

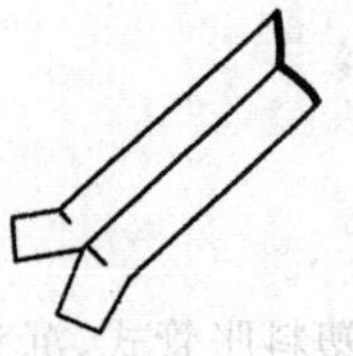

图 4-27 转角角钢支架的扳岔方向

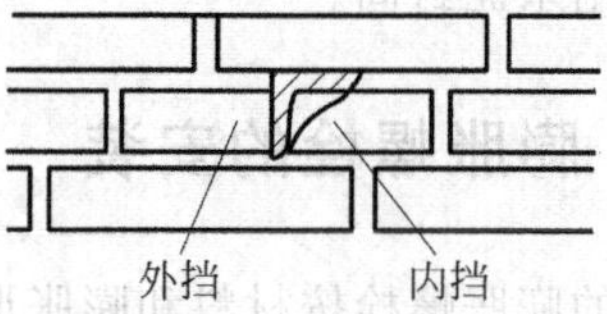

图 4-28 角钢支架预埋孔的开凿

在砖墙上开凿时,应尽量选择砖缝处,凿打时尽量不要伤及角钢外挡的砖块。埋设时,角钢脚与孔壁之间必须用水泥砂浆灌满,所用水泥标号不得低于 400 号。将水泥与淘净的粗砂以 1∶2 或 1∶3 的比例加水调匀,再加入淘净的硬度较大的青石子。灌浆时,先对墙孔进行清理并用水浸湿,然后用条形泥板将水泥砂浆灌入,再将角钢插入,灌满水泥砂浆和石子,调整好角钢支架角度,最后将水泥砂浆捣实,待养护期满后再加负荷。如果角钢支架较长、悬臂较大或安装的导线较粗,为了加强角钢支架的支撑力,对中间角钢支架可在支架的下方加一斜撑,对于终端和转角角钢支架,亦可在受力方向的背面加装拉脚或撑脚,如图 4-29 所示。拉脚和撑脚可用圆钢、扁钢或角钢制成,一端固定在墙体的开脚螺栓上,另一端固定在角钢支架上。

在砖墙上埋设开脚螺栓和拉线耳时应尽量沿着砖缝凿孔,墙孔要开凿成长方形,长边略大于开脚螺栓或拉线耳尾部张开的最大宽度;短边口部要窄,内部掏宽,其宽度应使开脚能在孔内旋转为宜。埋设时,仍需要先清理墙孔并浸湿,加入少量水泥砂浆,将开脚螺

栓或拉线耳尾部从墙孔的长边进入，再旋转 90°，如图 4-30 所示。开脚螺栓和拉线耳都要受到向外的拉力，为防止因外界拉力过大，使尾部张角闭合，埋设时在张角内应塞上石子，灌满水泥砂浆，其工艺要求与角钢支架的埋设相同。

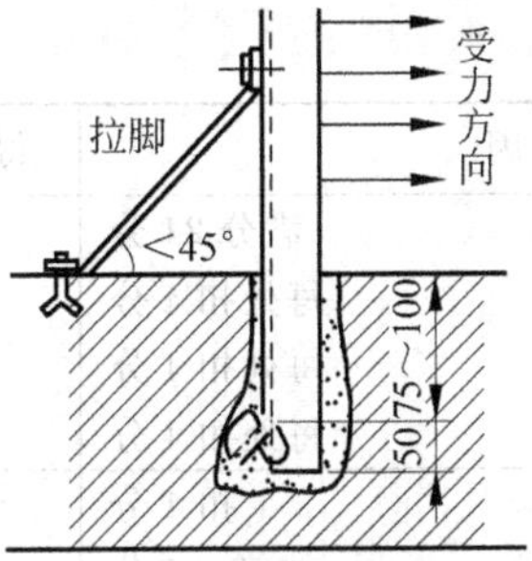

图 4-29　终端和转角角钢支架

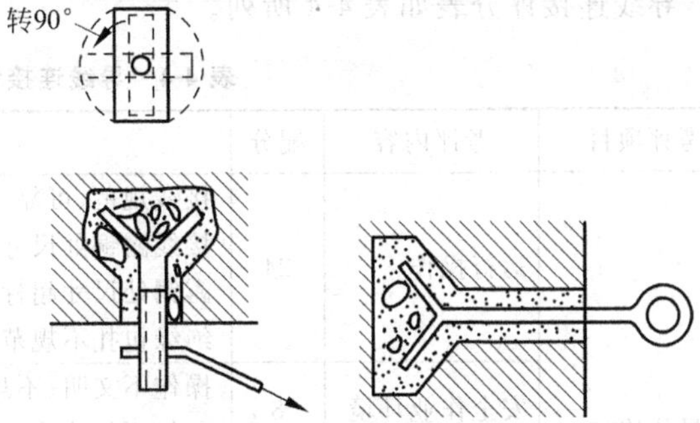

图 4-30　开脚螺栓和拉线耳的安装

4.3　导线连接操作训练

根据本章学习内容，进行导线连接训练。

4.3.1　工作准备及教学流程

工作准备及教学流程如表 4-2 所示。

表 4-2　工作准备及教学流程

序号	工作准备及教学流程
1	准备本次实操课题需要的器材、工具、电工仪表等
2	检查学生出勤情况；检查工作服、帽、鞋等是否符合安全操作要求
3	集中讲课，复习相关操作要领，布置本次实操作业
4	教师分析实操情况，现场示范导线连接操作流程
5	学生分组练习，教师巡回指导
6	教师逐一对学生进行考查测验

4.3.2　实操器材

导线连接所需器材、工具、仪表如表 4-3 所示。

表 4-3　导线连接器材清单

设备/设施/器材	数量	设备/设施/器材	数量
各类电线电缆	若干	黄蜡带	若干
电工刀	若干	黑胶布	若干
钢丝钳	若干	剥线钳	若干

4.3.3 实操评分

导线连接评分表如表 4-4 所列。

表 4-4 导线连接评分表

考评项目	考评内容	配分	扣分原因		得分
导线连接	运行操作	24	接线规范、可靠、紧密、合理□	满分 24 分	
			接线露铜处尺寸不均匀□	每处扣 4 分	
			露铜处尺寸超标□	每处扣 4 分	
			绝缘包扎不规范□	每处扣 4 分	
	安全作业环境	8	操作不文明、不规范□	扣 4 分	
			工位不整洁□	扣 2～4 分	
	问答及口述	8	叙述导线的连接方法不完整□	扣 1～8 分	
			根据给定的功率(或负载电流),估算选择导线截面,回答问题未达到要求□	扣 1～8 分	
	否定项	接头连接不紧密、松动□		扣 40 分	
	合　计	40	违反安全穿着、违反安全操作规范,本项目为 0 分		

4.3.4 实操过程注意事项

在教师的指导下学生能根据导线连接工艺流程,在规定时间内对所分配的导线按照相关连接方式进行连接,并进行绝缘恢复。

习　题

1. 简述单股铜导线平接的步骤。
2. 简述单股铜导线 T 形连接的步骤。

CHAPTER 5

第5章

常用仪表和仪器

知识目标：

(1) 能够叙述常用电工仪表(电压表、电流表、万用表、兆欧表)的结构和使用方法。

(2) 能够叙述常用电工、电子仪器的面板结构、旋钮、按键功能及其使用方法。

技能目标：

会正确使用常用电工仪表(电压表、电流表、万用表及兆欧表)测量相关的参数。

5.1 电流表、电压表和单相调压器

5.1.1 电流表

测量电流时用电流表作为测量仪表。常用直流电流表如图 5-1 所示，交流电流表如图 5-2 所示。

图 5-1 直流电流表

图 5-2 交流电流表

1. 直流电流的测量

测量直流电流时，电流表应与负载串联在直流电路中，如图 5-3 所示。接线

时需要注意仪表的极性和量程。必须使用电流表的正端钮接被测电路的高电位端,负端钮接被测电路的低电位端,在仪表允许的量程范围内测量。测量直流大电流应配有分流器,如图 5-4 所示。在带有分流器的仪表测量时,应将分流器的电流端钮(外侧两个端钮)串接入电路中,表头由外附定值导线接在分流器的电位端钮上(外附定值导线与仪表、分流器应配套)。

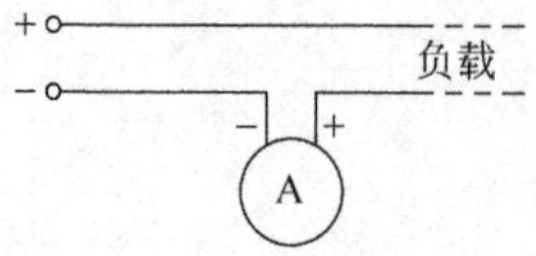

图 5-3 电流表直接接入法

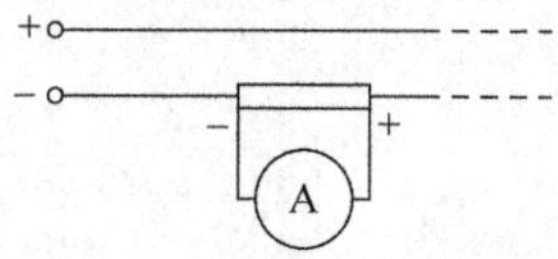

图 5-4 带有分流器的接入法

2. 交流电流的测量

用交流电流表测量交流电流时,同样应与负荷串联在电路中。与直流电流表不同,交流电流表不分极性,如图 5-5 所示。因交流电流表线圈的线径和游丝截面很小,不能测量较大电流,如需要扩大量程,可加接电流互感器,其接线图如图 5-6 所示。通常电气工程中配电流互感器用的交流电流表量程为 5A。表盘上的读数在出厂前已按电流互感器比率(变比)标出,可直接读出被测电流值,如图 5-2 交流电流表的读数即为实际测量的电流值。

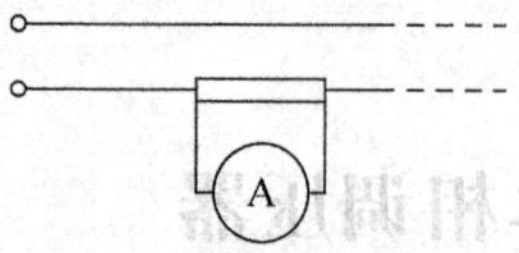

图 5-5 电流表测量交流电

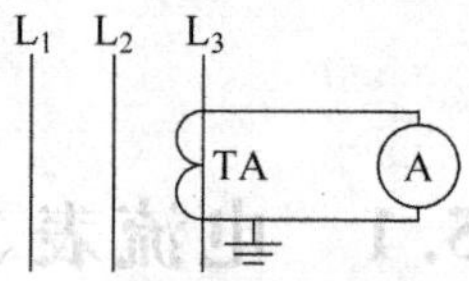

图 5-6 接入交流互感器测量交流电

3. 注意事项

(1) 使用直流交流表测量电流时极性不能接反,否则会使电流表的指针反向偏转;交流电流表如果测量高压电路的电流时,电流表应串接在被测电路中的低电位端。

(2) 要根据被测电流的大小来选择适当的仪表,例如安培表、毫安表或微安表。在测量前应先估计电流的大小,当不知被测电流的大致数值时,先使用较大量程的电流表试测,然后根据指针偏转的情况,再转换适当量程的仪表。

5.1.2 电压表

测量电压时用电压表作为测量仪表,常用直流、交流电压表外形如图 5-7 和图 5-8 所示。

1. 直流电压的测量

测量直流电压时,电压表应并联在线路中。测量时应注意仪表的极性标记,将“+”端接线路的高电位点,“−”端接电路的低电位点,以免指针反转而损坏仪表。如需扩大直流电压表量程,无论磁电式、电磁式或电动式仪表,均可在电压表外串联分压电阻,所串分压电阻越大,量程越大。

图 5-7　直流电压表

图 5-8　交流电压表

2. 交流电压的测量

电压表不分极性，只需要在测量量程范围内直接并联到被测电路即可，接线如图 5-9 所示。若测量较高的交流电压时，如 600V 以上，一般都要配合电压互感器进行测量。如需扩大交流电压表量程，无论是磁电式仪表或电磁式仪表均可加接电压互感器，如图 5-10 所示。电气工程中，所用电压互感器按测量电压等级不同，有不同的标准电压比率，如 3 000/100V、6 000/100V 等，配用互感器的电压表量程一般为 100V，选择时，根据被测电路电压等级和电压表自身量程合理配合使用。读数时，电压表表盘刻度值已按互感器比率折算，可直接读取。

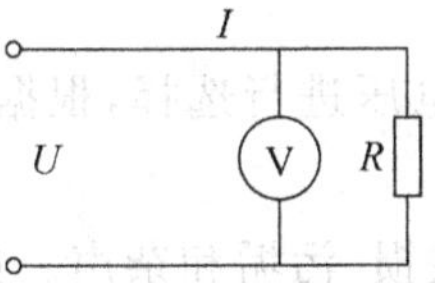

图 5-9　电压表直接接入法

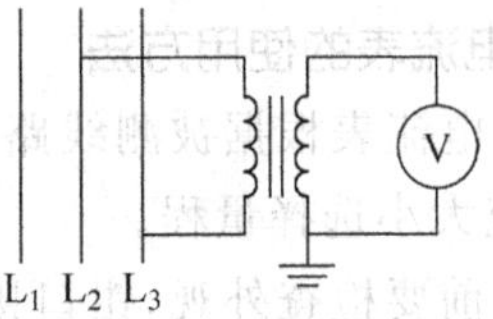

图 5-10　接入电压互感器测量交流电压

3. 注意事项

测量时应根据被测电压的大小选用电压表的量程，量程要大于被测线路的电压，否则有可能损坏仪表。

5.1.3　钳形电流表

钳形电流表又叫钳表，是一种用于测量正在运行的电气电路电流大小的仪表。在测量电流时，通常需将被测电路断开，才能使电流表或互感器的一次侧串联到电路中去，而使用钳形电流表测量电流时，可以在不断开电路的情况下进行。钳形电流表是一种便携式仪表，使用方便。图 5-11 和图 5-12 分别为钳形电流表的实物图和结构图。

图 5-11　钳形电流表

1. 钳形电流表的结构与原理

用来测量交流电流的钳形电流表（如国产 T301）是利用

电流互感器原理制造的，由电流互感器和整流系电流表组成。电流互感器的铁芯呈钳口形，当紧握钳形电流表的把手时，其铁芯张开，将通有被测电流的导线放入钳口中，松开把手后铁芯闭合，通有被测电流的导线相当于电流互感器的一次侧，于是在二次侧就会产生感应电流，并送入整流系电流表测出电流数值。

还有一种交直流两用(如国产 MG20 型、MG21 型)的钳形电流表是用电磁式测量机构制成的，其结构如图 5-13 所示。

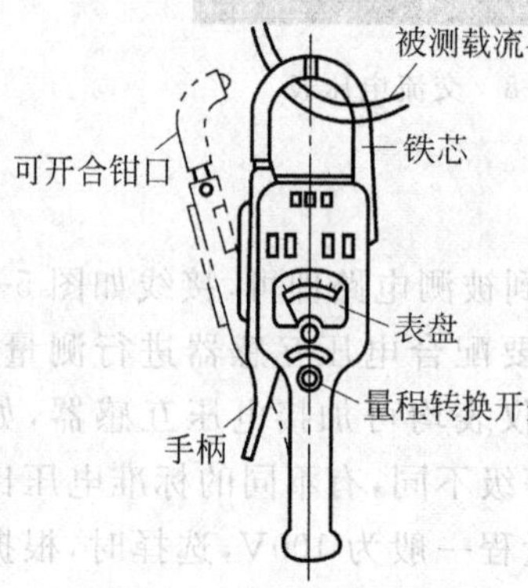

图 5-12 钳形电流表结构

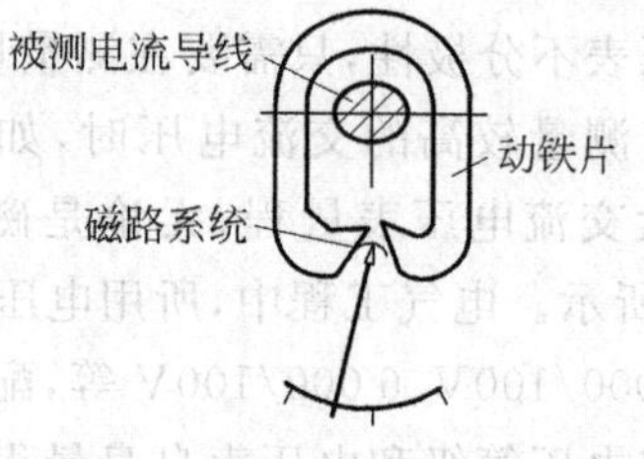

图 5-13 交直流两用钳形电流表

2. 钳形电流表的使用方法

(1) 钳形电流表根据被测线路或电气设备的额定电压进行选择，根据被测线路或电气设备的电流大小选择量程。

(2) 使用前要检查外观，钳口接触是否紧密、有无破损、污垢和杂声。如有污垢，可用汽油擦拭干净。开合几次可以消除杂声、剩磁。

(3) 不知被测电流值时，应调至最大挡，换挡应退出钳口。

(4) 若被测电流较小，可将导线在钳形电流表的钳口绕几圈，然后将读数除以所绕圈数即为被测电流值。

(5) 每次只能测量一根导线的电流，不能将多相导线同时嵌入钳口内进行测量。

(6) 测量时，尽量将被测导线置于钳口铁芯中间，以减少测量误差。

(7) 测量完大电流后马上要进行小电流的测量时，需把钳口开合几次，以消除钳口铁芯内的剩磁。

(8) 钳形电流表使用完毕后，应把量程开关转至最大量程的位置。

3. 钳形电流表使用注意事项

(1) 切记不能在未退出钳形电流表的状态下转换量程开关。

(2) 测量前要选择合适的测量位置和角度进行测量，避免因读数而导致身体过于靠近或接触带电体而造成触电的危险。

(3) 测量高压线路时，要做好“两穿三戴”(穿防护衣、绝缘鞋，戴安全帽、安全带、电工手套)和专人监护的安防措施。

5.1.4 单相调压器

单相调压器又称单相调压变压器或自耦变压器，它的用途是为电路或实验设备提供 0～250V 连续可调的交流电压。实物图和接线原理图分别如图 5-14 和图 5-15 所示。

图 5-14 单相调压器

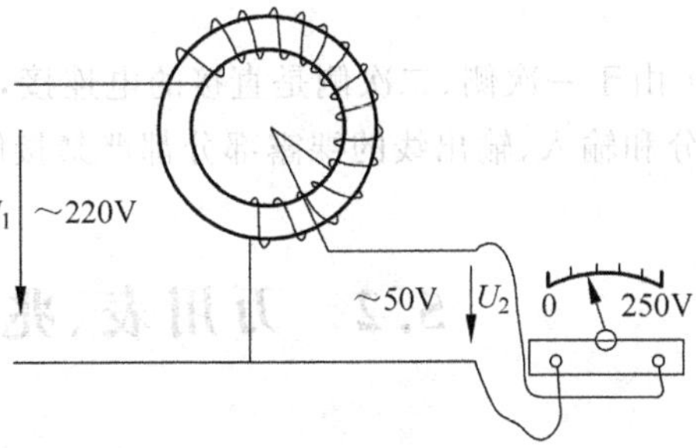

图 5-15 单相调压器接线原理图

单相调压器的一次侧、二次侧共用一个绕组，低压绕组是高压绕组的一部分，既有磁的联系，也有电的联系。通常把自耦变压器的二次侧输出改成活动触头，可以接触绕组中任意位置，从而使输出电压可以任意改变，调压过程如图 5-16 所示。

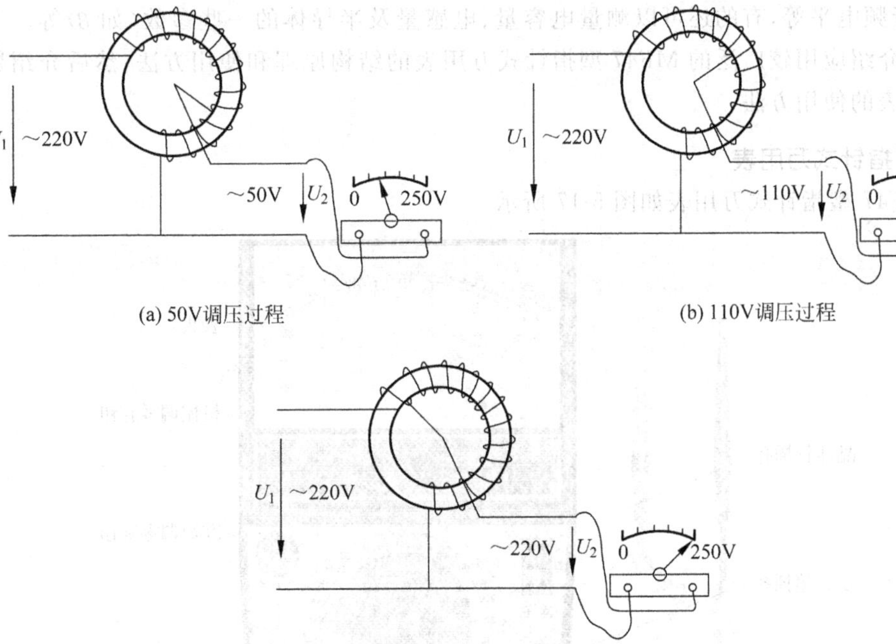

(a) 50V调压过程

(b) 110V调压过程

(c) 220V调压过程

图 5-16 单相调压器调压过程

单相调压器使用方法如下。

(1) 正确接线。单相调压器输入、输出端一般有四个接线端子，其中 A 与 X 为一对输入端子、a 与 x 为一对输出端子。

(2) 选择输出电压。单相调压器一次绕组额定输入电压为 220V,二次绕组输出电压是 0～250V 连续可调的交流电压。在使用时应根据用电器(负载)所需电压,调节上端的圆形手轮,使指针指到电压标度盘上所需数值,接通电源时即可在二次侧获得所需电压。

(3) 仪器使用完毕,应关闭电源,卸除一次侧电源连接线,拆除二次侧与负载的连接线。

(4) 由于一次侧、二次侧是直接的电连接,所以无论输出电压多低,一次侧、二次侧的导电部分和输入、输出线的裸露部分都严禁接触,否则会引起触电。

5.2 万用表、兆欧表和电能表

5.2.1 万用表

万用表又称为复用表、多用表、三用表、繁用表等,是电工工作过程中不可缺少的测量仪表。万用表按显示方式分为指针万用表和数字万用表,是一种多功能、多量程的测量仪表。一般万用表可测量直流电流、直流电压、交流电流、交流电压、电阻(含判断导线的通断)和音频电平等,有的还可以测量电容量、电感量及半导体的一些参数(如 β)等。下面将详细介绍应用较广泛的 MF47 型指针式万用表的结构原理和使用方法,然后介绍数字式万用表的使用方法。

1. 指针式万用表

MF47 型指针式万用表如图 5-17 所示。

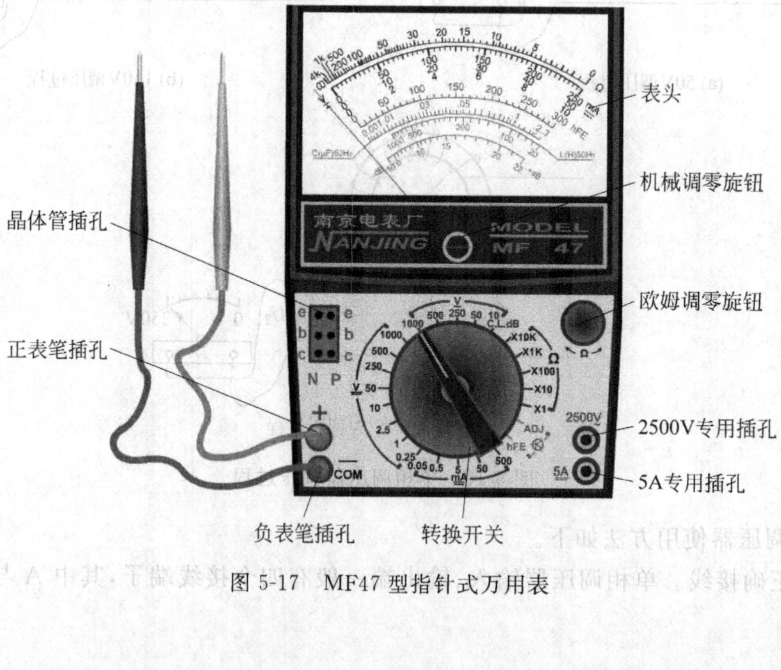

图 5-17 MF47 型指针式万用表

1）万用表的构造

万用表由表头和表盘、测量电路及转换开关三个主要部分组成。

（1）万用表表头和表盘。万用表表头是一只电磁式仪表，用以指示被测量的数值。表头灵敏度指的是指针满刻度偏转时，流过表头线圈的直流电流值，这个电流值越小，代表灵敏度越高。万用表性能很大程度取决于表头的灵敏度，灵敏度越高，其内阻也越大，万用表性能就越好。

万用表表盘除了有与各种测量项目相对应的 6 条标度尺外，还附有各种符号。正确识读标度尺和理解表盘符号、字母、数字的含义，是使用和维修万用表的基础。

万用表表盘标度尺通常有以下特点：有的标度尺刻度是均匀的，如直流电压、直流电流和交流电压共用的标度尺；有的刻度是不均匀的，如电阻、晶体管共射极直流电流放大系数 h_{FE}、电感、电容及音频电平标度尺等。其形状如图 5-18 所示。

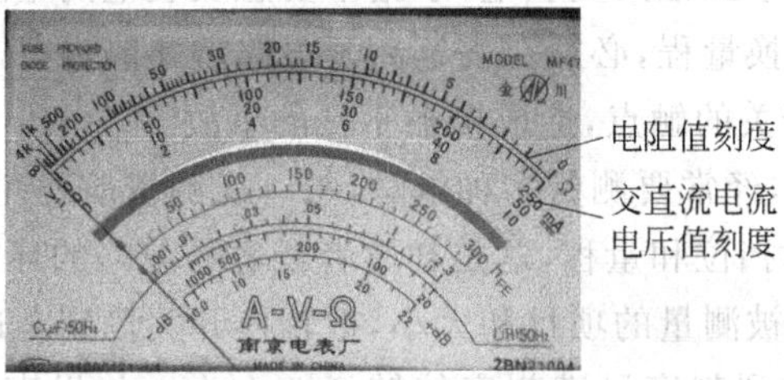

图 5-18　MF47 型指针式万用表表盘

第一条刻度（最上面）为电阻值刻度（读数时从右向左读）；第二条刻度为交直流电流电压值刻度（读数时从左向右读）

（2）万用表转换开关。万用表转换开关用来选择各种不同的测量电路（图 5-19），以满足不同量程的测量要求。当转换开关处在不同位置时，其相应的固定触点就闭合，万用表就可执行各种不同的量程进行测量。万用表的面板上装有标度尺、转换开关旋钮、调零旋钮及端钮（或插孔）等。

图 5-19　转换开关

2）MF47 型万用表标度尺的读法

MF47 型万用表有 6 条标度尺，分别代表了各自的测量项目，其上又用不同的数字及单位标出了相应项目的不同量程。

在均匀标度尺上读取数据时，如遇到指针停留在两条刻度线之间的某个位置，应将两刻度线之间的距离等分后再估读一个数据。

在欧姆标度尺上只有一组数字，为测量电阻专用。转换开关选择 R×1 挡时，应在标度尺上直接读取数据；在选择其他挡位时，应乘以相应的倍率。例如选择 R×1k 挡时，就要对已读取的数据乘以 1 000Ω。需要指出的是，欧姆标度尺的刻度是不均匀的，当指针停留在两条刻度线之间的某个位置时，估读数据要根据左边和右边刻度缩小或扩大趋势进行估计，尽量减小读数误差。

3) 指针式万用表注意事项

(1) 使用前要认真阅读说明书,充分了解万用表的性能,正确理解表盘上各种符号和字母的含义及各条标度尺的读法,了解和熟悉转换开关等部件的作用和用法。

(2) 使用前观察表头指针是否处于零位(电压、电流标度尺的零点),若不在零位,应调整表头下方的机械调零旋钮,使其归零。否则,测量结果将不准确。

(3) 进行测量前检查红、黑表笔连接的位置是否正确。红表笔接到红色接线柱或标有"+"号的插孔内,黑表笔接到黑色接线柱或标有"—"号的插孔内,不能接反,否则在测量直流电量时会因正负极的反接而使指针反转,损坏表头部件。

(4) 在表笔连接被测电路前,一定要查看所选挡位与测量对象是否相符,如果误用挡位和量程,不仅得不到测量结果,而且还会损坏万用表。在此提醒初学者,万用表损坏往往就是上述原因造成的。

(5) 测量时需用右手握住两支表笔,手指不要触及表笔的金属部分和被测元器件。

(6) 测量中若需转换量程,必须在表笔离开电路后才能进行,否则选择开关转动时产生的电弧易烧坏选择开关的触点,造成接触不良的事故。

(7) 在实际测量中,经常要测量多种电量,每一次测量前要注意根据每次测量任务把选择开关转换到相应的挡位和量程,这是初学者最容易忽略的环节。

(8) 测量前要根据被测量的项目和大小,把转换开关拨到合适的位置。量程的选择,应尽量使表头指针偏转到刻度尺满刻度偏转 2/3 左右。如果事先无法估计被测量的大小,可在测量中从最大量程挡逐渐减小到合适的挡位。每当拿起表笔准备测量时,一定要再核对一下测量项目,检查量程是否拨对、拨准。

(9) 测量完毕,应将转换开关拨到最高交流电压挡。如果长期不使用,应将万用表内的电池拆下放好。

4) 机械式万用表测量电阻的方法

(1) 使用前做以下准备。

① 装好电池(注意电池正负极)。

② 插好表笔:"—"黑;"+"红。

③ 机械调零。万用表在测量前,应注意水平放置时,表头指针是否处于交直流挡标尺的零刻度线上,否则读数会有较大的误差。若不在零位,应通过机械调零的方法(即使用小螺丝刀调整表头下方机械调零旋钮)使指针回到零位。

④ 量程的选择。第一步:试测。先粗略估计所测电阻阻值,再选择合适量程。如果被测电阻不能估计其值,一般情况将开关拨在 R×100 或 R×1k 挡进行初测,然后看指针是否停在中线附近,如果是,说明挡位合适。如果指针太靠零,则要减小挡位;如果指针太靠近无穷大,则要增大挡位。第二步:选择正确挡位。测量时,指针停在中间或附近。

⑤ 欧姆调零。量程选准以后在正式测量之前必须调零,否则测量值会有误差。方法:将红黑两笔短接,看指针是否指在零刻度位置,如不是,调节欧姆调零旋钮,使其指在零刻度位置。重新换挡以后,在正式测量之前也必须调零。

(2) 连接电阻测量:万用表两表笔并接在所测电阻两端进行测量。测量接在电路中的电阻时,须断开电阻的一端或断开与被测电阻相并联的所有电路,此外还必须断开电源，对电解电容进行放电，不能带电测量电阻，被测电阻不能有并联支路，如图 5-20 所示。被测电阻值等于表盘电阻读数×挡位倍率。图 5-21 所示为错误的测量方法，双手接触电阻的两端，相当于并联了一个人体的电阻。

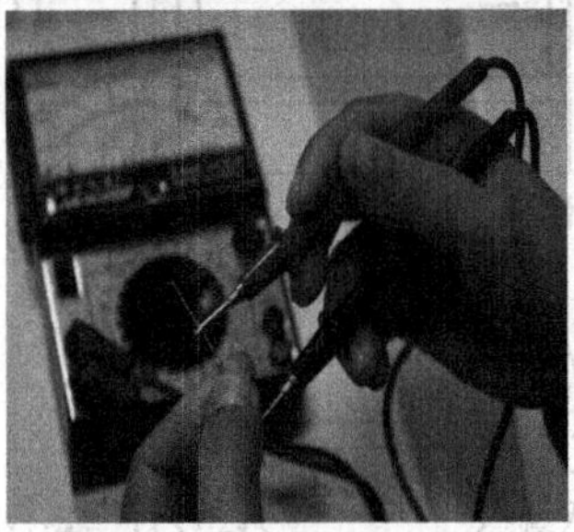

图 5-20　电阻的正确测量方法

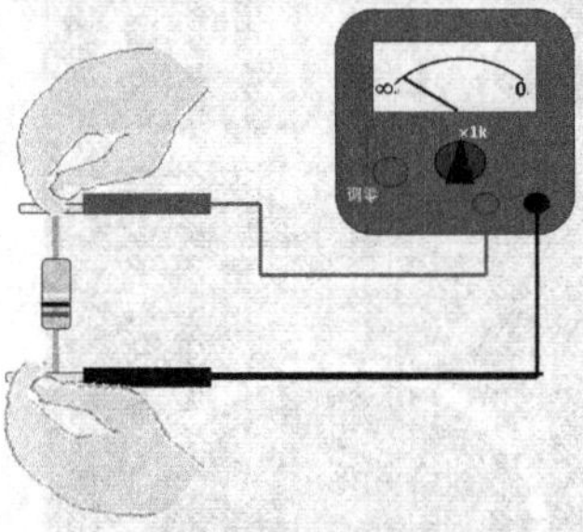

图 5-21　电阻的错误测量方法

5）机械式万用表电流的测量

测量直流电流时，用转换开关选择好适当的直流电流量程，将万用表串联到被测电路中进行测量。测量时注意正负极性必须正确，应按电流从正到负的方向，即红表笔流入，黑表笔流出。测量大于 500mA 的电流时，应将红表笔插到“5A”插孔内。

6）机械式万用表电压的测量

测量电压时，用转换开关选择好适当的电压量程，将万用表并联在被测电路中进行测量。测量直流电压时，正负极性必须正确，红表笔应接被测电路的高电位端，黑表笔接低电位端。测量大于 500V 的电压时，应使用高压测试棒，插在“2500V”插孔内，并注意安全。交流电压的刻度值为交流电压的有效值。被测交直流电压值，由表盘的相应量程刻度线上读出。

2. 数字式万用表

数字式万用表是根据模拟量与数字量之间的转换来完成测量的，它能用数字把测量结果直接显示出来。因为数字式仪表灵敏度高，准确度高，显示清晰，过载能力强，便于携带，使用更简单，因此已广泛被使用。数字式万用表可用来测量交流电压、直流电压、交流电流、直流电流、电阻、电容、频率、二极管及通断测试等工作。

1）数字式万用表的结构

数字式万用表主要由直流数字电压表（DVM）和功能转换器构成，其中直流数字电压表由数字部分及模拟部分构成，主要包括 A/D（模拟/数字）转换器、显示器（LCD）、逻辑控制电路等。数字式万用表的外观及面板功能如图 5-22 所示；面板上的符号说明如图 5-23 所示。

2）数字式万用表的使用方法

（1）数字式万用表交流电压的测量如图 5-24 所示。使用时将功能转换开关置于 ACV 挡的相应量程上，将红表笔插入测量插孔 VΩ，黑表笔插入测量插孔 COM，两表笔并联在被测电路两端，表笔不分正负。数字表所显示数值为测量端交流电压的有效值。

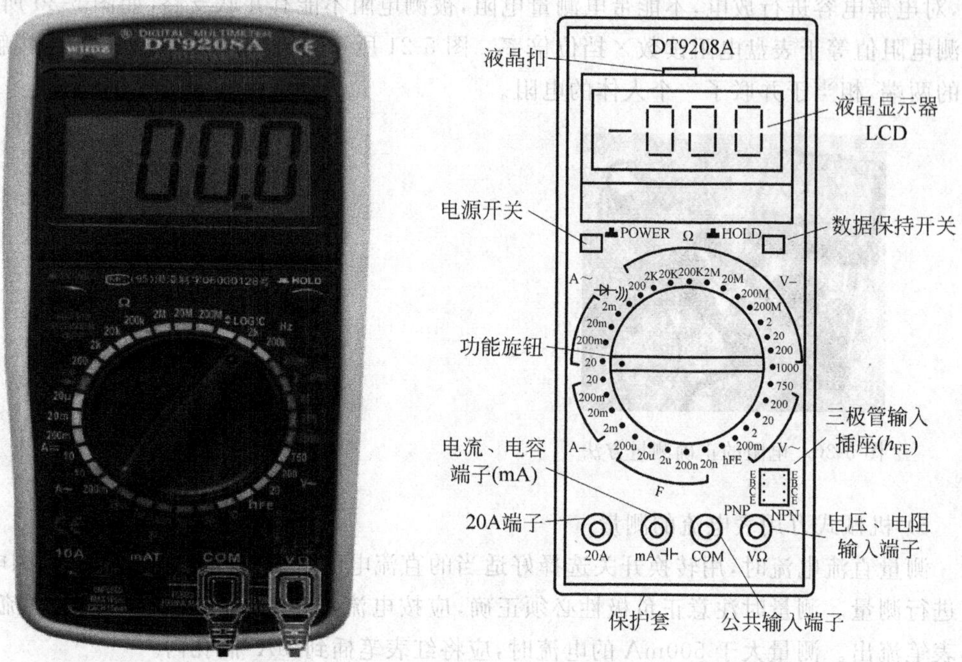

(a) 数字式万用表外观　　(b) 数字式万用表面板功能

图 5-22　数字式万用表

- ⎓　直流
- ～　交流
- ≂　直流或交流
- ⚠　重要的安全信息
- ⚠　可能存在危险的电压
- ⏚　大地
- ▣　双重绝缘保护(Ⅱ类)
- 保险丝
- 电池
- CE　符合欧盟相关指令
- MC　中国制造计量器具许可证

符号	功能
V～	交流电压测量
V⎓	直流电压测量
A～	交流电流测量
A⎓	直流电流测量
Ω	电阻测量
Hz	频率测量
hFE	晶体管测量
F	电容测量
℃	温度测量
▶|	二极管测量
•)))	通断测量

图 5-23　数字式万用表面板符号说明

(2) 数字式万用表直流电压的测量如图 5-25 所示。使用时将功能转换开关置于 DCV 挡的相应量程，将红表笔插入测量插孔 VΩ，黑表笔插入测量插孔 COM，两表笔并联在被测电路两端，并使红表笔对应高电位端，黑表笔对应低电位端。此时显示屏显示出相应的电压数字值。

(3) 数字式万用表电阻的测量如图 5-26 所示。使用时将量程转换开关置于 Ω 的5 个相应量程中，无须调零，但测量电阻前需断电。将红表笔插入测量插孔 VΩ，黑表笔插入测量插孔 COM 中，将两表笔短接，显示的数值为万用表内阻值；将两表笔跨接在被测电阻两端，此时在显示屏上得到的电阻值减去内阻值就是被测电阻的阻值。当用某个量程

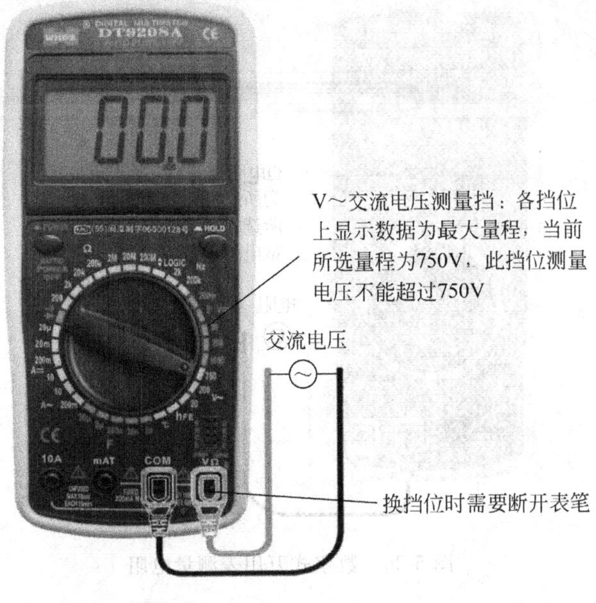
DT9208A
V～交流电压测量挡：各挡位
上显示数据为最大量程，当前
所选量程为750V，此挡位测量
电压不能超过750V
交流电压
换挡位时需要断开表笔

图 5-24 数字式万用表测量交流电压

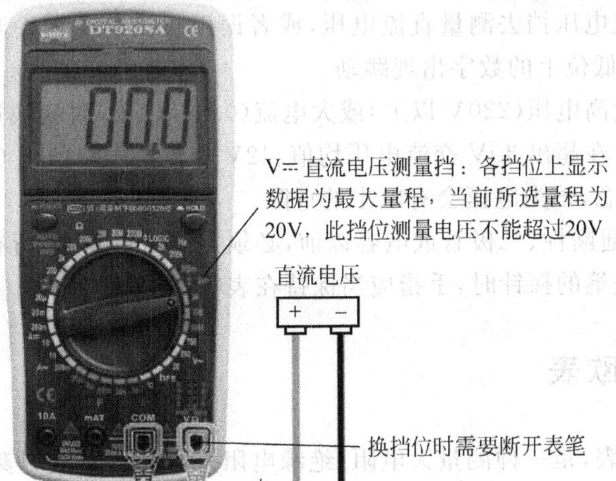
DT9208A
V⎓直流电压测量挡：各挡位上显示
数据为最大量程，当前所选量程为
20V，此挡位测量电压不能超过20V
直流电压
+ −
换挡位时需要断开表笔
+
−

图 5-25 数字式万用表测量直流电压

测阻值显示为“1.”时，表示所选量程过小，需要换更大的量程进行测量；数值前显示“.”表示量程过大，需要更换小量程。

(4) 数字式万用表使用注意事项如下。

① 如果无法预先估计被测电压或电流的大小，则应先拨至最高量程挡测量一次，再视情况逐渐把量程减小到合适位置。测量完毕，应将量程开关拨到最高电压挡，并关闭电源。

② 满量程时，仪表仅在最高位显示数字“1”，其他位均消失，这时应选择更高的量程。

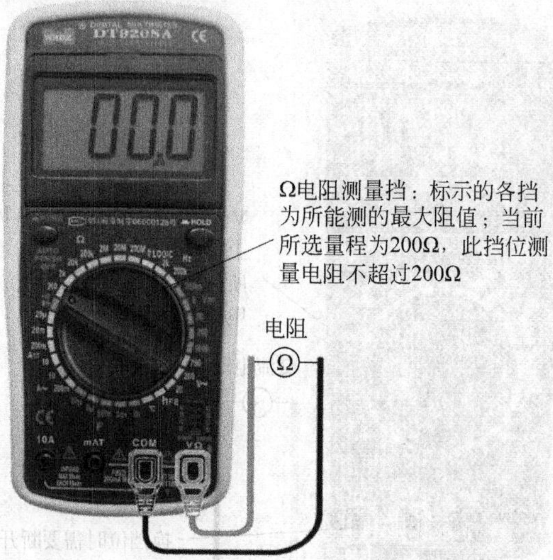

图 5-26 数字式万用表测量电阻

③ 测量电压时，应将数字万用表与被测电路并联。测电流时应与被测电路串联，测量直流时不必考虑正、负极性。

④ 当误用交流电压挡去测量直流电压，或者误用直流电压挡去测量交流电时，显示屏将显示“000”，或低位上的数字出现跳动。

⑤ 禁止在测量高电压(220V 以上)或大电流(0.5A 以上)时变换量程，以防止产生电弧，烧毁开关触点；在超出 30V 交流电压均值、42V 交流电压峰值或 60V 直流电压时，使用万用表应特别留意，该类电压会有电击的危险。

⑥ 测试电阻、通断性、二极管或电容以前，必须先切断电源，将所有的高压电容放电。

⑦ 使用测试表笔的探针时，手指应当保持在表笔保护盘的后面。

5.2.2 兆欧表

兆欧表又称摇表，是一种测量大电阻(绝缘电阻)的仪表，其表盘刻度以兆欧(MΩ)为单位，常用来测量变压器、电动机、电缆、供电线路、电气设备和绝缘材料的绝缘电阻。如图 5-27 所示为兆欧表的实物图。各种电压等级的电气设备和线路的绝缘电阻大小都有具体的规定，一般来说，绝缘电阻越大，绝缘性能越好。兆欧表多采用手摇直流发电机提供电源，一般有 250V、500V、1000V、2500V 四种。

1. 兆欧表的结构与原理

兆欧表主要由手摇直流发电机(有的用交流发电机加整流器)、磁电式流比计测量机构及接线柱(线路端 L、接地端 E、屏蔽端 G)三个部分组成。

如图 5-28 所示为兆欧表内部原理图。两个动圈相交成一定角度，连同指针固定在一根轴上，R_C、R_L 为附加电阻，F 为直流发电机，R_J 为被测电阻。动圈 1 与 R_C 及动圈 2 与 R_L 两个支路都与 F 并联，承受相同电压，与永久磁铁磁场相互作用，产生方向相反的两个力矩。两支路的电流使可动部分偏转，偏转大小取决于两支路电流的比值。由图 5-28 可看出动圈 1 支路的电流与 R_C 有关，通过动圈 2 支路的电流与 R_L 有关，R_C、R_L 阻偏转角的大小仅取决于被测电阻 R_J 的大小。

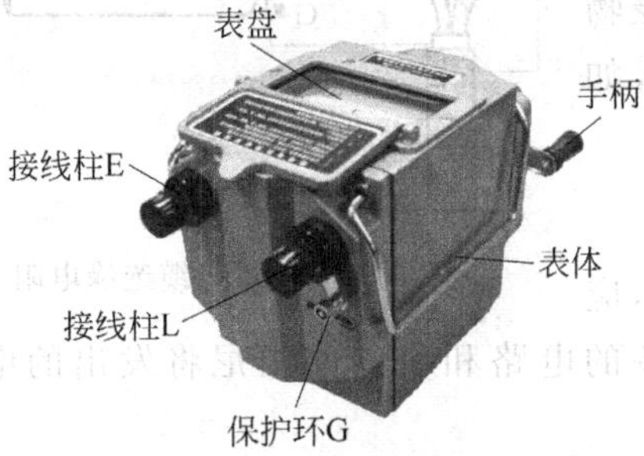

图 5-27　兆欧表实物图

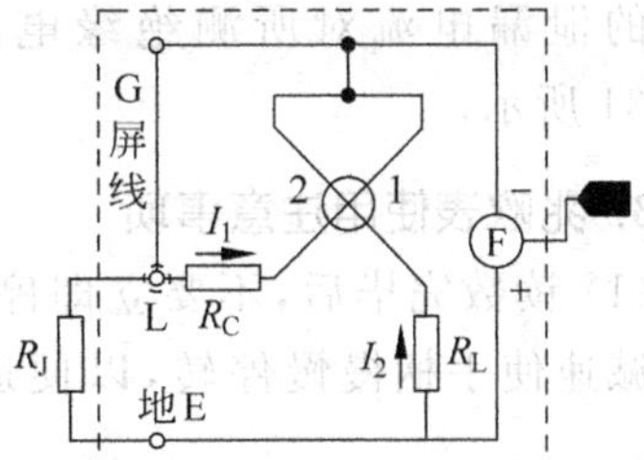

图 5-28　兆欧表内部原理图

2. 兆欧表的使用方法

(1) 兆欧表应按被测电气设备或线路的电压等级选用，一般情况下，额定电压在 500V 以下的设备，应选用 500V 或 1 000V 的兆欧表，若选用过高电压的兆欧表可能会损坏被测设备的绝缘性；额定电压在 500V 以上的设备，选用 1 000～2 500V 的兆欧表；特殊要求需选用 5 000V 兆欧表。

(2) 在进行测量前要先切断电源，严禁带电测量设备的绝缘性。对电容性设备应充分放电，并将被测设备表面擦拭干净，以保障人身安全。测量完毕后也应将设备充分放电，放电前切勿用手触及测量部分和兆欧表的接线柱。

(3) 测试前先将兆欧表进行一次开路实验和短路实验，检查兆欧表是否良好。若将两连接线端(L、E)开路，摇动手柄，指针应指在"∞"处。将两连接线端(L、E)短接，缓慢摇动手柄，指针应指在"0"处，说明兆欧表良好；否则表明兆欧表有故障，应检修再用。

(4) 测量时，兆欧表应放置平稳，避免表身晃动；摇动手柄转速由慢渐快，使转速约保持在 120r/min，至表针摆动到稳定处读出数据，读数的单位为 MΩ(兆欧)。

(5) 兆欧表共有 3 个接线端(线路端 L、接地端 E、屏蔽端 G)，测量时必须正确接线。

① 测量照明或动力线路绝缘电阻时，兆欧表的线路端 L 与回路的裸露导体连接，接地端 E 连接地线或金属外壳，如图 5-29 所示；测量回路的绝缘电阻时，回路的首端与尾端分别与兆欧表线路端 L、接地端 E 连接。

② 测量电动机绝缘电阻时，兆欧表的线路端 L 接到电动机的其中一个接线端上，接地端 E 接到电动机外壳上，如图 5-30 所示，这样测得的数据是该相对地绝缘电阻。

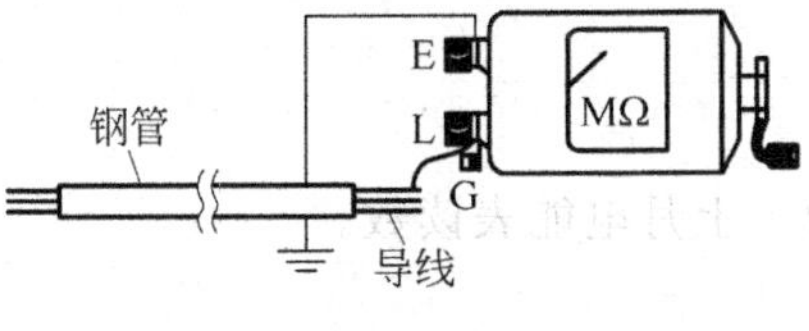

图 5-29　测量照明或动力线路绝缘电阻

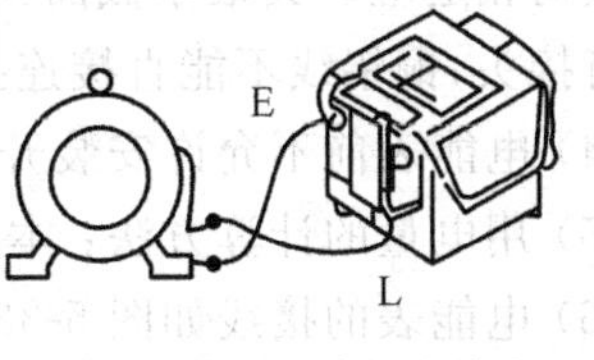

图 5-30　测量电动机绝缘电阻

③ 测量电缆的绝缘电阻时，兆欧表的线路端L接到电缆其中一个导线端上，接地端E连接电缆外表面绝缘层，如电缆终端套管表面泄漏很大，可将屏蔽端G接至电缆的屏蔽层，以消除绝缘物表面的泄漏电流对所测绝缘电阻值的影响，如图5-31所示。

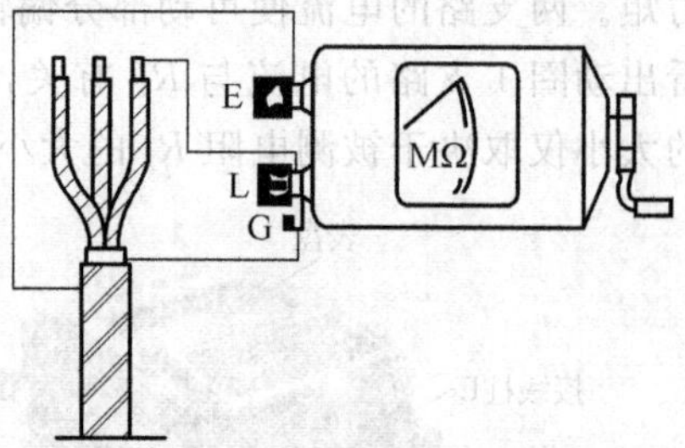

图 5-31 测量电缆绝缘电阻

3. 兆欧表使用注意事项

(1) 读数完毕后，不要立即停止摇动手柄，应逐渐减速使手柄慢慢停转，以便通过被测设备的电路和表内的阻尼将发出的电能消耗掉。

(2) 如被测电路中有电容时，先持续摇动手柄一段时间，让兆欧表对电容充电，指针稳定后再读数。测试完后应先取下兆欧表的红色L测试线，再停止摇动手柄防止已充电的电容器将电流反灌入兆欧表导致表的损坏。

(3) 禁止在雷电时或附近有高压导体的设备上测量绝缘电阻。只有在设备不带电又不可能受其他电源感应而带电的情况下才可进行测量。

(4) 兆欧表应定期校验。校验方法是直接测量有确定值的标准电阻，检查其测量误差是否在允许范围内。

5.2.3 电能表

电能表如图5-32所示，用于电能的测量。电能表的工作原理是利用电压和电磁线圈在铝盘上产生的涡流与交变磁通相互作用产生电磁力，使铝盘转动，同时引入制动力矩，使铝盘转速与负载功率成正比，通过轴向齿轮传动，由计算器计算出转盘转数从而测定出电能。

电能表相关规程规定如下。

(1) 安装场所的选择：较干燥和清洁、不易损坏及振动、无腐蚀性气体、不受强磁场影响、较明亮及便于抄表的地方。

(2) 安装高度的规定：表位的高度应方便装拆表和抄表，并应考虑安全性，如表箱布置采用横排一列式的，表箱底部对地面的垂直距离一般为1.7～1.9m。如因条件限制，采用上下两列布置，上表箱底对地面高度不应超过2.1m。

(3) 表位线的选择：低压表位线，应采用额定电压为500V的绝缘导线，导线载流量应与负荷相适应。其最小截面铜芯不应小于1.5mm²，铝芯不应小于4mm²。表位线中间不应有接头，铜铝线不能直接连接。

(4) 电能表前不允许安装开关和接头。

(5) 用电量的计算方法：本月电能表读数－上月电能表读数。

(6) 电能表的接线如图5-33所示。

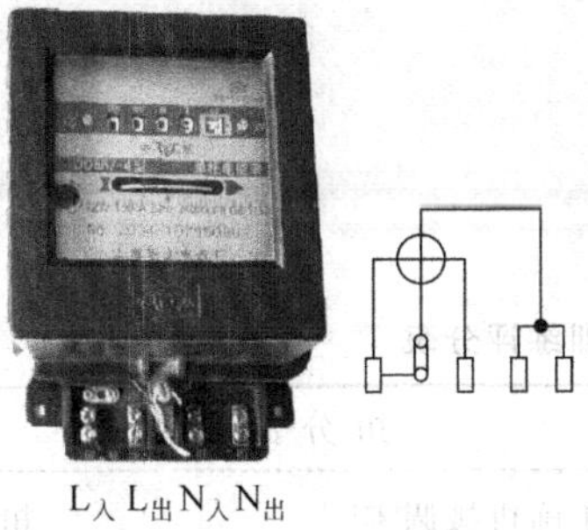

图 5-32 单相电能表

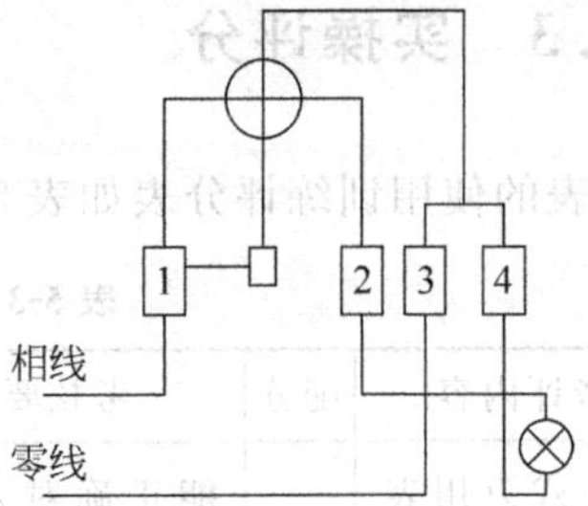

图 5-33 电能表的接线

5.3 万用表的使用训练

根据本章学习内容，进行万用表的使用训练，分别用指针式和数字式万用表测量电阻和交流电压。

5.3.1 工作准备及教学流程

工作准备及教学流程，如表 5-1 所示。

表 5-1 工作准备及教学流程

序号	工作准备及教学流程
1	准备本次实操课题需要的器材、工具、电工仪表等
2	检查学生出勤情况；检查工作服、帽、鞋等是否符合安全操作要求
3	集中讲课，重温相关操作要领，布置本次实操作业
4	教师分析实操情况，现场示范万用表的使用规程
5	学生分组练习，教师巡回指导
6	教师逐一对学生进行考查测验

5.3.2 实操器材

所需器材、工具、仪表，如表 5-2 所示。

表 5-2 万用表使用训练材料清单

设备/设施/器材	数量	设备/设施/器材	数量
滑动变阻器(200Ω/1A)	若干	指针式万用表(MF47 型)	若干
电阻箱(0～9999Ω)	若干	电池(2 号 1.5V 及 9V)	各一个
单相交流电源电路	若干	数字式万用表	若干
三相交流电源电路	若干		

5.3.3 实操评分

万用表的使用训练评分表如表 5-3 所示。

表 5-3 万用表使用训练评分表

序号	考评内容	配分	考核要求	扣分原因	得分
1	指针式万用表调零	20	能正确对万用表进行调零	不能正确机械调零□ 扣 10 分 不能正确电阻调零□ 扣 10 分	
2	万用表测量电阻器	20	能正确使用万用表测量电阻器	不能正确使用指针式万用表测量□ 扣 10 分 不能正确使用数字式万用表测量□ 扣 10 分	
3	万用表测量电阻箱	20	能正确使用万用表测量电阻箱	不能正确使用指针式万用表测量□ 扣 10 分 不能正确使用数字式万用表测量□ 扣 10 分	
4	万用表测量电阻箱交流电压	20	能正确使用万用表测量交流电压	不能正确使用指针式万用表测量□ 扣 10 分 不能正确使用数字式万用表测量□ 扣 10 分	
5	安全文明生产	20	违反安全文明生产操作规程,扣 20 分,造成严重事故本项目 0 分		
6	合　计	100	违反安全穿着、违反安全操作规范,本项目为 0 分		

5.3.4 实操过程注意事项

在教师的指导下学会使用万用表测量电阻、交流电压,并在规定时间内完成测量。

1. 用指针式万用表测量电阻

(1) 装上电池(2 号 1.5V 及 9V 各一个),转动开关至所需测量的电阻挡,将表笔两端短接,调整电阻调零旋钮,使指针对准电阻“0”位。

(2) 测量电路中的电阻时,应先切断电源,如电路中有电容,应先放电。

(3) 将探头前端跨接在器件两端,或被测电阻的电路两端。

(4) 查看读数,确认测量单位:Ω(欧)、kΩ(千欧)、MΩ(兆欧)。

(5) 将测量数据填入表 5-4 中。

2. 用数字式万用表测量电阻

(1) 测量电阻时,应将红表笔插入 VΩ 插孔,黑表笔插入 COM 插孔。

(2) 将量程开关置于 OHM 或 Ω 的范围内并选择所需的量程位置。

(3) 打开万用表的电源,对表进行使用前的检查:将两表笔短接,显示屏应显示“0.00Ω”;将两表笔开路,显示屏应显示溢出符号“1”。以上两个显示都正常时,表明该表可以正常使用,否则将不能使用。

(4) 检测时将两表笔分别接被测元器件的两端或电路的两端即可。在测试时显示屏显示溢出符号“1”,表明量程选得不合适,应改换为更大量程进行测量。

(5) 在测试中若显示值为“000”,表明被测电阻已经短路;若显示值为“1”(量程选择合适的情况下),表明被测电阻器的阻值为无穷大。

(6) 将测量数据填入表5-4中。

表 5-4 用万用表测量电阻数据表

测量对象	5Ω	50Ω	500Ω	5kΩ	5MΩ
标称值					
测量值(指针式万用表)					
测量值(数字式万用表)					
误差					

3. 注意事项

(1) 如果电阻值超过所选的量程值,则会显示“1”,这时应将量程调高一挡;当测量电阻值超过1MΩ时,读数需几秒时间才能稳定,这在测量高电阻值时是正常的。

(2) 当输入端开路时,显示过载情形。

(3) 测量在线电阻时,要确认被测电路所有电源已断开,且所有电容都已经完全放电才可进行。

(4) 请勿在电阻量程输入电压。

4. 用指针式万用表测量交流电压

(1) 把转换开关拨到交流电压挡,并选择合适的量程。

(2) 将万用表两只表笔并联在被测电路的两端,不分正负极。

(3) 根据指针稳定时的位置及所选量程正确读数,填入表5-5中。

5. 用数字式万用表测量交流电压

(1) 使用时,将功能转换开关置于ACV挡的相应量程上,将红表笔插入测量插孔VΩ,黑表笔插入测量插孔COM;两表笔并联在被测电路两端,表笔不分正负。

(2) 数字式万用表所显示数值为测量端交流电压的有效值。

(3) 如果被测电压超过所设定的量程,显示屏将只显示最高为“1”,表示溢出,此时应将量程调高一挡。

(4) 将读数填入表5-5中。

表 5-5 用万用表测量交流电压数据表

测量对象	1.5V	9V	36V	220V	380V
标称值					
测量值(指针式万用表)					
测量值(数字式万用表)					
误差					

6. 注意事项

(1) 测量交流电压时选择 ACV 挡位,直流电路选择 DCV;输入电压切勿超过 1 000V,否则有损坏仪表线路的危险。

(2) 当测量电路时,注意避免身体触及高压电路。

(3) 不允许用电阻挡和电流挡测电压。

5.4 用兆欧表测量电动机的绝缘电阻训练

根据本章学习内容,进行用兆欧表测量电动机的绝缘电阻实操训练。

5.4.1 工作准备及教学流程

工作准备及教学流程,如表 5-6 所示。

表 5-6 工作准备及教学流程

序号	工作准备及教学流程
1	准备本次实操课题需要的器材、工具、电工仪表等
2	检查学生出勤情况;检查工作服、帽、鞋等是否符合安全操作要求
3	集中讲课,重温相关操作要领,布置本次实操作业
4	教师分析实操情况,现场示范兆欧表测量流程
5	学生分组练习,教师巡回指导
6	教师逐一对学生进行考查测验

5.4.2 实操器材

所需器材、工具、仪表,如表 5-7 所示。

表 5-7 用兆欧表测量电动机的绝缘电阻器材清单

设备/设施/器材	数量	设备/设施/器材	数量
兆欧表	若干	指针式万用表(MF47 型)	若干
三相异步电动机	若干	数字式万用表	若干

5.4.3 实操评分

用兆欧表测量电动机的绝缘电阻评分表,如表 5-8 所示。

表 5-8 用兆欧表测量电动机的绝缘电阻评分表

序号	主要内容	配分	考核要求	扣分原因	得分
1	兆欧表的检查	20	能正确完成兆欧表使用前的检查	不能正确完成兆欧表使用前的检查□ 扣 20 分	
2	相对相绝缘电阻的测量	30	能正确测量相对相的绝缘电阻	不能正确测量相对相的绝缘电阻□ 扣 30 分 不熟练□ 扣 5～20 分	
3	相对地绝缘电阻的测量	30	能正确测量相对地的绝缘电阻	不能正确测量相对地的绝缘电阻□ 扣 30 分 不熟练□ 扣 5～30 分	
4	口述	20	正确回答问题	不能正确回答问题□ 扣 20 分 不熟练□ 扣 5～15 分	
5	安全文明生产		违反安全文明生产操作规程,得 0 分		
6	合　计	100	违反安全穿着、违反安全操作规范,本项目为 0 分		

5.4.4 实操过程注意事项

在教师的指导下学会正确使用兆欧表,学会使用兆欧表测量电动机的绝缘电阻,并在规定时间内完成测量；掌握三相异步电动机绝缘电阻的测量方法。关于三相异步电动机,本书第 8 章将有详细介绍。

用兆欧表测量电动机的绝缘电阻过程如下。

1. 测量前准备

断开电动机电源,打开接线盒,拆除连接片。

2. 整体检查

(1) 电动机外部无油污；螺丝齐全紧固,电机轴旋转灵活,无异常现象。

(2) 使用兆欧表前的检查：要进行空载、短路实验,先将兆欧表的端钮开路,放平兆欧表,摇动手柄达到发电机的额定转速约 120r/min,观察指针是否指向“∞”；然后将线路端 L、接地端 E 短接；轻轻摇动手柄,观察指针是否指“0”。如果指针指示不对,则需调修后再使用。

3. 测量过程

测量电动机定子绕组相间和各相对地的绝缘电阻。测量相间绝缘时将兆欧表线路端 L、接地端 E 分别接在电动机两相线上。测量相对地绝缘时,一定要将线路端 L 接绕组端,接地端 E 接外壳,如图 5-30 所示。测得数值在 0.5MΩ 及以上为合格,否则需干燥处理。

4. 注意事项

(1) 测量具有大电容设备(大容量设备)的绝缘电阻,应有一段充电时间,设备的电容量越大,充电时间应越长,一般以摇动手柄 1min 后指针稳定后再读数；读数后不能立即停止摇动兆欧表,否则已被充电的电容器将对兆欧表放电,有可能烧坏兆欧表。

(2) 应在读数后一边降低手柄转速,一边拆去接地端线头。在兆欧表停止转动和被测物充分放电前,手不能触及被测设备的导电部分。

习　题

1. 简述万用表测量电阻的步骤。
2. 简述电流表使用注意事项。
3. 简述钳形电流表使用注意事项。
4. 简述兆欧表使用注意事项。

CHAPTER 6

第6章

常用低压电器的选择与使用

知识目标：

(1) 能够叙述常用低压电器(开关类电器、熔断器、交流接触器、继电器)的用途。

(2) 能够叙述常用低压电器的结构、符号表示。

(3) 能够叙述常用低压电器拆装、检查、维修的基本工艺要求。

技能目标：

(1) 能够按照需要正确选择常用的低压电器。

(2) 会对常用的低压电器进行检查、拆装，并能排除典型故障。

6.1 开关类电器

低压开关一般为非自动切换电器，主要作为隔离、转换、接通和分断电路使用。常用低压开关类电器包括闸刀开关、自动空气开关、转换开关等。下面主要介绍它们的符号表示、结构特点及安装要求。

6.1.1 闸刀开关

1. 闸刀开关的结构与符号

闸刀开关是负荷开关，其结构简单，价格较低，安装、使用、维修都比较方便。适用于交流频率 50Hz、额定电压单相 220V 或 380V、额定电流 10～100A 的照明、电热设备及小容量(5.5kW 及以下)电动机等不需要频繁启动的控制线路，其外形图及符号如图 6-1 所示。

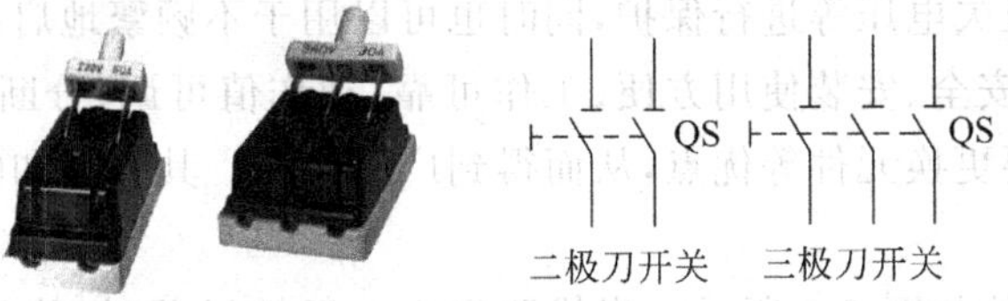

(a) 外形　　(b) 符号

图 6-1　闸刀开关

闸刀开关由手柄、动触头、胶盖、静触头、底座、出线座等组成,如图 6-2 所示。

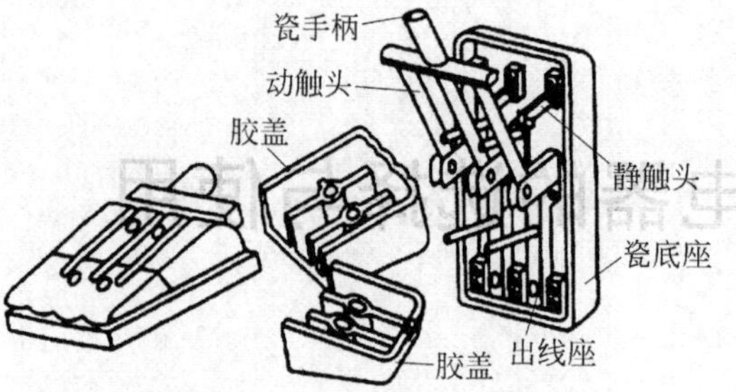

图 6-2 闸刀开关的结构

2. 闸刀开关的选用

选用胶盖闸刀开关时,应注意以下三点。

(1) 根据电压和极数选择:用于控制单相负载时,选用 220V 或 250V 二极开关;用于控制三相负载时,选用 380V 三极开关。

(2) 根据额定电流选择:用于控制照明电路或其他电阻性负载时,开关额定电流应等于或大于各负载额定电流之和;若用于控制电动机或其他电感性负载时,其开关额定电流是最大一台电动机额定电流的 2.5 倍与其余电动机额定电流之和;若只控制一台电动机,则开关额定电流为该电动机额定电流的 2.5 倍。

(3) 选择开关时,应注意检查各刀片与对应夹座是否直线接触,有无歪扭,有无刀片与夹座开合不同步的现象,夹座对刀片接触压力是否足够。如有问题,应修理或更换。

3. 闸刀开关的安装要求

安装闸刀开关时,刀体应与地面垂直,手柄向上推为合闸,不得平装与倒装。

接线时,电源进线必须接闸刀上方的静触点接线桩,通往负载的引线接下方的接线桩。接线时螺钉必须拧紧,保证接线桩与导线良好的电连接。

6.1.2 空气开关

1. 空气开关的结构与符号

空气开关又名空气断路器,是断路器的一种,是一种只要电路中电流超过额定电流就会自动断开的开关。空气开关是低压配电网络和电力拖动系统中非常重要的一种电器,它集控制和多种保护功能于一身。除能完成接触和分断电路外,还能对电路或电气设备发生的短路、严重过载及欠电压等进行保护,同时也可以用于不频繁地启动电动机。

空气开关具有操作安全、安装使用方便、工作可靠、动作值可调、分断能力较强、兼作多种保护、动作后不需要更换元件等优点,从而得到广泛应用。其外形和电路图中的符号如图 6-3 所示。

空气开关的内部结构如图 6-4 所示。当线路发生一般性过载时,热元件产生一定热量,促使双金属片受热向上弯曲,推动杠杆使搭钩与锁扣脱开,将主触头分断,切断电源。

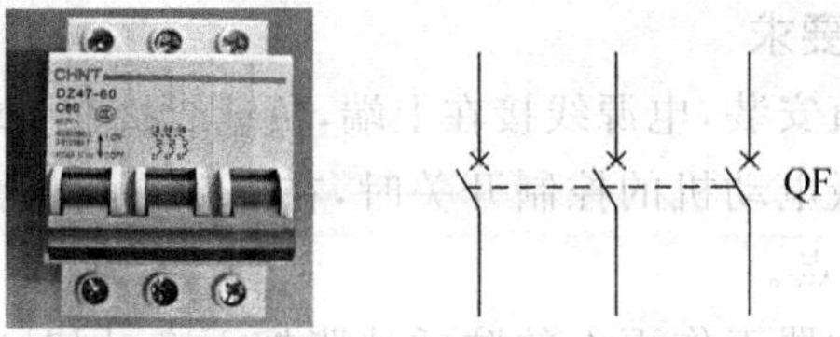

(a) 外形 (b) 符号

图 6-3 空气开关

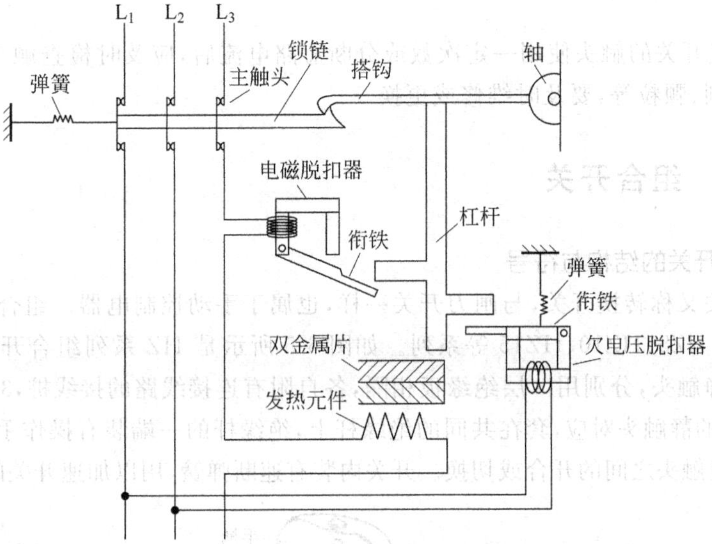

图 6-4 空气开关结构

当线路发生短路或严重过载电流时，短路电流超过瞬时脱扣整定电流值，电磁脱扣器产生足够大的吸力，将衔铁吸合并撞击杠杆，使搭钩绕转轴座向上转动与锁扣脱开，锁扣在反力弹簧的作用下将三对主触头分断，切断电源。

2. 空气开关的选用

常用空气开关因结构不同分为装置式(DZ 系列)、万能式(DW 系列)两种。空气开关的额定电压应高于线路额定电压，额定电流和热脱扣器的整定电流应等于或大于电路中负载的额定电流之和。

(1) 用于控制照明电路时，电磁脱扣器的瞬时脱扣整定电流通常应为负载电流的6倍。

(2) 用于电动机保护时，DZ 系列自动开关的整定电流应为电动机启动电流的 1.7 倍；DW 系列自动开关的整定电流应为电动机启动电流的 1.35 倍。

(3) 选用断路器作为多台电动机短路保护时，电磁脱扣器整定电流为容量最大的一台电动机启动电流的 1.3 倍与其余电动机额定电流之和。

(4) 选用断路器时，在类型、等级、规格等方面要配合上、下级及开关的保护特性，不允许因本级保护失灵导致越级跳闸，扩大停电范围。

3. 空气开关的安装要求

(1) 空气开关应垂直安装,电源线接在上端,负载线接在下端。

(2) 作电源总开关或电动机的控制开关时,在电源进线侧必须加装闸刀开关或熔断器等,以形成明显的断开点。

(3) 使用前需将脱扣器工作面上的防锈油脂擦干净,同时应定期检修,清除灰尘,给操作机构添加润滑剂。

(4) 不允许随意变动已调整好的脱扣器动作值,并要定期检查各脱扣器动作值是否满足要求。

(5) 空气开关的触头使用一定次数或分断短路电流后,应及时检查触头系统,如果触头表面有毛刺、颗粒等,要及时维修或更换。

6.1.3 组合开关

1. 组合开关的结构与符号

组合开关又称转换开关,与闸刀开关一样,也属于手动控制电器。组合开关的种类很多,常用的有 HZ5、HZ10、HZ15 等系列。如图 6-5 所示是 HZ 系列组合开关。组合开关内部有 3 对静触头,分别用 3 层绝缘板相隔,各自附有连接线路的接线桩,3 个动触头互相绝缘,与各自的静触头对应,套在共同的绝缘杆上,绝缘杆的一端装有操作手柄,转动手柄,即可完成 3 组触头之间的开合或切换。开关内装有速断弹簧,用以加速开关的分断速度。

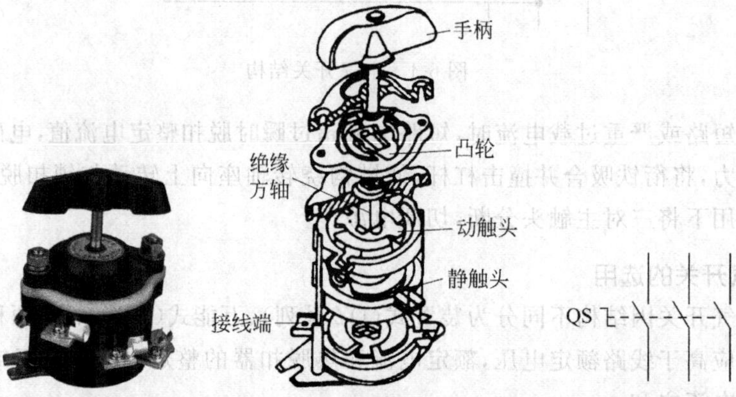

(a) 外形　(b) 结构　(c) 符号

图 6-5　HZ 系列组合开关

组合开关可作为电源引入开关,或作为 5.5kW 以下电动机的直接启动、停止、反转和调速等之用,其优点是体积小,寿命长,结构简单,操作方便,灭弧性能较好,多用于机床控制电路。其额定电压为 380V,额定电流有 6A、10A、15A、25A、60A、100A 等多种。

2. 组合开关的选用

选用组合开关时,应根据用电设备的耐压等级、容量和极数等综合考虑。用于控制照明或电器设备时,其额定电流应等于或大于被控制电路中各负载电流之和。用于控制小型电动机不频繁的全压启动时，其容量应大于电动机额定电流的 1.5～2.5 倍，每小时切换次数不宜超过 15 次。如果用于控制电动机正反转，在从正转切换到反转的过程中，必须先经过停止位置，待电动机停转后，再切换到反转位置。

3. 组合开关的安装要求

(1) HZ10 系列组合开关应安装在控制箱内，其操作手柄最好伸出在控制箱的前面或侧面。

(2) 若需在箱内操作，开关应装在箱内右上方，并且在它的上方不安装其他电器，否则应采取隔离或绝缘措施。

(3) 组合开关的通断能力较低，不能用来分断故障电流。

(4) 组合开关控制的用电设备功率因数较低时，应按容量等级降低使用，以利于延长使用寿命。

6.2 低压熔断器

低压熔断器简称熔断器，在线路中起短路保护作用，其主要工作部分是熔体。使用时，熔断器应串联在被保护电器或电路中，当发生短路故障时，熔体被大电流迅速熔化分断电路，从而起到电路或电气设备的保护作用。熔断器的结构简单，价格便宜，动作可靠，使用维护方便，被广泛应用在电路或电气设备中。如图 6-6 所示为熔断器在电路图中的符号。

图 6-6 熔断器符号

熔断器的结构主要包括熔体、熔管和熔座三部分。

熔体是熔断器的核心，根据电路保护要求不同，常将熔体做成丝状、片状或栅装，制作的材料一般有铅锡合金、锌、铜银等。熔管用来安装熔体，用耐热绝缘材料制成，同时兼有灭弧作用。熔座是熔断器的底座，用于固定熔管和外接引线。

常用的低压熔断器有瓷插式、螺旋式、无填料封闭管式和有填料封闭管式等品种。

6.2.1 瓷插式熔断器

瓷插式熔断器的外形和结构如图 6-7 所示。

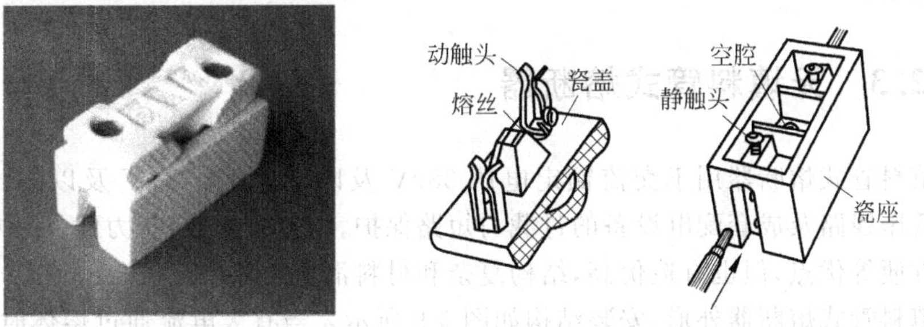

(a) 外形 (b) 结构

图 6-7 瓷插式熔断器

瓷插式熔断器主要用于交流额定电压380V及以下，额定电流5～200A的低压线路末端或分支电路中，作线路和用电设备的短路保护，在照明电路中还可以起过载保护作用。它主要由瓷座、瓷盖、静触头、动触头和熔丝等组成，其特点是结构简单，价格低廉，更换方便。使用时将瓷盖插入瓷座，拔下瓷盖便可以更换熔丝。但该熔断器极限分断能力较差，无灭弧装置，在易燃易爆的工作场合应禁止使用。

6.2.2 螺旋式熔断器

螺旋式熔断器用于交流电压380V及以下、电流200A及以下线路中，作短路保护，通常被广泛应用于控制箱、配电柜、机床设备及振动较大的场合。它主要由瓷帽、熔断管(熔芯)、瓷套、上下接线座及瓷座等组成。熔管内装有增强灭弧功能的石英砂、熔丝和带小红点的熔断指示器，如图6-8所示。其特点是分断能力强，体积小，结构紧凑，更换熔体方便，安全可靠和熔丝熔断后标志明显。一旦熔体熔断，指示器即从熔断管上盖中脱出，并可从瓷盖上的玻璃窗口直接发现，以便更换熔断管。

(a) 外形

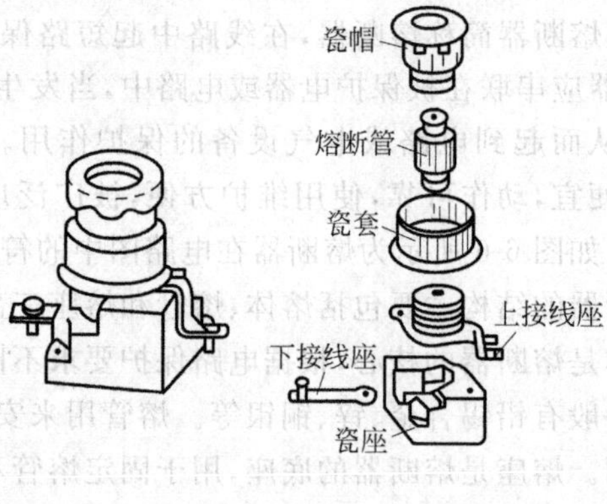

(b) 结构

图6-8 螺旋式熔断器

螺旋式熔断器接线时，电源进线必须与熔断器中心触片接线桩相连，与负载的连线应接在与螺口相连的接线桩上，这样旋出瓷帽更换熔断管时，金属螺口不带电，保证了操作人员的安全。

6.2.3 无填料管式熔断器

无填料管式熔断器用于交流额定电压380V及以下、直流440V及以下、电流600A以下的低压线路及成套配电设备的过载与短路保护。它具有分断能力强，保护特性好，更换熔体方便等优点，但也有造价高，结构复杂和材料消耗大等缺点。

无填料管式熔断器外形、安装结构如图6-9所示。当有大电流通过熔体时，熔片在狭窄处被熔断，产生电弧，钢纸管在电弧高温作用下，分解出大量气体增大管内压力，以加强灭弧。为保证这类熔断器的保护功能，凡是熔片被熔断和拆换三次以后，应更换新熔断管。

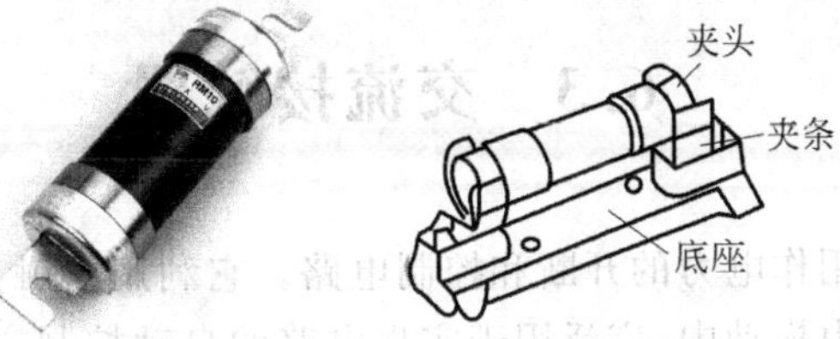

(a) 外形 (b) 安装结构

图 6-9 无填料管式熔断器

6.2.4 有填料管式熔断器

有填料管式熔断器多用于交流电压 380V、额定电流 1 000A 以内的、可能有大短路电流的电力网络和配电装置中，作为电路、电动机、变压器及其他设备的过载与短路保护。它具有分断能力强、保护特性好、使用安全、带有明显的熔断指示器等优点，但也有造价较高、熔体不能单独更换等缺点。

如图 6-10 所示，有填料管式熔断器熔管由高频瓷制成波状方形管，管内穿过工作熔体和指示器熔体。工作熔体由冲有网孔的薄紫铜片制成，两端与金属盖板固定。指示器熔体为康铜丝，与工作熔体并联，一旦工作熔体被熔断，线路电流全部加在指示器熔体上，使其迅速熔毁，并将红色熔断指示器弹开，伸出金属盖板外，以利于观察。熔管内填满石英砂，用以加强灭弧功能。

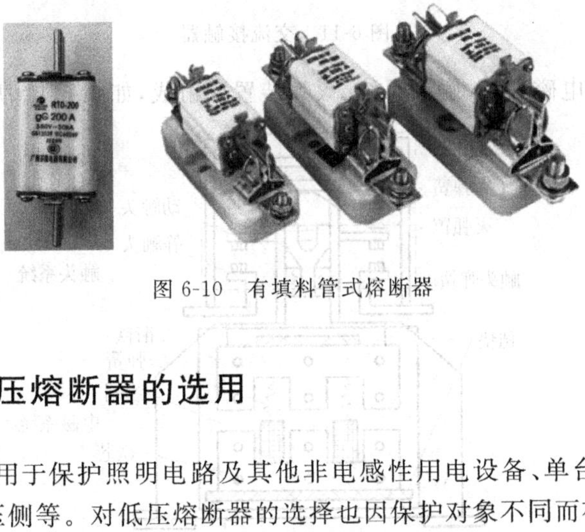

图 6-10 有填料管式熔断器

6.2.5 低压熔断器的选用

低压熔断器多用于保护照明电路及其他非电感性用电设备、单台电动机、多台电动机、配电变压器低压侧等。对低压熔断器的选择也因保护对象不同而有所区别。

(1) 照明电路和其他非电感设备：应大于电路工作电流。

(2) 单台电动机：1.5～2.5 倍电动机额定电流。

(3) 多台电动机：最大一台电动机额定电流的 1.5～2.5 倍加上其余电动机额定电流之和。

(4) 配电变压器低压侧：变压器低压侧输出额定电流的 1～1.2 倍。

6.3 交流接触器

交流接触器广泛用作电力的开断和控制电路。它利用主触点开闭电路,用辅助触点执行控制指令。在电力拖动中,广泛用于实现电路的自动控制。接触器的优点是能实现远距离自动操作,具有欠压和失压自动释放功能,控制容量大,工作可靠,操作频率高,适用于远距离频繁接通和断开电路及大容量的控制电路,所以广泛应用于电动机、电热设备、小型发电机、电焊机和机床电路上。其缺点是噪声大、寿命短。由于它只能接通和分断负荷电流,不具备短路保护作用,故必须与熔断器、热继电器等保护电器配合使用。

1. 交流接触器的结构和符号

交流接触器主要由电磁系统、触头系统、灭弧装置和附件等组成。如图 6-11 所示为 CJX2 系列交流接触器的外形、电路图符号表示。

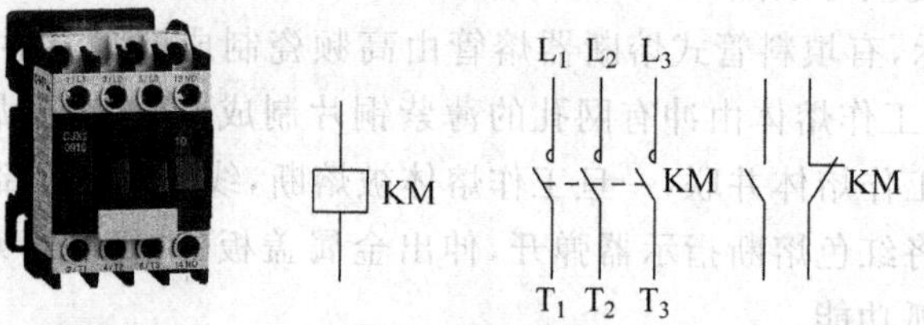

(a) 外形　(b) 符号

图 6-11　交流接触器

交流接触器由电磁系统、触头系统、灭弧装置等组成,如图 6-12 所示。

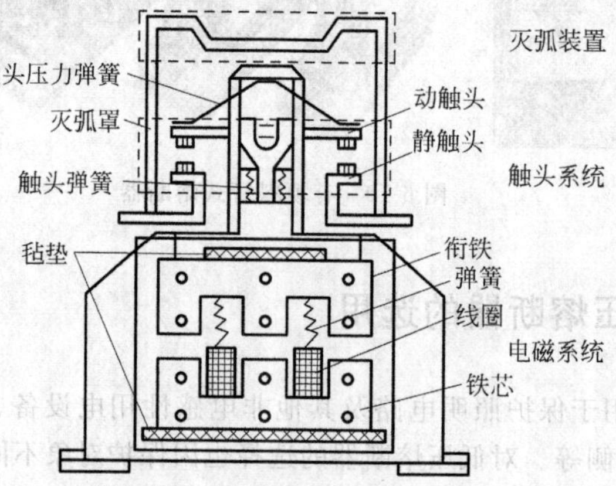

图 6-12　交流接触器结构示意图

1) 电磁系统

电磁系统由电磁线圈、静铁芯、动铁芯(衔铁)三部分组成,如图 6-12 所示。其中,动铁芯与动触点支架相连。线圈装在静铁芯上,当线圈通电时产生磁场,使动铁芯、静铁芯磁化而互相吸引。当动铁芯被静铁芯吸引时，与动铁芯相连的动触点也被拉向静触点，使其闭合而接通电路。电磁线圈断电后，磁场消失，动铁芯在复位弹簧作用下回到原位，牵动动触点与静触点分离，分断电路。

铁芯是交流接触器发热的主要部件，动铁芯和静铁芯一般用E形硅钢片叠压而成，以减少铁芯的涡流和磁滞损耗，避免铁芯过热。另外，在E形铁芯的中柱端面留有0.1～0.2mm的气隙，以减小剩磁影响，避免线圈断电后衔铁粘住不能释放。静铁芯的两个端面上嵌有短路环，用以消除电磁系统的振动和噪声。线圈做成粗而短的圆筒形，且在线圈和铁芯之间留有空隙，以增强铁芯的散热效果。

2）触头系统

触头系统按功能不同分为主触点和辅助触点两类。主触点用于接通和分断主电路；辅助触点用于接通和分断二次电路，还能起自锁和联锁等作用。银合金和铜不易氧化，制成的触点接触电阻小，导电性能好，使用寿命长。小型触点一般用银合金制成，大型触点用铜材制成。

3）灭弧装置

交流接触器在分断较大电流电路时，在动、静触点之间会产生较强的电弧，不仅会烧伤触点、延长电路分断时间，严重时还会造成相间短路。因此在容量稍大的电气装置中，均加装了一定的灭弧装置用以熄灭电弧。

4）交流接触器的附件

交流接触器除上述三个主要部分外，还有外壳、传动机构、接线桩、反作用弹簧、复位弹簧、缓冲弹簧、触点压力弹簧等附件。

2. 交流接触器的工作原理

当交流接触器线圈通电后，线圈中的电流产生磁场，使静铁芯磁化产生足够大的电磁吸力，克服反作用弹簧的反作用力将动铁芯吸合，动铁芯带动传动机构使辅助常闭触头先断开，三对常开主触头和辅助常开触头后闭合；当线圈断电或电压显著下降时，铁芯的电磁吸力消失，动铁芯在反作用弹簧的作用下复位，并带动各触头回复到初始状态。

3. 交流接触器的安装与选用

交流接触器的工作环境要求清洁、干燥。应将交流接触器垂直安装在底板上，注意安装位置不能受到剧烈振动，因剧烈振动容易造成触点抖动，严重时会发生误动作。

选用交流接触器时，交流接触器工作电压不得低于被控制电路的最高电压，交流接触器主触点额定电流应大于被控制电路的最大工作电流。用交流接触器控制电动机时，电动机最大电流不应超过交流接触器额定电流允许值。若用于控制可逆运转或频繁启动的电动机时，交流接触器要增大一二级使用。交流接触器电磁线圈的额定电压应与被控制辅助电压一致。对于简单电路，多用380V或220V，在线路较复杂、有低压电源的场合以及工作环境有特殊要求时，也可选用36V、127V等。

6.4 常用继电器

继电器是一种根据输入信号(如电流、电压、时间、速度、温度等)的变化,来接通或分断小电流电路,实现自动控制和保护电力拖动装置的电路,广泛应用于电动机或线路的保护及各种生产机械的自动控制。由于继电器一般都不直接用来控制主电路,而是通过接触器和其他开关设备对主电路进行控制,因此继电器载流容量小,不需要灭弧装置。常用继电器有热继电器、中间继电器、时间继电器、速度继电器等。

6.4.1 热继电器

1. 热继电器的结构和符号

热继电器是对电动机和其他用电设备进行过载保护的控制电器。热继电器的外形和符号如图 6-13 所示,其主要部分由热元件、触点、动作机构、复位按钮和整定电流调节装置等组成。

(a) 外形

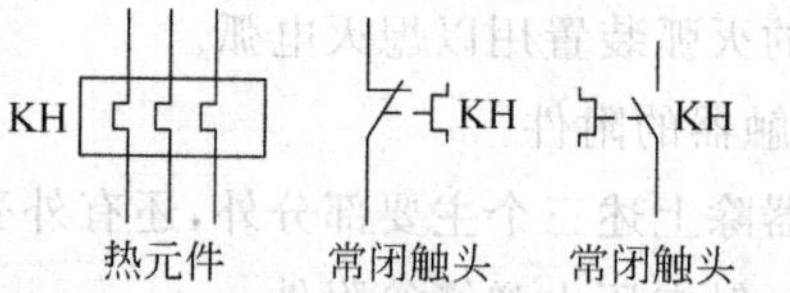

(b) 符号

图 6-13 热继电器

2. 热继电器的工作原理

三极双金属片热继电器的动作原理如图 6-14 所示。热继电器的常闭触点串联在控制电路中,它的热元件由电阻值不高的电热丝或电阻片绕成,靠近热元件的双金属片是用两种热膨胀系数差异较大的金属薄片叠压在一起。热元件串联在电动机或其他用电设备的主电路中。如果电路或设备工作正常,通过热元件的电流未超过允许值,则热元件温度不高,不会使双金属片产生过大的弯曲,热继电器处于正常工作状态使线路导通。一旦电路过载,有较大电流通过热元件,热元件烤热双金属片,双金属片因上层热膨胀系数小,下层热膨胀系数大而向上弯曲,使扣板在弹簧拉力作用下带动绝缘牵引板,分断接入控制电路中的常闭触点,切断主电路,从而起到过载保护作用。热继电器动作后,一般不能立即自动复位,待电流恢复正常、双金属片复原后,再按动复位按钮,才能使动断触点回复到闭合状态。

热继电器在保护形式上分为二相保护式和三相保护式两类。二相保护式热继电器内装有两个发热元件,分别串入三相电路中的两相。对于三相电压和三相负载平衡的电路,可用二相保护式热继电器,对于三相电源严重不平衡,或三相负载严重不对称的场合则不

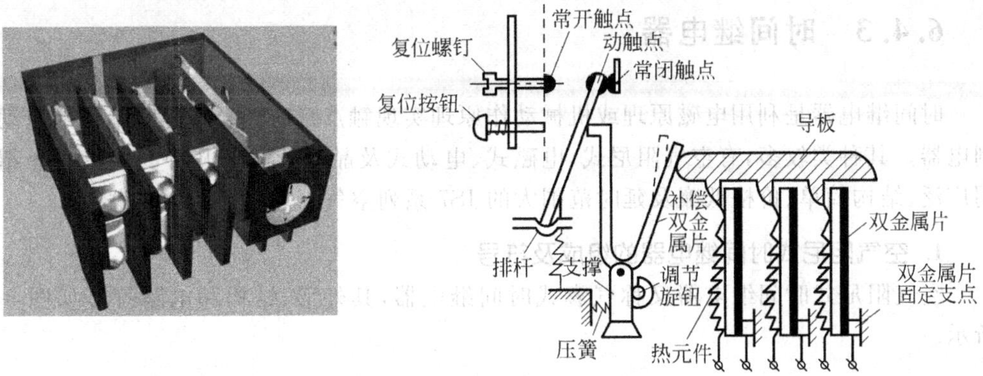

图 6-14 三极双金属片热继电器

能使用,这种情况下只能用三相保护式热继电器。因三相保护式热继电器内装有三个热元件,分别串入三相电路中的每一相,其中任意一相过载,都将导致热继电器动作。

热继电器可以作过载保护但不能作短路保护,因其双金属片从升温到发生形变断开动断触点有一个时间过程,不可能在短路瞬时迅速分断电路。

热继电器的整定电流是指热继电器长期运行而不动作的最大电流。通常只要负载电流超过整定电流的 1.2 倍,热继电器必须动作。整定电流的调整可通过旋转外壳上方的旋钮完成,旋钮上刻有整定电流标尺,作为调整时的依据。

6.4.2 中间继电器

中间继电器属于电磁继电器的一种,通常用于控制各种电磁线圈,使有关信号放大,还可以将信号同时传达给几个元件,使它们互相配合,起到自动控制作用。

中间继电器的基本结构和工作原理与小型交流接触器基本相同,也是由电磁线圈、动铁芯、静铁芯、触点系统、反作用弹簧和复位弹簧等组成。其外形和电路符号如图 6-15 所示。它的触点系统无主、辅之分,各对触点载流量基本相同,多为 5A。如果被控制电路的额定电流在 5A 以内时,中间继电器可直接当作交流接触器使用。

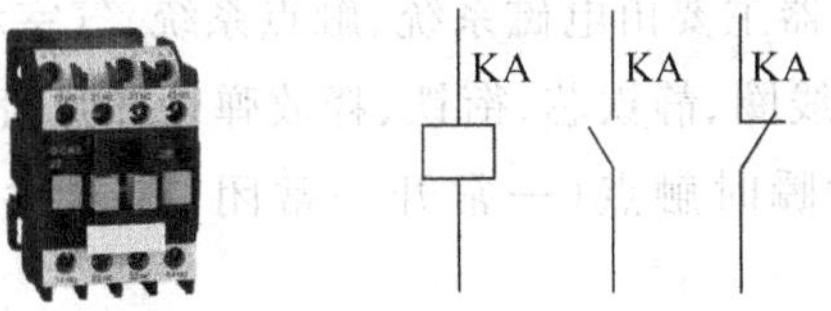

(a) 外形 (b) 符号

图 6-15 中间继电器

选用中间继电器时,应该根据被控制电路的电压等级、所需触点对数、种类和容量综合考虑。

6.4.3 时间继电器

时间继电器是利用电磁原理或机械动作原理实现触点延时闭合或延时断开的自动控制电器。其种类较多，有空气阻尼式、电磁式、电动式及晶体管式等几种。这里只介绍应用广泛、结构简单、价格低廉及延时范围大的JS7系列空气阻尼式时间继电器。

1. 空气阻尼式时间继电器的组成及符号

空气阻尼式时间继电器又称气囊式时间继电器，其外形、结构和电路符号如图6-16所示。

(a) 外形

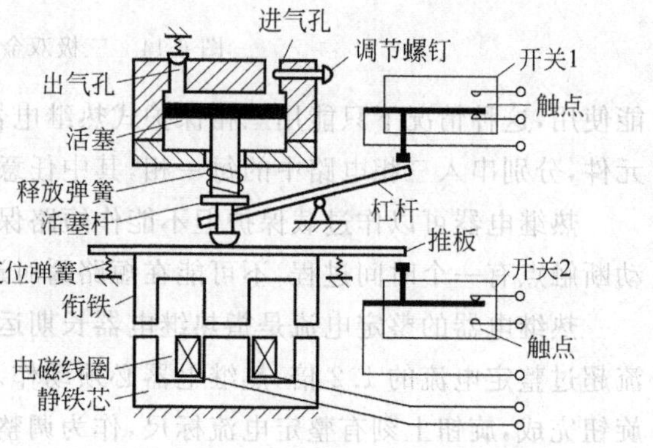

(b) 结构

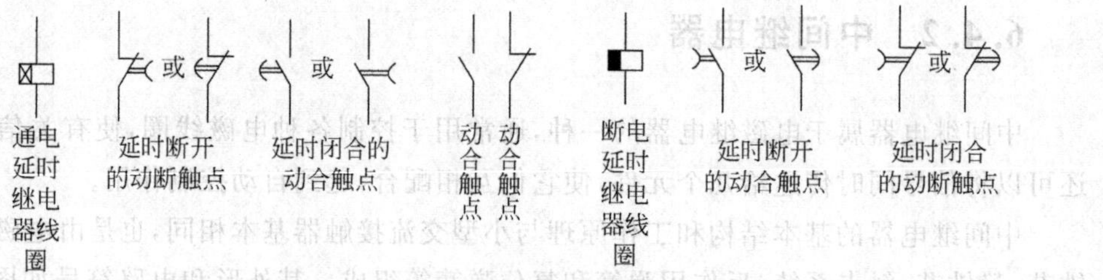

(c) 符号

图6-16 空气阻尼式时间继电器

空气阻尼式时间继电器主要由电磁系统、触点系统、气室和传动机构四部分组成。

(1) 电磁系统由电磁线圈、静铁芯、衔铁、释放弹簧和弹簧片组成。

(2) 触点系统由两对瞬时触点(一常开一常闭)和两对延时触点(一常开一常闭)组成。

(3) 气室主要由橡皮膜、活塞和壳体组成。橡皮膜和活塞可随气室进气量移动。气室上面有一颗调节螺钉，可通过它调节气室进气速度的大小进而调节延时的长短。

(4) 传动机构由杠杆、推板和复位弹簧等组成。

2. 空气阻尼式时间继电器的工作原理

空气阻尼式时间继电器的工作原理有断电延时原理和通电延时原理两种。

（1）断电延时原理。当电路通电后，电磁线圈的静铁芯产生磁场力，使衔铁克服弹簧的反作用力而被吸合，与衔铁相连的推板向右运动，推动推杆，压缩复位弹簧，使气室内橡皮膜和活塞缓慢向右移动，通过弹簧片使瞬时触点动作，同时也通过杠杆使延时触点做好动作准备。线圈断电后，衔铁在释放弹簧的作用下被释放，瞬时触点复位，推杆在复位弹簧作用下，带动橡皮膜和活塞向左移动，移动速度由气室进气口的节流程度决定，其节流程度可用调节螺钉完成。这样经过一段时间间隔后，推杆和活塞到达最左端，使延时触点动作。

（2）通电延时原理。将时间继电器的电磁线圈翻转 180°安装，即可将断电延时时间继电器改装成通电延时时间继电器。其工作原理与断电延时原理相似。

3. 时间继电器的选用

（1）应根据被控制电路的实际要求选择不同延时方式的继电器。

（2）应根据被控制电路的电压等级选择电磁线圈电压，使两者电压相符。

6.4.4 速度继电器

速度继电器又称为反接制动继电器，它的作用是对电动机实现反接制动控制，广泛应用于机床控制电路中。常用速度继电器有 JY1 和 JFZO 两个系列，下面以 JY1 系列为例分析速度继电器的结构原理。

JY1 系列速度继电器的外形、结构和符号如图 6-17 所示。它主要由用永磁铁制成的转子、用硅钢片叠成的铸有笼型绕组的定子、支架、摆锤和触点系统等组成，其中转子与被控制电动机的转轴相接。

(a) 外形

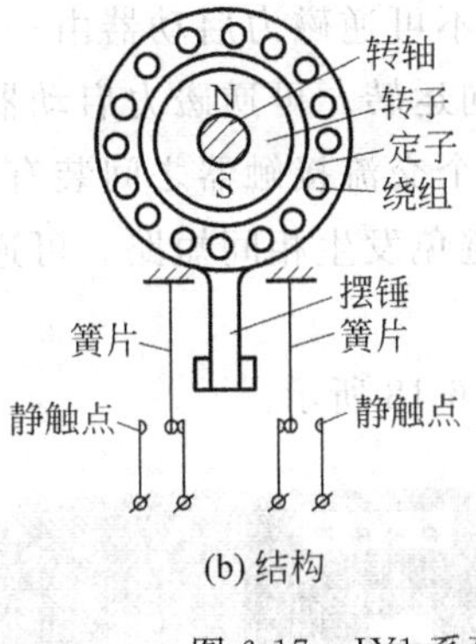

(b) 结构

(c) 符号

图 6-17 JY1 系列速度继电器

需要电动机制动时，被控制电动机带动速度继电器转子转动，该转子的旋转磁场在速度继电器定子绕组中感应出电动势和电流，通过左手定则可以判断，此时定子受到与转子转向相同的电磁转矩的作用，使定子和转子沿着同一方向转动。定子上固定有胶木摆杆，胶木摆杆也随着定子转动，并推动簧片（端部有动触点）断开常闭触点，接通常开触点，切断电动机正转电路，实现电动机反转。

JY1 系列速度继电器在被控制电动机转速为 300～3 000r/min 范围内能可靠工作，实现反接制动；当被控制电动机转速低于 100r/min 时，它的转子停转，恢复原状，分断反接制动电路。

1. 速度继电器的选用

主要根据所需控制的转速大小、触头数量和电压、电流进行选用。

2. 速度继电器的安装与使用

(1) 速度继电器的转轴应与电动机同轴连接，且使两轴的中心线重合。

(2) 安装时，应注意正反向触头不能接错，否则，不能实现反接制动。

(3) 金属外壳应可靠接地。

6.5 常用启动器

启动器是用于电动机启动的控制电器。它的种类较多，下面将介绍常用的磁力启动器、星-三角(Y-△)启动器。

6.5.1 磁力启动器

磁力启动器是一种全压启动控制电器，又称电磁开关，主要由交流接触器、热继电器和按钮组成，封装在铁皮或塑料壳体内。装在壳上的按钮控制着交流接触器线圈回路的通断，并通过交流接触器控制电动机的启动和停止。

磁力启动器分为不可逆和可逆两种。不可逆磁力启动器由一个交流接触器、一个热继电器和两个按钮组成，控制电动机的单向运转。可逆磁力启动器由两个同规格交流接触器、两个热继电器和三个按钮组成，在两个交流接触器之间装有电气联锁，保证一个交流接触器接通时另一个交流接触器分断，避免发生相间短路。可逆磁力启动器用于控制电动机的正反转。

常用磁力启动器外形与内部结构如图 6-18 所示。

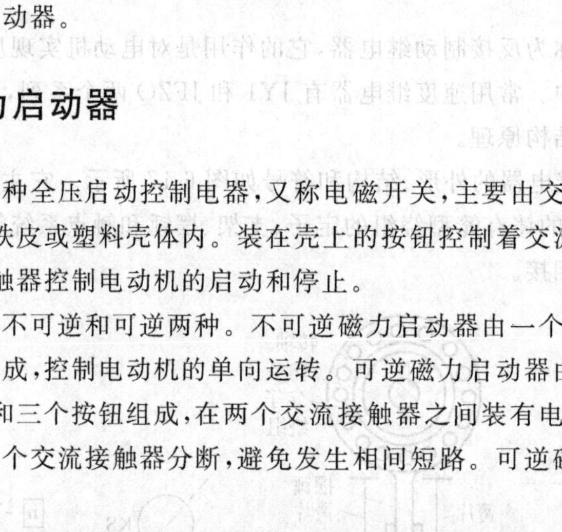

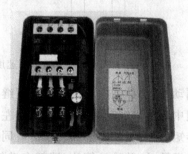

图 6-18 磁力启动器外形与内部结构

磁力启动器的选用与交流接触器大致相同。上墙安装时，先预埋紧固件，然后在墙上固定木质配电板或角钢支架，最后将磁力启动器固定在木质配电板或角钢支架上。

6.5.2 星-三角(Y-△)启动器

星-三角(Y-△)启动器是电动机降压启动设备之一，适用于定子绕组作三角形连接的笼型电动机的降压启动。它有手动式和自动式两种。

手动式星-三角(Y-△)启动器的外形如图6-19所示，启动时手柄置于“启动”位置，电动机以Y形连接启动，启动完毕，手柄置于“运行”位置，电动机以△形连接正常运行。由于它未带保护装置，必须与其他保护电器配合使用。如果电动机运行中遇到停电，应将星-三角(Y-△)启动器手柄扳向“停止”位置，如果停留在工作位置上，电路恢复送电时，必然自行全压启动，会造成危险。

图6-19　手动式Y-△启动器外形

自动式星-三角(Y-△)启动器主要由接触器、热继电器、时间继电器等组成，它的外形与内部结构如图6-20所示。自动式星-三角(Y-△)启动器能自动控制笼型电动机定子绕组从星形到三角形之间的转换，并且有过载和失压保护功能。

图6-20　自动式Y-△启动器外形与内部结构

星-三角(Y-△)启动器用于在电动机启动瞬时将定子绕组连接成星形，使每相绕组从380V线电压降低至220V相电压，从而减小启动电流，使电网电压波动减小。当电动机转速升高接近额定值时，通过手动或自动将其定子绕组切换成三角形连接，使电动机每相绕组在380V线电压下正常运转。应用这种降压启动设备时，启动转矩只有额定转矩的1/3，所以，凡应用星-三角(Y-△)启动器的电动机，只能空载或轻载启动。

6.6 交流接触器的检查和维修训练

根据本章学习内容,进行交流接触器的检查和维修、常用低压电器的选择与使用实操训练。

6.6.1 工作准备及教学流程

工作准备及教学流程,如表 6-1 所示。

表 6-1 工作准备及教学流程

序号	工作准备及教学流程
1	准备本次实操课题需要的器材、工具、电工仪表等
2	检查学生出勤情况;检查工作服、帽、鞋等是否符合安全操作要求
3	集中讲课,重温相关操作要领,布置本次实操作业
4	教师分析实操情况,现场示范交流接触器的检查和维修流程
5	学生分组练习,教师巡回指导
6	教师逐一对学生进行考查测验

6.6.2 实操器材

交流接触器的检查和维修、常用低压电器的选择与使用所需器材、工具、仪表,如表 6-2 所示。

表 6-2 交流接触器的检查和维修、常用低压电器的选择与使用器材清单

设备/设施/器材	数量	设备/设施/器材	数量
交流接触器	若干	指针式万用表(MF47 型)	若干
螺丝刀	若干	数字式万用表	若干
尖嘴钳	若干	剥线钳	若干
闸刀、空气、组合开关	若干	各种熔断器	若干
各种继电器	若干	各种启动器	若干

6.6.3 实操评分

交流接触器的检查和维修、常用低压电器的选择与使用评分表如表 6-3 所示。

表 6-3　交流接触器的检查和维修、常用低压电器选择与使用评分表

主要内容	配分	考核要求	扣分原因	得分
专业能力	10	拆卸步骤完整度	拆卸步骤不完整□　扣 1～10 分	
	10	零部件分析正确	零部件分析不正确□　扣 1～10 分	
	10	零部件无缺失	零部件缺失□　扣 1～20 分	
	10	元件安装正确	元件安装不正确□　扣 1～10 分	
关键能力	10	独立快速完成	不熟练□　扣 1～10 分	
	10	配合默契	配合不默契□　扣 1～10 分	
	20	无事故、无损坏、无故障、环境整洁	事故□　损坏□　故障□　环境整洁□　每项扣 5 分	
	20	开关、熔断器、继电器、启动器的选择与使用	口述选择与使用□　每项扣 5 分	
安全文明生产		违反安全文明生产操作规程，得 0 分		
合　计	100	违反安全穿着、违反安全操作规范，本项目为 0 分		

6.6.4　实操过程注意事项

在教师的指导下讲述各种开关、熔断器、继电器、启动器的选择与使用；了解交流接触器的基本组成；能在规定时间内对其进行拆卸、组装及简单的检测和维修。

交流接触器的拆卸与组装要求：拆卸一台交流接触器，将拆卸步骤、主要零部件名称、作用、各对触点动作前后的电阻值及触点数量、线圈数据记入表 6-4 中。

表 6-4　交流接触器的拆卸与组装记录表

<table>
<tr><td colspan="6">型号</td><td colspan="6">容量/A</td><td rowspan="2">拆卸步骤</td><td colspan="2">主要零部件</td></tr>
<tr><td colspan="6"></td><td colspan="6"></td><td>名称</td><td>作用</td></tr>
<tr><td colspan="12">触点数/对</td><td rowspan="10"></td><td rowspan="10"></td><td rowspan="10"></td></tr>
<tr><td colspan="4">主触点</td><td colspan="4">辅助常闭触点</td><td colspan="4">辅助常开触点</td></tr>
<tr><td colspan="4"></td><td colspan="4"></td><td colspan="4"></td></tr>
<tr><td colspan="12">触点电阻</td></tr>
<tr><td colspan="6">动合触点</td><td colspan="6">动断触点</td></tr>
<tr><td colspan="3">动作前/MΩ</td><td colspan="3">动作后/MΩ</td><td colspan="3">动作前/MΩ</td><td colspan="3">动作后/MΩ</td></tr>
<tr><td colspan="3"></td><td colspan="3"></td><td colspan="3"></td><td colspan="3"></td></tr>
<tr><td colspan="12">线圈</td></tr>
<tr><td colspan="6">工作电压/V</td><td colspan="6">线径/mm</td></tr>
<tr><td colspan="6"></td><td colspan="6"></td></tr>
</table>

习 题

1. 交流接触器使用前检查的内容有哪些?
2. 熔断器的种类以及使用场所有什么不同?

CHAPTER 7

第7章

线路安装及工艺

知识目标：

(1) 能够叙述室内布线的工艺要求；能够叙述室内照明线路的工艺要求。

(2) 能够叙述日光灯的常见故障；能够叙述动力线路的技术要求。

技能目标：

(1) 会选择线管，会安装照明电路。

(2) 会布管与清管、穿线。

7.1 室内布线

室内布线是电工必须掌握的常规技术，要求规范、合理、整齐、牢固和安全。合格的电工既要掌握室内布线的方式与技术要求，又要掌握典型室内布线的操作技能，以保证室内照明线路和动力线路的技术要求与安全用电。

7.1.1 室内布线基本知识

1. 室内布线的类型与方式

1）室内布线的类型

室内布线就是敷设室内用电器或设备的供电线路和控制线路。室内布线有明装式和暗装式两种。明装式是导线沿墙壁、天花板、横梁及柱子等表面敷设，暗装式是将导线穿管埋设在墙内、地下或装设在顶棚里。

2）室内布线的方式

室内布线方式通常有瓷(塑料)夹板布线、瓷瓶布线、槽板布线、护套线布线及线管布线等。照明线路中常用的是瓷夹板布线、槽板布线和护套线布线，且护套线布线应用日益广泛。动力线路中常用的是瓷瓶布线、护套线布线和线管布线。

2. 室内布线的技术要求

(1) 所用导线的额定电压应大于线路的工作电压。导线的绝缘应符合线路的安装方式和敷设环境的条件。导线的截面积应满足供电安全电流和机械强度的要求,在照明电路中,导线的规格选择要考虑载流量、电压损失和机械强度。根据机械强度要求,照明电路导线线芯的最小截面积应不小于表 7-1 所示的规定值。

表 7-1 照明灯导线的最小线芯截面积

用途或敷设方式		线芯最小截面积/mm^2	
		铜芯	铝芯
灯头引下线		1.0	2.5
架设在绝缘支持上的导线,支持间距 L/m	室内 $L\leqslant2$	1.0	2.5
	室外 $L\leqslant2$	1.5	2.5
	$2<L\leqslant6$	2.5	4
	$6<L\leqslant15$	4	6
	$15<L\leqslant25$	6	10
穿管敷设		1.0	2.5
槽板、护套线、扎头明敷		1.0	2.5
线槽		1.0	2.5

一般家用照明线路选用 2.5mm^2 的铝芯绝缘导线或 1.5mm^2 的铜芯绝缘导线为宜。

(2) 布线时应尽量避免导线接头。若必须有接头时,应采用压接和焊接,也可采用 T 接或平接,然后用绝缘胶布包缠好。导线连接和分支处不应受到机械力的作用,穿在管内的导线不允许有接头,必要时应尽可能把接头放在接线盒或灯头盒内。

(3) 布线时应水平或垂直敷放。水平敷设时,导线距地面不小于 2.5m;垂直敷设时,导线距地面不小于 2m。否则,应将导线穿在钢管内加以保护,以防止机械损伤。布线位置应便于检查和维修。

(4) 当导线穿过楼板时,应设钢管加以保护,钢管长度应从离楼板面 2m 高处至楼板下出口处。导线穿墙要用瓷管(塑料管)保护,瓷管的两端出线口伸出墙面不小于 10mm,这样可防止导线和墙壁接触,以免墙壁潮湿而产生漏电等现象。当导线互相交叉时,为避免碰线,在每根导线上套以塑料管或其他绝缘管,并将套管牢靠固定,使其不能移动。

(5) 为确保安全用电,室内电气管线和配电设备与其他管道、设备间的最小距离都有规定,如表 7-2 所列。

表 7-2 室内电气管线和配电设备与其他管道、设备间的最小距离 单位:mm

线路布线方式	煤气管		乙炔管		氧气管		蒸汽管	
	平行	交叉	平行	交叉	平行	交叉	平行	交叉
导线穿金属管	100	100	100	100	100	100	1 000 (500)	300
电缆	500	300	1 000	500	500	300	1 000 (500)	300

续表

线路布线方式	煤气管		乙炔管		氧气管		蒸汽管	
	平行	交叉	平行	交叉	平行	交叉	平行	交叉
明敷绝缘导线	1 000	300	1 000	500	500	300	1 000 (500)	300
裸母线	1 000	300	2 000	500	1 000	500	1 000	500
吊车滑触线	1 500	500	3 000	500	1 500	500	1 000	500
配电设备	1 500		3 000		1 500		500	

线路布线方式	暖热水管		通风管		上水、下水管		压缩空气管		工艺设备	
	平行	交叉	平行	交叉	平行	交叉	平行	交叉	平行	交叉
导线穿金属管	300 (200)	100								
电缆	500	100	200	100	200	100	200	100		
明敷绝缘导线	300 (200)	100	200	100	200	100	200	100		
裸母线	1 000	500	1 000	500	1 000	500	1 000	500	1 500	1 500
吊车滑触线	1 000	500	1 000	500	1 000	500	1 000	500	1 500	1 500
配电设备	100		100		100		100			

注：表内无括号数字为电气管线在管道上面时的数据，有括号数字为电气管线在管道下面时的数据。施工时如不能满足表中所列距离，则应采取其他的保护措施。

7.1.2 室内布线工艺

1. 室内布线的主要工序

(1) 按设计图纸确定灯具、插座、开关、配电箱、启动装置等的位置。

(2) 沿建筑物确定导线敷设的路径及穿越墙壁或楼板的位置。

(3) 在土建未涂灰前，将布线所有的固定点打好孔眼，预埋绕有铁丝的木螺栓、螺栓或木砖。

(4) 装设绝缘支持物、线夹或管子。

(5) 敷设导线。

(6) 进行导线的连接、分支和封端，并将导线出线接头和设备连接。

2. 瓷夹板和瓷瓶布线

在室内布线中，经常采用瓷夹板、塑料夹板和瓷瓶布线。由于瓷夹板和塑料夹板比较薄，机械强度小，而且导线距建筑物较近，故只适用于用电量较小及干燥的场所。瓷瓶比较高，机械强度大，适用于用电量较大而又比较潮湿的场所。瓷夹板和瓷瓶布线的步骤与工艺要点如下。

1) 定位

定位工作应在土建未涂灰前进行。首先按施工图确定灯具、开关、插座和配电箱等电器设备的安装位置,然后再确定导线的敷设位置、穿过墙壁和楼板的位置,以及起端、转角、终端夹板或瓷瓶的固定位置,最后再确定中间夹板或瓷瓶的安装位置,在开关、插座和灯具附近约50mm处,都应安装一副夹板或瓷瓶。

2)画线

画线工作应考虑所布设线路的整洁与美观,尽可能沿房屋线脚、墙角等处敷设,并与用电设备的进线口对正。画线可用粉袋线或边缘有正确尺寸刻度的木板条,沿建筑物表面一端向另一端逐段画出导线的路径,用铅笔或粉笔画出瓷瓶的安装位置,并在每个开关、灯具、插座和配电箱固定点的中心做上记号。如果室内已粉刷,注意不要弄脏建筑物表面。夹板或瓷瓶间的距离不要太大,排列要对称均匀。

3)凿眼

可按预定的位置进行凿眼。在砖墙上凿眼,可用钢凿或电钻。用电钻钻眼时,应采用合金钢钻头。用钢凿凿眼时,孔口要小、孔内要大,孔深按实际需要确定,要尽量避免损坏建筑物。如在墙上凿通孔,在快要打通时应注意减小工具上的压力,以免在墙壁的另一面造成大块缺损。在混凝土结构上凿眼,可用钢钎或电锤。用钢钎打眼,操作时钢钎要放直,甩铁锤敲击,边敲边转动钢钎,切勿用力过猛,以防把钢钎头打断。

4)埋设紧固件

所有的孔眼凿好后,可埋设木砖、支架或缠有铁丝的木螺栓。埋设时,首先在孔眼中洒水淋湿,然后用水泥灰浆填充。

5)埋设保护管

穿墙瓷管或过楼板钢管最好在土建时预埋,这样可减少凿孔眼的工作量。过梁或其他混凝土结构上预留瓷管孔,应在土建铺模板时进行,按正确位置先放好适当大小的毛竹管或塑料管,待土建拆去模板刮糙后,将毛竹管去掉,放入瓷管。若采用塑料管,也可不去掉,直接代替瓷管使用。

6)固定瓷夹板和瓷瓶

瓷夹板和瓷瓶的固定方法随支撑面的结构而定。在木结构上,固定瓷夹板和瓷瓶可用木螺栓直接拧入。用瓷夹板时,木螺栓的长度为瓷夹板高度的两倍。在砖墙上,可利用预埋的木砖或缠有铁丝的木螺栓固定,也可装在预埋的支架上。在混凝土结构上,瓷夹板和瓷瓶的固定方法通常有以下四种。

(1)缠有铁丝的木螺栓用于固定瓷夹板和鼓形瓷瓶。

(2)支架用于固定鼓形瓷瓶、碟形瓷瓶和针式瓷瓶等。

(3)膨胀螺栓用于在砖墙上固定瓷夹板和鼓形瓷瓶。

(4)黏结剂粘接,用于粘接瓷夹板、塑料夹板和鼓形瓷瓶等。它不仅适用于混凝土结构上的粘接,而且也适用于钢结构、木结构上的粘接。

7)敷设导线

敷设导线时,如果线路较长,数量较多,应采用专门的放线架,将整盘导线放在放线架上,从线盘上松开导线,并将导线拉直。如果线路较短,可采用手工放线,放线时应顺着导线盘的缠绕方向,边转边放。放线时应避免产生急弯(打结),因急弯会使导线绝缘层破裂,对于截面积较小的导线,还会使线芯折断。

在瓷夹板和瓷瓶上固定导线，应从一端开始，如果导线弯曲，应事先调直，调直后再将导线向另一端拉直固定，最后把中间导线固定。

当导线穿过墙壁时，应将导线穿在预先埋设的瓷管内，并在墙壁的两边用瓷夹板或瓷瓶固定。当导线自潮湿房屋通入干燥房屋时，瓷管两端应用沥青胶封住，以防潮气侵入。

当导线穿过楼板时，也应将导线穿在预先埋设的钢管内。穿线时，先在钢管两端装好护线套，再进行穿线，以免管口割破导线的绝缘。

3. 槽板布线

槽板布线就是把绝缘导线敷设在槽板的线槽内，上面用盖板把导线盖住。这种布线方式只适用于办公室、卧室、学校、图书馆等干燥的房屋内。常用的槽板有木槽板和塑料槽板，线槽有二线和三线两种。槽板布线工作通常在涂灰和粉刷层干燥后进行。槽板布线的步骤与工艺要点如下。

1）定位画线

槽板布线的定位画线、预埋穿墙和过楼板保护管等与瓷夹板和瓷瓶的布线方法相同。为了使线路整齐、美观，应尽量沿房屋的线脚、横梁、墙角等处敷设，与建筑物的线条平行或垂直。

2）安装槽板

安装前，首先把平直的槽板和弯曲的槽板分开，以便在安装时把平直的槽板用于平顶及明显处，弯曲的槽板进行必要加工后用于较隐蔽处。

可用钢锯或特别的小木锯锯断和弯曲槽板，塑料槽板的弯曲可用局部加热煨弯。

在砖墙上固定槽板，可用钉子把槽板钉在预埋的木砖上，钉子的长度至少应为底板厚度的1.5倍。在夹板墙或灰板天棚上固定槽板，可用钉子直接钉入，即先用小铁锤轻轻敲击，寻找“龙骨”，敲击时听到声音坚实的地方就是“龙骨”点，然后将底槽用钉子钉在“龙骨”上。

3）敷设导线

槽板的底槽固定好后，就可敷设导线。敷设导线时，每一分路用一条槽板；槽板内每一线槽只敷设一根导线。槽内的导线不准有接头和分支，如果必须接头和分支时，要在槽板上装设接线盒，使接头留在接线盒内，以免因接头引起故障。当导线敷设到灯具、开关、插座等处时，要留出100mm左右的线头，以便连接。在配电箱及集中控制的开关板等处，可按实际需要留出足够长度，并在线端作统一记号，以便接线时识别。

4）固定盖板

固定盖板与敷线同时进行，一边敷线一边将盖板固定在底槽板上。固定盖板可用钉子直接钉在底槽的中线上。盖板拼接的方法与底槽板相同，但是在直线拼接时，盖板与底槽板的接口要尽量错开，其间距一般不小于槽板的宽度。

塑料槽板的敷设基本可按上述步骤方法进行，只是盖板可直接利用燕尾槽嵌扣在底槽板上，不用钉子固定。

4. 护套线布线

塑料护套线是一种具有塑料保护层的双芯或多芯绝缘导线，具有防潮、耐酸和耐腐蚀等性能，用于直接敷设在空心楼板、墙壁以及建筑物上，用铝片卡作为导线的支持物。护套线布线的步骤与工艺要点如下。

1）定位画线

定位画线工作与上述相同，先确定起点和终点位置，然后按导线走向画出正确的水平线和垂直线，并按护套线安装要求每隔150～300mm画出固定铝片卡的位置。

2）铝片卡的固定

混凝土结构可采用环氧树脂粘接；木结构可用钉子钉牢；在有涂灰层的墙上，可用钉子直接钉住铝片卡。

3）敷设导线

在水平方向敷设护套线时，如果线路较短，为便于施工，可按实际需要长度将导线剪断后盘起来，一手扶持导线，另一手将导线固定在铝片卡上；如果线路较长，又有数根导线平行敷线时，可用绳子把导线吊挂起来，使导线的重量不完全承受在铝片卡上，然后把导线逐根扭平并压牢，再轻轻拍平，使其与墙面紧贴。

垂直敷线时，应自上而下，以便操作。

转角处敷线时弯曲护套线用力要均匀，其弯曲半径至少应等于导线宽度的6倍。导线通过墙壁和楼板也应穿在保护管中，其要求与瓷夹板和瓷瓶布线相同。

塑料护套线的接头，最好放在开关、灯头或插座处，以求整齐美观。如果接头不能放在这些地方，可装设接线盒，将接头放在接线盒内。

导线敷设完成后，需检查所敷的线路是否整齐美观，可用一根平直的木板条靠在敷设线路的旁边，并用螺丝刀柄轻轻敲击，使导线的边缘紧靠在木板条上。

5. 线管布线

把绝缘导线穿在管内敷设，称为线管布线。这种布线方式安全可靠，可避免腐蚀性气体侵蚀和遭受机械损伤，适用于公共建筑和工业厂房中。

线管布线有明装式和暗装式两种。明装式要求布管横平竖直、整齐美观；暗装式要求线管短，弯头少。线管布线的步骤与工艺要点如下。

1）选择线管

常用的线管有电线管、水管或煤气管、硬塑料管三种。电线管的管壁较薄，适用于干燥场所明敷或暗敷；水管或煤气管的管壁较厚，适用于有腐蚀气体场所明敷或暗敷；硬塑料管耐腐蚀性较好，但机械强度不如水管或煤气管和电线管，适用于腐蚀性较大的场所明敷或暗敷。

线管选择好后，为便于穿线，应考虑导线的截面积、根数和管子内径是否合适，一般要求管内导线的总截面积(包括绝缘层)不应超过线管内径截面积的40%。

2）防锈与涂漆

为防止线管年久生锈，应对线管进行防锈涂漆。管内除锈可用圆形钢丝刷，两头各绑一根铁丝，穿入管内来回拉动，把管内铁锈清除干净。管子外壁可用钢丝刷或电动除锈机除锈。除锈后将管子的内外表面涂上油漆或沥青，但埋设在混凝土中的线管，其外表面不要涂漆，以免影响混凝土的结构强度。

3）锯管套丝

因所需线管的长度不同，必须将线管按实际需要切断，以得到合适的长度。切断的方法是用台虎钳固定管子后，用钢锯锯断。

为使管子与管子或管子与接线盒之间连接起来，需在管子端部进行套丝。套丝时用力要均匀，分两次进行，并要及时加油。套丝完成后，立即清洁管口，去除毛刺，使管口保持光滑，以免割破导线的绝缘层。

4）弯管

根据线路敷设的需要，在线管改变方向时需将管子弯曲。为便于穿线，尽量减少弯头，且管子的弯曲角度一般要在90°以上，其弯曲半径R：明装管至少应等于管子直径D的6倍，暗装管至少应等于管子直径D的10倍。

钢管和电线管的弯曲，对于直径50mm以下的管子可用弯管器，对于直径50mm以上的管子可用电动或液压弯管机。塑料管的弯曲，可用热弯法，即在电烘箱或电炉上加热，待至柔软状态时弯曲成型；管径在50mm以上时，可在管内填上砂子或相同直径的弹簧，然后进行局部加热，以避免弯曲后粗细不匀或弯扁现象。

5）布管

管子加工好后，就可按预定的线路布管。布管工作一般从配电箱开始逐段布至用电设备处，有时也可从用电设备处开始逐段布至配电箱处。

(1) 固定管子。对于暗装管，如布设在现场浇制的混凝土构件内，可用铁丝将管子绑扎在钢筋上，也可将管子用垫块垫起、铁丝绑牢，用钉子将垫块固定在模板上。对于明装管，为使布管整齐美观，管路应沿建筑物水平或垂直敷设。对于硬塑料管，由于硬塑料管的热膨胀系数较大，因此沿建筑物表面敷设时，在直线部分每隔30m要装设一个温度补偿盒。

(2) 管子连接。钢管与钢管的连接，无论是明装管或暗装管，最好采用管接头连接。用管子钳拧紧，并使两管端间吻合。硬塑料管之间的连接，可采用插入法和套接法。插入法即在电炉上加热至柔软状态后扩口插入，并用黏结剂(如过氯乙烯胶)或焊接密封；套接法即将同直径的硬塑料管加热扩大成套筒，并用黏结剂或电焊密封。

(3) 管子接地。为了安全用电，钢管与钢管、钢管与配电箱及接线盒等连接处都应做好系统接地。在管路中有了接头，将影响整个管路的导电性能及接地的可靠性，因此应在接头处焊上跨接线。钢管与配电箱连接地线，均须焊有专用的接地螺栓。

(4) 装设补偿盒。当管子经过建筑物伸缩缝时，为防止基础下沉不均，损坏管子和导线，须在伸缩缝的旁边装设补偿盒。

(5) 清管穿线。穿线就是将绝缘导线由配电箱穿到用电设备或由一个接线盒穿到另一个接线盒。为不伤及导线，穿线前应先清洁管路，可用压缩空气吹入已布好的管中或用钢丝绑上碎布来回拉几次，将管内杂物和水分清除。管路清洁后，随即向管内吹入滑石粉，并将管子端部安上护线套，再进行穿线。

导线一般用钢丝引入。穿线时应使用放线架，以便保持导线不乱和不产生急弯。穿入管中的导线，应平行成束进入，不能互相缠绕。在垂直管路中，为减少管内导线的下垂力，保证导线不因自重而折断，当管路长度和导线截面积较大时应装设接线盒。

为使穿在管内的线路安全可靠地工作，凡是不同电压和不同回路的导线，不应穿在同一根管内，但下列情况除外：①供电电压在65V以下时；②同一设备配电盘和控制盘上的回路；③同类照明的几个回路；④室外埋地金属管路的布线，宜用塑料护套或塑料绝缘的导线。为便于检修换线，穿在管内的导线不允许有接头及扭拧现象。

7.2 室内照明线路

室内照明线路的安装和维修是电工必须掌握的常规技术，要求规范、合理、整齐、牢固和安全。合格的电工既要掌握室内照明线路的类型、结构与原理，又要掌握典型室内照明线路的安装和维修技能，以保证室内照明线路的技术要求与安全用电。

7.2.1 室内照明线路知识

1. 电气照明的要求与照明的分类

1）对电气照明的要求

电气照明广泛应用于生产和生活领域中，但各种场合对照明有不同的要求，并随着生产和科学技术的发展而越来越高。电气照明的重要组成部分是电光源（即照明灯泡）和灯具。对电光源的要求是提高光效，延长寿命，改善光色，增加品种和减少附件；对灯具的要求是提高效率，配光合理，并能满足各种不同的环境和电光源的配套需要，同时要采用新材料、新工艺，逐步实现灯具系列化、组装化、轻型化和标准化。总之，要求提高照明质量、节约用电，减少购置和维护费用。

2）照明的分类

按照照明方式，可分为以下几类。

(1) 一般照明。在整个场所或场所的某部分照度要求基本均匀的照明，称为一般照明。对于工作位置密度大、光线无方向要求或在工艺上不适宜设置局部照明的场所，宜采用一般照明。

(2) 局部照明。只限于工作部位或移动的照明。对于局部地点要求高，而且对光线有方向要求时，宜采用局部照明。如机床上的工作灯便是一种局部照明。

(3) 混合照明。一般照明和局部照明共同组成的照明。对于在工作部位有较高的照度要求，而在其他部位要求一般的场所，宜采用混合照明。如普通的冷加工车间一般都采用混合照明。

按照照明种类，可分为以下几类。

(1) 正常照明。正常工作环境所使用的室内外照明。

(2) 事故照明。正常照明因故熄灭的情况下，供继续从事工作或安全通行的照明，称为事故照明。它一般布置在容易引起事故的场合及主要通道和出入口。

(3) 值班照明。在非生产时间内供值班人员使用的照明。在非三班制连续生产的重要车间、仓库等处，通常设置值班照明。

(4) 警卫照明。在警卫地区附近设置的照明。

(5) 障碍照明。在高层建筑物上或修理路段上，作为障碍标志用的照明。

2. 照明灯的种类、特性及选用

1）常用照明灯的种类和特性

自从电能用于照明以后，相继制成了白炽灯、日光灯、碘钨灯、高压汞灯、低压汞灯，以及近几年制成的高压钠灯、金属卤化物灯、管形氙灯等新型照明灯，使照明灯的发光效率、使用寿命和显色性能等均得到很大的提高。

常用照明灯的种类：白炽灯、日光灯、LED日光灯、碘钨灯、高压汞灯、高压钠灯、金属卤化物灯、管形氙灯等。

2）照明形式的选用

照明形式的选用应根据实际生活、工作对照明的要求来决定。光照度即单位面积上接受的光通量，光照度的选择一般应以人们从事活动所处的环境为依据。不同品种的电灯有着不同的光通量（即光源在单位时间内，向周围空间辐射引起视觉的能量），即使是同一品种的电灯，由于其功率大小的不同，它所产生的光通量也是不同的。所以在选用时不能只以电灯的功率为依据，而应考虑到它所具有的实际光通量。

3. 照明灯具的作用及其附件

灯具的作用是固定光源、控制光线；把光源的光能分配到需要的方向，使光线更集中；提高光照度，防止眩光，保护光源不受外力、潮湿及有害气体的影响。灯具的附件包括灯座、灯罩、开关、插座及吊线盒等。

1）灯座

灯座有插口和螺口两大类。100W以上的灯泡多为螺口灯座，因为螺口灯座接触要比插口灯座好，能通过较大的电流。按其安装方式可分为平灯座、悬吊式灯座和管子灯座等。按其外壳材料可分为胶木、旧瓷质及金属三种灯座，一般100W以下的灯泡采用胶木灯座，而100W以上的多采用瓷质灯座。

2）灯罩

灯罩的形式较多，按材质可分为玻璃罩、搪瓷薄片罩、铝罩等；按反射、透射和散射作用又可分为直接式、间接式和半间接式三种。

3）开关

开关的作用是接通和断开电路。按其安装条件可分为明装式和暗装式两种，明装式开关有拉线开关和转换开关等，暗装式开关为扳把式。按其构造可分为单联开关、双联开关和三联开关。开关的规格一般以额定电流和额定电压来表示。

4）插座

插座的作用是供移动式灯具或其他移动式电器设备接通电路。按其结构可分为单相双眼和单相带接地线的三眼插座、三相带接地线的四眼插座，按其安装方式可分为明装式和暗装式。插座的规格一般也以额定电流和额定电压来表示。

5）吊线盒

吊线盒用来悬挂吊灯并起接线盒的作用。它有塑料和瓷质两种，一般能悬挂重量不超过2.5kg的灯具。

7.2.2 室内照明线路工艺

1. 室内照明线路的组成

照明线路一般由电源、导线、开关和负载(照明灯)组成。

电源由低压照明配电箱构成,其作用是向照明灯提供电能。电源有直流和交流两种。交流电源常用三相变压器供电,每一根相线和中性线之间都构成一个单相电源,在负载分配时要尽量做到三相负载对称。

电源与照明灯之间用导线连接。选择导线时,要注意它的允许载流量,一般以允许电流密度作为选择的依据:明敷线路铝导线可取 4.5A/mm^2,铜导线可取 6A/mm^2,软电线可取 5A/mm^2。

开关用来控制电流的通断。

负载即照明灯,它能将电能变为光能。按开关种类不同,可分为下列三种基本形式。

(1) 一只单联开关控制一盏灯,其电路图如图 7-1 所示。接线时,开关应接在相线(火线)上,这样在开关切断后,灯头不会带电,从而保证了使用和维修的安全。

(2) 两只双联开关在两个地方控制一盏灯,其电路图如图 7-2 所示。这种形式通常用于楼梯或走廊上,在楼上、楼下或走廊的两端均可控制电路的接通和断开。

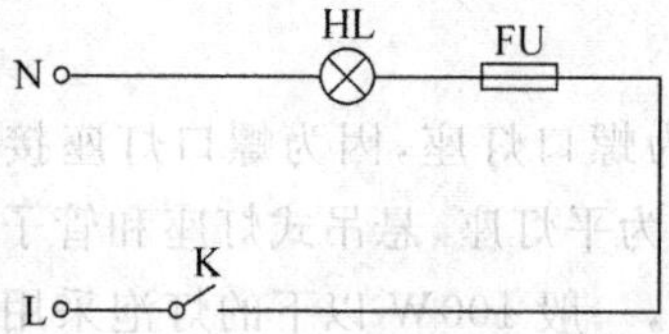

图 7-1 一只单联开关控制一盏灯电路图

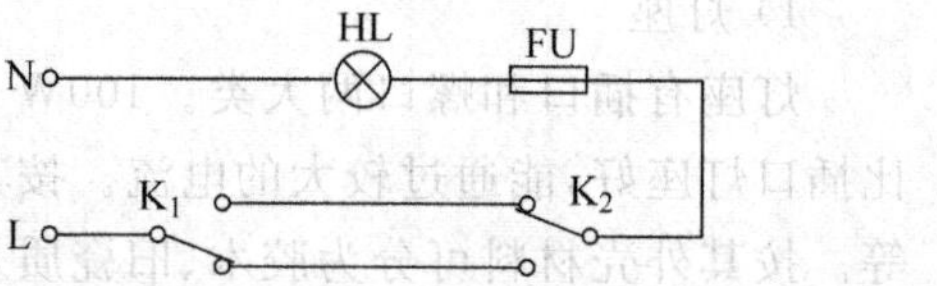

图 7-2 两只双联开关在两个地方控制一盏灯电路图

(3) 两只双联开关和一只三联开关在三个地方控制一盏灯,其电路图及安装图如图 7-3 所示,这种形式也常用于楼梯或走廊上。

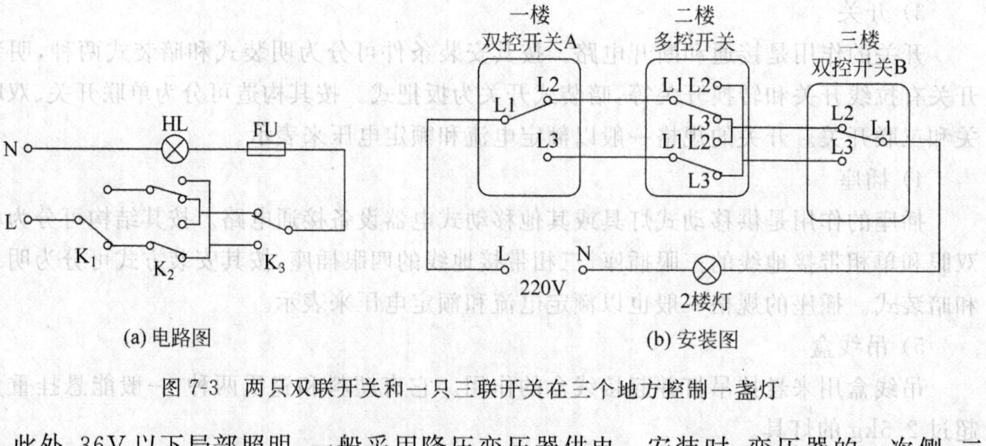

图 7-3 两只双联开关和一只三联开关在三个地方控制一盏灯

此外,36V 以下局部照明,一般采用降压变压器供电。安装时,变压器的一次侧、二次侧绕组均应串接适当的熔丝,以确保变压器发生故障及二次侧绕组过载时,能及时切断电源，使变压器不致烧毁。变压器的铁芯和二次侧绕组也需要妥善接地或接零。

2. 常用照明灯的工作原理和线路

1）白炽灯的工作原理和线路

白炽灯亦称钨丝灯泡，当电流通过钨丝时，将灯丝加热到白炽状态而发光。钨丝灯泡主要由耐热的球形玻璃壳和钨丝组成，分真空泡和充气泡（充有氩气或氮气）两种，功率为25W以下的，一般为真空泡；功率为40W以上的，一般为充气泡。灯泡充气后，除了使钨丝的蒸发和氧化作用减缓以外，还能提高灯泡的发光效率及使用寿命。白炽灯的结构简单、使用可靠、价格低廉，且便于安装和维修，故应用较广泛。

2）荧光灯的工作原理和线路

荧光灯又叫日光灯，俗称光管，它由灯管、启辉器（启动器）、镇流器、灯架和灯座等组成。荧光灯的线路图如图7-4所示。

当荧光灯刚接通电源时，启辉器就辉光放电而导通，使线路接通，灯丝与镇流器、启辉器串接在电路中，灯丝发热，发射出大量的电子；启辉器停止辉光放电，就在启辉器断开的一瞬间，镇流器的两端产生了感应电动势，它与电源电压同时加在灯管的两端，使管内的氩气电离放电，氩气放电后，管内温度升高，使管内水银蒸气压力上升，从而使氩气电离放电很快过渡到水银蒸气电离放电；放电时辐射的紫外线激励管壁上的荧光粉，使它发出像白光一样的光线。同时，由于灯管开始电离放电，启辉器两端的电压下降而不再辉光放电；随着灯管水银蒸气电离放电的进行，灯管电流逐渐增大，这时镇流器便起到了限流的作用。

荧光灯发光效率高、使用寿命长，光色较好，且节电、经济，故被广泛应用。

3）LED日光灯的工作原理和线路

LED（Light-Emitting-Diode，发光二极管）是一种能够将电能转化为可见光的固态的半导体器件，它可以直接把电转化为光。LED的核心是一个半导体晶片，晶片的一端附在一个支架上，是负极，另一端连接电源的正极，使整个晶片被环氧树脂封装起来。LED的特点非常明显：寿命长、光效高、无辐射与低功耗；白光LED的能耗仅为白炽灯的1/10，节能灯的1/4，目前市场上的LED灯使用电压、灯头与普通白炽灯一样。

LED日光灯采用最新的LED光源技术，节电高达70%以上，12W的LED日光灯光强相当于40W的日光灯管，LED日光灯寿命为普通日光灯管的10倍以上，目前市面上使用的LED日光灯不需要镇流器、启辉器，使用电压、灯头与普通日光灯一样，LED日光灯有逐步取代白炽灯、日光灯的趋势。LED日光灯的线路图如图7-5所示。

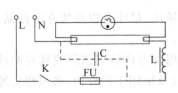

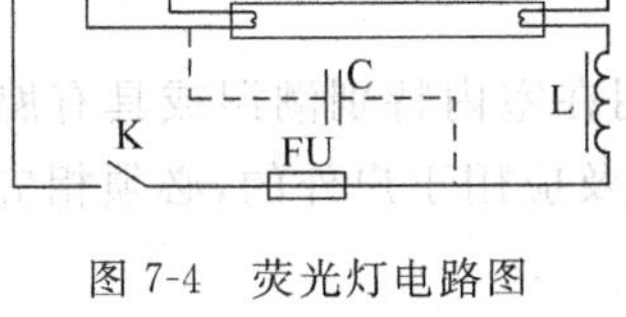

图7-4 荧光灯电路图

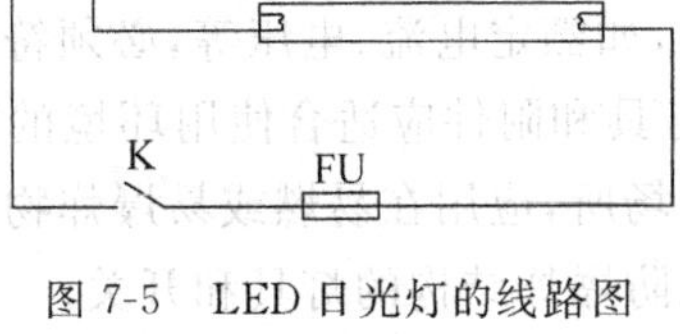

图7-5 LED日光灯的线路图

4）碘钨灯的工作原理和线路

碘钨灯的外形与8W荧光灯相似，是一条长玻璃管，管内抽成真空后充以适量的碘，灯管用耐高温的石英玻璃制成，管壁厚为 1mm，灯丝为螺旋形的钨丝，沿玻璃管轴向安装。碘钨灯也是利用钨丝发热到白炽状态而发光。碘钨灯无任何附件，因此电气电路简单(与白炽灯一样)。碘钨灯发光效率高、结构简单、使用可靠、光色好、体积小且装修方便，它克服了白炽灯的缺点，已广泛应用于大面积场所。

5) 高压汞灯的工作原理和线路

高压汞灯有两个玻璃壳，内玻璃壳是一个管状石英管，管的两端有两个电极，均由钍钨丝制成，管内充有一定的汞和少量的氩气，并置有辅助电极，用来帮助启辉器放电。外玻璃壳的内壁涂有荧光粉，它能将水银蒸气放电时所辐射的紫外线转变为光。在内、外玻璃壳之间充有二氧化碳气体，以防止电极与荧光粉氧化。当接通电源时，在辅助电极与相邻的主电极之间辉光放电，接着在两个主电极间弧光放电。随着主电极的弧光放电，水银逐渐汽化，灯管就稳定地工作，产生紫外线激励荧光粉发出光。高压汞灯的电路图如图 7-6 所示。

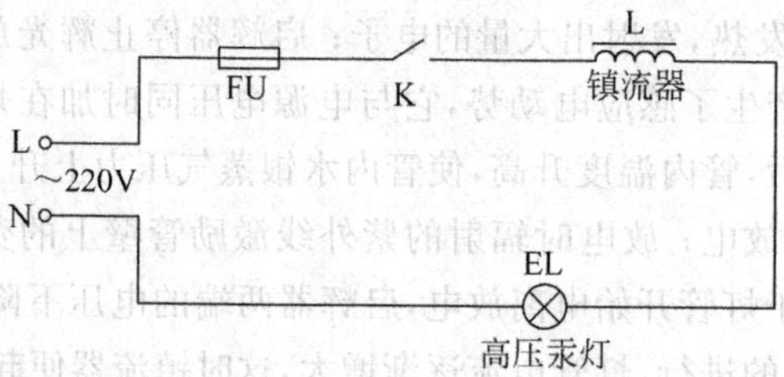

图 7-6 高压汞灯的电路图

高压汞灯发光效率高、使用寿命长，且耐振、耐热性能好，是照明用新电光源，已广泛应用于大面积场所。

6) 金属卤化物灯的工作原理和电路

金属卤化物灯是在高压汞灯内添加某些金属卤化物，靠金属卤化物的不断循环，向电弧提供相应的金属蒸气，使之进一步提高光效。金属卤化物灯的线路与高压汞灯一样，但它克服了高压汞灯显色性较差的缺点，不仅光色好，而且光效高，已作为新型电光源广泛应用于大面积场所。

3. 室内照明线路的安装工艺

1) 室内照明装置安装规程

(1) 技术要求如下。

① 灯具和附件的质量要求：各种灯具，开关、插座、吊线盒以及所有附件品种规格、性能参数，如额定电流、电压等，必须符合使用要求。

② 灯具和附件应适合使用环境的需要：如应用在室内特别潮湿或具有腐蚀性气体和蒸气的场所，应用在易燃或易爆炸物质的场所，以及应用于户外的，必须相应地采用具有防潮或防爆炸结构的灯具和开关。

③ 移动式照明灯：无安全措施的车间或工场的照明灯、各种机床的局部照明灯以及移动式工作灯(行灯)，都必须采用 36V 以下的低压安全灯。

(2) 安装要求：各种灯具、开关、插座及所有附件，都必须安装得牢固可靠，应符合下列规定。

① 灯具的安装要求：壁灯及吸顶灯要牢固地敷设在建筑物的平面上；吊灯必须装有吊线盒，每只吊线盒一般只允许接装一盏电灯（双管日光灯及特殊吊灯例外），吊灯的电源引线绝缘必须良好，较重或较大的吊灯必须采用金属链条或其他方法支撑。灯具与附件的连接，必须正确、牢靠。

② 灯头的离地要求：相对湿度经常在85%以上的、环境温度经常在40℃以上的或有导电尘埃的、导电地面的场所及户外的电灯，其离地距离不得低于2.5m；不属于上述潮湿、危险场所的车间、办公室、商店和住房等处所使用的电灯，离地距离一般不应低于2m。在户内一般环境中，如果因生活、工作和生产的需要而必须把电灯放低时，其离地最低距离不能低于1m，并应在放低的吊灯电源引线上穿套绝缘管加以保护，且必须采用安全灯座；灯座离地不足1m所使用的电灯，必须采用36V及以下的低压安全灯。

③ 开关和插座的离地要求：普通电灯开关和普通插座的离地距离不应低于1.3m；特殊需要时，插座允许低装，但离地不得低于150mm，且应采用安全插座。

④ 安装规范、合理、牢固和整齐：各种灯具、开关、插座及所有附件的安装必须遵守相关规程和要求；选用的各种照明器具必须正确、适用、经济、可靠，安装的位置应符合实际需要，使用要方便，各种照明器具安装牢固可靠，使用安全。

2）白炽灯的安装

白炽灯的安装通常有悬吊式、壁式和吸顶式，而悬吊式又分为软线吊灯、链条吊灯及钢管吊灯。

（1）吊灯的安装。

① 安装圆木。圆木的规格大小，应按吊线盒或灯具的法兰盘选取。如果吊灯装在天花板上，则圆木应固定在天花板上；如果天花板是混凝土结构，则应预埋木砖或打洞埋设铁丝榫，然后用木螺栓固定圆木。

在安装圆木时，应先仔细将圆木的出线孔钻好，并锯好进线槽，然后将电线从圆木出线孔穿出；在电线穿越圆木时，应套上软质塑料管加以保护，再将圆木固定好。

② 安装吊线盒。先将圆木上的电线从吊线盒底座孔中穿出，用木螺栓把吊线盒紧固在圆木上，然后将电线的两个线头剥去20mm左右的绝缘层，分别旋紧在吊线盒接线柱上。最后按灯的安装高度（离地面2.5m），取一股软电线作为吊线盒和灯头的连接线，上端接吊线盒的接线柱，下端接灯头，在离电线上端约50mm处打一个结，使结正好卡在吊线盒盖的线孔里，以便承受灯具重量。

③ 安装灯座。灯座又叫灯头，主要分插口和螺口两种。安装灯座时，旋下灯座盖，将软线下端穿入灯座盖中，在离线头30mm处按上述方法打个结，把两个线头分别接到灯座的接线柱上，然后旋上灯座盖。如果是螺口灯座，其相线（火线）应接在与中心铜片相连接的接线柱上，否则容易发生触电事故。

④ 安装并关。开关主要有拉线开关和扳把开关两种。控制白炽灯的开关，应串接在通往灯座的相线上，也就是相线通过开关才进入灯座。一般拉线开关的安装高度距地面2.5m，扳把开关距地面的高度为1.4m。安装扳把开关时，开关方向要一致，一般向上为“合”，向下为“断”。安装拉线开关或扳把开关的步骤与工艺和安装吊线盒大致相同。首

先在准备安装开关的地方打孔,预埋木砖或打洞埋设铁丝榫(也可用膨胀螺栓),安装好已穿上两根线头的圆木,然后在圆木上安装开关底座,最后将相线线头、灯座与开关的连接线线头分别接在底座的两个接线柱上,旋上开关盖即可。

(2) 吸顶灯的安装。吸顶灯安装时,一般直接将圆木固定在天花板的木砖上。在固定前需要在灯具的底座与圆木之间铺垫石棉板或石棉布。圆木可用塑料圆台代替,它与塑料接线盒、塑料吊线盒配套使用。

(3) 壁灯的安装。壁灯可以装在墙上也可以装在柱子上。当装在砖墙上时,一般应预埋木砖(禁止用木楔代替木砖),也可在墙上预埋金属构件。如果壁灯装在柱上,则可以在柱上预埋金属构件或用包箍将金属构件固定在柱上,然后再将壁灯固定在金属构件上。

3) 日光灯的安装

日光灯的安装一般有吸顶式和悬吊式两种,其安装步骤与工艺要点如下。

(1) 安装前检查:检查灯管、镇流器、启辉器等有无损坏,镇流器和启辉器是否和灯管的功率相配合(主要是镇流器和灯管的功率必须一致)。

(2) 安装镇流器:悬吊式安装时,应将镇流器用螺钉固定在木灯架或金属灯架的中间位置,如木灯架应在镇流器下放置耐火绝缘物。吸顶式安装时,不能将镇流器放在灯架上,以免散热困难,灯架与天花板之间应留15mm间隙以利通风(可将镇流器放置在灯架外其他位置)。

(3) 安装启辉器底座及灯座:将启辉器底座固定在灯架的一端,两个灯座(普通灯座和弹簧灯座)分别固定在灯架的两端,中间的距离要按所用灯管的长度量好,使灯脚刚好插进灯座的插孔中。

(4) 接线:各配件位置固定后,可进行接线。接线完毕要对照电路图详细检查,以防错接或漏接。

(5) 安装启辉器与灯管:把启辉器与灯管分别装好,接上电源,其相线应经开关串联在镇流器上。

(6) 日光灯安装注意事项如下。

① 日光灯灯管是长形细管,光通量在中间部分最高。安装时,应将灯管中部置于被照面的正上方,并使灯管与被照面保持平行,力求得到较高的照度。

② 灯架不可直接贴装在由可燃性建筑材料构成的墙或平顶上,灯架下放到离地1m高时,电源引线要套上绝缘管,灯架背部加防护盖,镇流器部位的盖罩上要钻孔通风,悬吊式灯架的电源引线必须从吊线盒中引出,一般要求一灯接一个吊线盒,其吊钩应拧在顶部木结构的木榫上或预制的吊环上。

③ 为了防止灯管掉下,应选用弹簧灯座或在灯管的两端加管卡,并用尼龙线扎牢。

(4) LED日光灯的安装:LED日光灯的安装与普通日光灯差不多,主要区别是不需要安装镇流器、启辉器。

(5) 碘钨灯的安装。

① 灯管应装在配套的灯架上,使其具有灯光的反射功能和灯管的散热能力,以提高照度和延长寿命;灯管必须水平安装,倾斜度不得超过±4°,以免严重影响灯管寿命。

② 灯架离可燃建筑面的净距不得小于1m,以免出现烤焦或引燃事故;灯管离地垂

直高度不宜低于 6m，以免产生眩光。

③ 管两端灯脚引线必须采用耐高温的导线，灯座与灯脚应采用裸导线加穿耐高温瓷管，要求接触良好，以免灯脚在高温下严重氧化并引起灯管封接处玻璃炸裂。

④ 安装碘钨灯的线路上，最好不带冲击性负荷，以免电源电压的变化严重影响灯管寿命，且电源电压与额定电压的偏差不应超过±2.5%。

⑤ 碘钨灯不允许采用人工冷却措施，不能与易燃物接近，安装时要加灯罩、离易燃物有一定的距离，使用前应擦去灯管外壁的油污。碘钨灯耐振性差，不能用于振动较大的场所，更不能作为移动光源来使用。

(6) 高压汞灯的安装。

① 高压汞灯有带镇流器和不带镇流器两种。带镇流器的高压汞灯一定要使镇流器与灯泡的功率相配合，以免灯泡烧坏或启动困难；镇流器应安装在灯具附近和人体触及不到的位置，在镇流器接线柱的端面上应覆盖保护物，但不可装入箱体内，以免影响散热。

② 高压汞灯一般垂直安装，以免影响光通量并引起自灭。

③ 高压汞灯的外玻璃壳必须配备散热好的灯具，以免影响性能和寿命；当外玻璃壳破碎后应立即换下，以免大量的紫外线灼伤人眼。

④ 安装高压汞灯的线路电压应尽量保持稳定，以免引起灯泡自灭，启动时间延长；高压汞灯作为厂区路灯、高大厂房照明时，应考虑调压措施。

(7) 金属卤化物灯的安装。

① 在安装金属卤化物灯的线路上，不能加接具有冲击性的负载；由于电源电压变化较大时，灯泡的熄灭现象比高压汞灯严重，故其电源电压与额定电压的偏差不应超过±5%。

② 无外玻璃壳的金属卤化物灯，由于紫外线辐射较强，灯具应加玻璃罩。若无玻璃罩时，悬挂高度应不低于 14m，以防紫外线灼伤眼睛和皮肤。

③ 管形镝灯根据使用时的放置方向要求，有水平点燃、垂直点燃灯头在上和灯头在下三种结构。安装时必须认清方向标记正确使用，且灯轴中心线的偏离不应大于±15°。要求垂直点燃的灯，若水平安装会有灯管炸裂的危险，若灯头方向调错，则光色就会偏绿。

④ 灯管与镇流器必须配合使用，以免影响灯管寿命或启动困难；外玻璃壳温度较高，安装时必须考虑散热条件。

(8) 插座的安装：插座是台灯、电风扇、收录机、电视机、电冰箱、空调等家用电器和其他用电设备的供电点，插座一般不用开关控制而直接接入电源，它始终是带电的。插座分双孔、三孔和四孔三种，照明线路常用的为双孔和三孔插座，其中三孔插座应选用扁孔结构，圆孔结构容易发生三孔互换而造成事故。

插座的安装步骤与工艺和安装吊线盒大致相同。

① 孔插座在双孔水平排列时，应面对插座相线接右孔，零线接左孔(左零右相)；双孔垂直排列时，相线接上孔，零线接下孔(下零上相)。三孔插座下方两个孔是接电源线的，右孔接相线，左孔接零线，上面大孔接保护接地线，如图 7-7 所示。

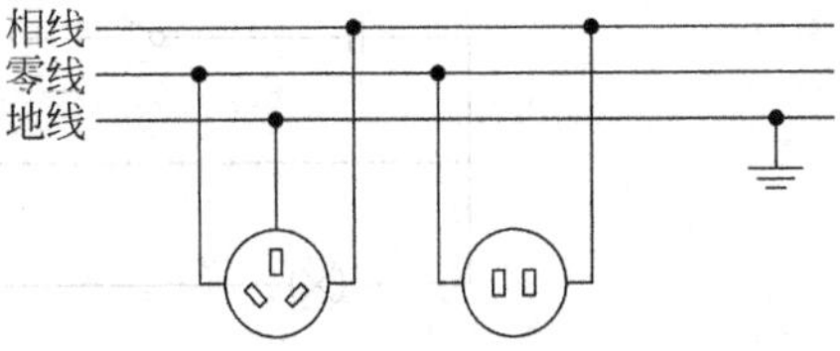

图 7-7　插座接线图

② 插座的安装高度一般应与地面保持1.3m的垂直距离，个别场所允许低装时离地不得低于0.15m，但托儿所、幼儿园和小学等儿童集中的场所禁止低装。

③ 在同一块圆木上安装多个插座时，每个插座相应位置，孔眼的相位必须相同，接地孔的接地必须规范。相同电压和相同相数的，应选用同一结构形式的插座；不同电压和不同相数的，应选用具有明显区别的插座，并应标明电压。

7.2.3 室内照明线路的故障和检修

1. 室内照明线路常见的故障和检修

1）短路故障

短路是指电路或电路中的一部分被短接，电源未经过负载而直接由导线接通成闭合回路，如图7-8所示。电力系统中，所谓"短路"是指电力系统正常运行情况以外的相与相之间或相与地(或中性线)之间的接通。在三相系统中短路的基本形式有三相短路、两相短路、单相接地短路、两相接地短路。当发生短路时，电流剧增，若保护装置失灵，就会烧毁线路和设备。

短路时电源提供的电流将比通路时提供的电流大得多，一般情况下不允许短路。如果短路，严重时会烧坏电源或设备。

采用绝缘导线的线路，线路本身发生短路的可能性较少，往往由于用电设备、开关装置和保护装置内部发生故障所致。因此，检查和排除短路故障时应先使故障区域内的用电设备脱离电源，试看故障是否能够解除，如果故障依然存在，再逐个检查开关和保护装置。管线线路和护套线线路往往因为线路上存在严重过载或漏电等故障，使导线长期过热，绝缘老化，或因外界机械损伤而破坏了导线的绝缘层，这些都会引起线路的短路。所以，要定期检查导线的绝缘电阻和绝缘层的结构状况，如发现绝缘电阻下降或绝缘层龟裂，应及时更换，造成短路的原因大致有以下几种。

(1) 用电器具接线不好，以至于接头碰在一起。

(2) 灯座或开关进水，螺口灯头内部松动或灯座顶芯歪斜，造成内部短路。

(3) 导线绝缘外皮损坏或老化损坏，并在零线和相线的绝缘处碰线。

发生短路故障时，会出现打火现象，并引起短路保护动作(熔丝烧断)。当发现短路打火或熔断时，应先查出发生短路的原因，找出短路故障点，并进行处理后再更换熔丝恢复送电。

2）断路故障

如果线路存在断路，线路就无法正常运行，如图7-9所示。

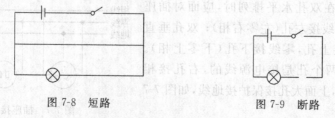

图7-8　短路

图7-9　断路

如果一个灯泡不亮而其他灯泡都亮,应首先检查灯丝是否烧断。若灯丝未断,则应检查开关和灯头是否接触不良、有无断线等。为了尽快查出故障点可用试电笔测灯座(灯口)的两极是否有电,若两极都不亮说明相线断路;若两极都亮(带灯泡测试),说明中性线(零线)断线;若一极亮一极不亮,说明灯丝未接通。对于日光灯来说,还应对其启辉器进行检查。

如果几盏电灯都不亮,应首先检查总保险是否熔断或总闸是否接通。也可按上述方法,用试电笔判断故障点在总相线还是总零线上。

造成断路故障的原因通常有以下几个方面。

(1) 开关没有接通、导线线头连接点松散或脱落、铝线接头腐蚀。

(2) 断线或小截面的导线被老鼠咬断。

(3) 导线因受外物撞击或勾拉等机械损伤而断裂。

(4) 截面的导线因严重过载或短路而熔断。

(5) 单股小截面导线因质量不佳或因安装时受到损伤,其绝缘层内的芯线断裂。

(6) 活动部分的连接线因机械疲劳而断裂。

断路故障的排除方法,应根据故障的具体原因,采取相应措施使线路接通。

3) 漏电故障

相线绝缘损坏而接地、用电设备内部绝缘损坏使外壳带电等原因,均会造成漏电。漏电不但造成电力浪费,还可能造成人身触电伤亡事故。漏电分为相间漏电和相地间漏电两类,存在漏电故障时,在不同程度上会反映出耗电量的增加。随着漏电程度的发展,会出现类似过载和短路故障的现象,如熔体经常烧断、保护装置容易动作及导线和设备过热等。引起漏电的原因主要有以下几个方面。

(1) 线路和设备的绝缘老化或损坏。

(2) 线路装置安装不符合技术要求。

(3) 线路和设备因受潮、受热或受化学腐蚀而降低了绝缘性能。

(4) 修复的绝缘层不符合要求,或修复层绝缘带松散。

(5) 穿墙部位和靠近墙壁或天花板等部位是漏电多发点。

漏电故障的排除方法,应根据上述原因采取相应措施,如更换导线或设备、纠正不符合技术要求的安装形式、排除潮气等。为了保障用电安全,在电路中应安装漏电保护器,出现漏电时会自动断开电路,安装示意图如图 7-10 所示。若发现漏电保护器动作,则应查出漏电接地点并进行绝缘处理后再通电。

在选购家用单相漏电保护器时,根据额定电流、泄漏电流、漏电动作时间等来选择。在交流 220V 的工作电压下,可按 1kW 负载有 4.5～5A 的电流粗略估算漏电保护器的额定电流;如某一家庭用电设备功率总和约为 4kW,则应选用额定电流为 20A 的单相漏电保护器;家庭生活用电所选配漏电保护器,最主要的目的是防止人身触电,故应选用额定漏电动作电流小于或等于 30mA 的高灵敏度产品;用以防止人身

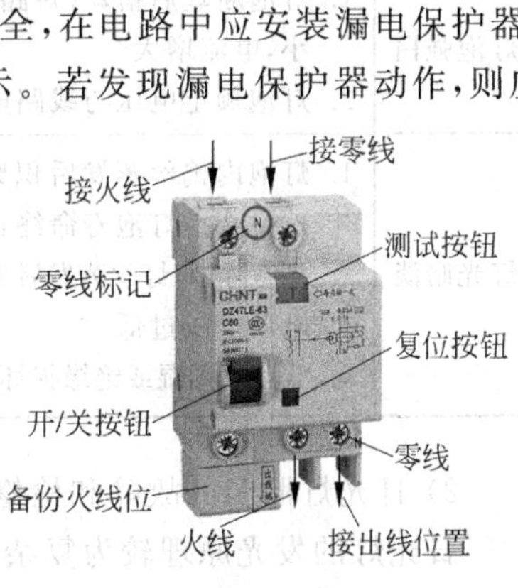

图 7-10 单相漏电保护器安装示意图

触电为最主要目的的家庭用单相漏电保护器,应选用漏电动作时间小于或等于 0.1s 的快速型产品。

4) 发热故障

线路导线的发热或连接点的发热,其故障原因通常有以下几个方面。

(1) 导线规格不符合技术要求,若截面过小便会出现导线过载发热的现象。

(2) 用电设备的容量增大而线路导线没有相应地增大截面。

(3) 线路、设备和各种装置存在漏电现象。

(4) 单根载流导线穿过具有环状的磁性金属,如钢管之类等。

(5) 导线连接点松散,因接触电阻增加而发热。

发热故障的现象比较明显,造成故障的原因也较简单,针对故障原因采取相应的措施,予于排除。

2. 电气照明常见的故障和检修

1) 白炽灯照明的故障和检修

白炽灯照明线路由电源、导线、开关及负载四部分组成,只要其中一个环节发生故障,均会使照明线路停止工作。白炽灯常见故障的现象、原因与处理方法如表 7-3 所示。

表 7-3 白炽灯常见故障的现象、原因与处理方法

故障现象	原　因	处理方法
灯泡不亮	1. 灯泡灯丝已断或灯座引线中断 2. 灯座、开关处接线松动或接触不良 3. 线路断路或灯座线绝缘损坏造成短路 4. 电源熔丝烧断	1. 更换灯泡或灯座引线 2. 查明原因,加以紧固 3. 检查线路,在断路或短路处重接或更换新线 4. 检查熔丝烧断的原因并重新更换
灯泡忽亮忽暗或忽亮忽熄	1. 灯座、开关处接线松动 2. 熔丝接触不良 3. 灯丝与灯泡内电极忽接忽离 4. 电源电压不正常或附近有大电动机或电炉接入电源而引起电压波动	1. 查清原因,加以紧固 2. 更换灯泡 3. 采取相应措施
灯泡强白	1. 灯泡断丝后搭丝(短路),因而电阻减小,电流增大 2. 灯泡额定电压与线路电压不符	更换灯泡
灯光暗淡	1. 灯泡内钨丝蒸发后积聚在玻璃壳内,这是真空灯泡寿命终止的现象 2. 灯泡陈旧,灯丝蒸发后变细,电流变小 3. 电源电压过低 4. 线路因潮湿或绝缘损坏而有漏电现象	1. 更换灯泡 2. 采取相应措施 3. 检查线路,更换新线

2) 日光灯照明的故障和检修

日光灯的发光原理较为复杂,线路中还有附件,可能引起故障的因素也较多。日光灯常见故障的现象、原因与处理方法如表 7-4 所示。

表 7-4　日光灯常见故障的现象、原因与处理方法

故障现象	原　　因	处 理 方 法
不能发光或启动困难	1. 电源电压过低或线路压降过大 2. 启辉器损坏或内部电容击穿 3. 如果是新装的日光灯，可能是接线错误或接触不良 4. 灯丝断丝或灯管漏气 5. 镇流器选配不当或内部接线松动 6. 气温过低	1. 调整电源电压或供电线路，加粗导线 2. 更换启辉器 3. 检查线路和接触点 4. 用万用电表检查后更换灯管 5. 检查修理或更换镇流器 6. 灯管加热
灯光抖动及灯管两头发光	1. 接线错误或灯座、灯脚等接头松动 2. 启辉器内部触点合并或电容击穿 3. 镇流器选配不当或内部接线松动 4. 电源电压低或线路压降大 5. 灯丝上涂覆的电子粉将尽，不能再起放电作用 6. 气温过低 7. 灯管陈旧	1. 检查线路并紧固接触点 2. 更换启辉器 3. 修理或更换镇流器 4. 调整电源电压或供电线路，加粗导线 5. 更换灯管 6. 灯丝加热 7. 更换灯管
灯光闪烁	1. 新灯管常见现象 2. 单根管常有现象 3. 启辉器损坏或接触不良 4. 线路接线不牢或镇流器选配不当	1. 多用几次即可消除 2. 如有可能改用双管 3. 更换启辉器或紧固接线 4. 检查加固镇流器或更换镇流器
灯管两头发黑或生黑斑	1. 灯管寿命将终结 2. 如果是新灯管，可能是启辉器损坏引起阴极电子粉加速蒸发 3. 灯管内水银凝结，是细灯管常有的现象 4. 电源或线路电压太高 5. 启辉器不良或接触不牢，接线错误引起长时间闪烁	1. 更换灯管 2. 更换启辉器 3. 启动后即可蒸发或将灯管扭转 180° 4. 调整电压 5. 更换启辉器或检查接线
灯管光度减低或色彩差别	1. 灯管陈旧 2. 空气温度低或冷风直接吹打灯管上 3. 电源电压低或线路压降大 4. 灯管上积垢过多	1. 更换灯管 2. 加防护罩破回避冷风 3. 调整电源电压或供电线路，加粗导线 4. 消除积垢

7.3　动 力 线 路

动力线路的安装和维修是电工必须掌握的常规技术，其要求比室内照明线路更高，以确保设备与人身的安全及生产的正常进行。电工既要掌握动力线路的安装和维修特点，又要掌握动力设备的安装和维修技能，以保证动力线路的技术要求与安全用电。

7.3.1 动力线路基本知识

动力线路中最常用的设备有电动机、电焊机、电炉、电烘箱以及电动工具等，主要由用电设备、供电线路、控制系统和保护装置组成，一般为500V以下交流三相电源。

1. 导线颜色的选择

在《建筑电气工程施工质量验收规范》(GB 50303—2002)中，对导线颜色的选择有相应规定，如表7-5所示。

表7-5 成套装置中导线颜色的规定

电路	颜色
交流三相电路的1相(L_1)	黄色
交流三相电路的2相(L_2)	绿色
交流三相电路的3相(L_3)	红色
零线或中性线	浅蓝色
安全用的接地线	黄和绿双色

在《人机界面标志标识的基本和安全规则导体颜色或字母数字标识》(GB 7947—2010)中规定如下。

1）绿/黄双色的使用

绿/黄双色只用来标记保护导体，不能用于其他目的。

2）淡蓝色的使用

淡蓝色只用于中性线或是中间线。电路中包括有用颜色来识别的中性线或中间线时，所用的颜色必须为淡蓝色。

在直流电路中导线极性的颜色也有相应规定，如表7-6所列。

表7-6 直流电路导线颜色的规定

电路	颜色
直流电路的正极	棕色
直流电路的负极	蓝色
接地中间线	浅蓝色

单相三芯电缆或护套线的芯线颜色分别为棕色、浅蓝色和黄绿色，其中，棕色代表相线(L)，浅蓝代表零线(N)，黄绿双色线为保护线(PE)。

2. 动力线路的使用环境分类

动力线路广泛应用于工矿企业、车间与工场中，不同的使用环境对动力线路有不同的要求，并随着环境保护的要求而不断提高。动力线路的使用环境分为以下六类。

(1) 干燥，指相对湿度经常在85%以下的环境。

(2) 潮湿，指相对湿度经常高于85%的环境。

(3) 户外，包括建筑物周围的廊下、亭台、檐下和雨雪可能飘淋到的环境。

(4) 有可燃物质，指一般可燃物料的生产、加工或储存的环境。

(5) 有腐蚀物质,指具有酸碱等腐蚀性物料的生产、加工或储存的环境。

(6) 有易燃、易爆炸物质,指有高度易燃、易爆炸危险性物质的及一般易燃或可能产生爆炸危险性的工矿企业、车间、工场及仓库。

3. 动力线路的技术要求

(1) 使用不同电价的用电设备,其线路应分开安装,如动力线路与照明线路、电热线路;使用相同电价的用电设备,允许安装在同一线路上,如小型单相电动机和小容量单相电炉允许与照明线路共用。安装线路时,还应考虑到检修和事故照明的需要。

(2) 不同电压和不同电价的线路应有明显区别,安装在同一块配电板上时,应用文字注明,以便于维修。

(3) 低压网络中,严禁利用大地作为中性线,即禁止采用三相一地、两线一地和一线一地制线路。

(4) 布线应采用绝缘电线,其绝缘电阻有如下规定:相线对大地或对中性线之间不应小于0.22MΩ,相线对相线之间不应小于0.38MΩ;在潮湿、具有腐蚀性气体或水蒸气的场所,导线的绝缘电阻允许适当降低一些。

(5) 线路上安装熔断器的部位,一般规定设在导线截面减小的线段或线路的分支处。

7.3.2 低压配电箱的安装

1. 低压配电箱的分类

低压配电箱分为照明配电箱和动力配电箱两类,按其制造方式又分为自制配电箱和成套配电箱两类。

自制配电箱有明式和暗式两种。配电箱由盘面和箱体两大部分组成,盘面的制作以整齐、美观、安全及便于检修为原则,箱体的尺寸主要取决于盘面尺寸。由于盘面的方案较多,故箱体的大小也多种多样。

成套配电箱是制造厂按一定的配电系统方案进行生产的,用户只能根据制造厂提供的方案进行选用。成套配电箱的品种较多,应用较广。如用户有特殊要求时,可向制造厂提出非标准设计方案。

2. 低压配电箱的安装工艺

1) 墙挂式动力配电箱的安装

这种配电箱可以直接安装在墙上,也可以安装在支架上。

(1) 安装在墙上的技术要求与工艺要点。

① 安装高度除施工图上有特殊要求外,暗装时底口距地面为1.4m,明装时底口距地面为1.2m,但对明暗电能表板的安装均为底口距地面1.8m。

② 安装配电箱、板所需木砖、金具等均需在土建砌墙时预埋入墙内。

③ 在240mm厚的墙内暗装配电箱时,其后壁需用10mm厚的石棉板及铅丝直径为2mm、孔洞直径为10mm的铅丝网钉牢,再用1∶2的水泥砂浆涂好,以防开裂。另外,为了施工及检修方便,也可在盘后开门,以螺钉在墙上固定。为了美观,应涂以与粉墙颜色

相同的调和漆。

④ 配电箱外壁与墙有接触的部分均涂防护油，箱体内壁及盘面均涂灰色油漆两次。箱门油漆的颜色，除施工图中有特殊要求外，一般均与工程中门窗的颜色相同。铁制配电箱均需先涂红丹漆后再涂油漆。

⑤ 为了防止木制配电箱（目前已广泛采用铁制配电箱）被电火花烧伤，根据电流值和使用情况的不同，按下列情况确定加包铁皮：操作不频繁的一般照明配电箱，其额定电流在 60A 以下的可不包铁皮，但对操作较频繁的照明配电箱，均应包铁皮；动力配电箱的额定电流在 30A 以上的要加包铁皮，在 30A 以下及箱体内装有铁壳开关时可不包铁皮。凡安装在重要负荷及易燃场所的配电箱，不论其电流大小均需采用铁壳或木壳包铁皮，其包铁皮的部位为盘板的前后两面，箱身及箱体内壁不包铁皮。

⑥ 配电箱上装有计量仪表、互感器时，二次侧的导线使用截面不应小于 1.5mm^2。

⑦ 配电箱后面的布线需排列整齐、绑扎成束，并用卡钉紧固在盘板上。盘后引出及引入的导线，其长度应留出适当的余量，以利于检修。

⑧ 为了加强盘后布线的绝缘性和便于维修时辨认，导线均需按相位颜色套上软塑料管，A 相用黄色、B 相用绿色、C 相用红色和零线用黑色。

⑨ 导线穿过盘面时，木盘需用瓷管头，铁盘需装橡胶护圈。工作零线穿过木盘时，可不加瓷管头，只套以塑料管。

⑩ 配电箱上的闸刀、熔断器等设备，上端接电源，下端接负载。横装的插入式熔断器的接线，应面对配电箱的左侧接电源，右侧接负载；末端配电箱的零线系统应重复接地，重复接地应加在引入线处；零母线在配电箱上不得串接。零线端子板上分支路的排列需与相应的熔断器对应，面对配电箱从左到右编排 1、2、3、…；安装配电箱时，用水平尺放在箱顶上，测量和调整箱体的水平。然后在箱顶上放一木棒，沿箱面挂上一线锤，测量配电箱上、下端与吊线距离，调整配电箱呈垂直状态（如用水平仪测量则更方便、正确）。

(2) 安装在支架上的技术要求与工艺要点。

如果配电箱安装在支架上，应预先将支架装妥在墙上。配电箱装在支架上的技术要求与工艺要点和上述相同。

2) 落地式动力配电箱的安装

这种配电箱一般为成套动力配电箱。安装方法可用直接埋设法和预留槽埋设法，这两种方法均按配电箱的安装尺寸，埋好固定螺栓，待水泥干后，装上配电箱进行调整。其技术要求与工艺要点和上述相同。

7.3.3 动力线路的维护保养、检查维修

1. 维护保养

动力线路及电气设备日常的维护保养由专职人员负责，必须经常检查以下各项内容。

(1) 是否有盲目增加用电装置或擅自拆卸用电设备、开关和保护装置等现象。

(2) 是否有擅自更换熔体的现象，是否有经常烧断熔体或保护装置不断动作的现象。

(3) 各种电气设备、用电器具和开关保护装置结构是否完整、外壳是否破损、运行是

否正常、控制是否失灵、是否存在过热现象等。

(4) 各处接地点是否完整，接点是否松动或脱落，接地线是否发热、断裂或脱落。

(5) 线路的各支持点是否松动或脱落，导线绝缘层是否破损，修复绝缘层的地方是否完整，导线或接点是否过热，接点是否松动，等等。同时，应经常在干线和主要支线上，用钳形电流表测试通流量，检查三相电流是否平衡，是否存在过电流现象。

(6) 线路内的所有电气装置和设备，是否有受潮和受热现象。

(7) 在正常用电情况下，是否存在耗电量明显增加及建筑物和设备外壳带电现象。

如果发现上述任何一项异常现象，应及时采取措施予以排除。

2. 检查维修

通常用钳形电流表来检查用电设备每相的耗电情况，从而判断运行是否正常。定期检查应包括定期检查的项目，如每隔半年或一年测量一次线路和设备的绝缘电阻，每隔一年测量一次接地电阻等。定期维修的主要内容有以下几项。

(1) 更换和调整线路的导线。

(2) 增加或更新用电设备和装置。

(3) 拆换部分或全部线路和设备。

(4) 更换接地线或接地装置。

(5) 变更或调整线路走向。

(6) 对部分或整个线路重新进行紧线处理，酌情更换部分或全部支持点或用电设备的布局。

(7) 调整布线形式或用电设备的布局。

(8) 更换或合并进户点。

7.4　照明电路的安装及调试训练

根据本章的学习内容，进行照明电路的安装及调试实操训练。

7.4.1　工作准备及教学流程

工作准备及教学流程，如表 7-7 所示。

表 7-7　工作准备及教学流程

序号	工作准备及教学流程
1	准备本次实操课题需要的器材、工具、电工仪表等
2	检查学生的出勤情况；检查工作服、帽、鞋等是否符合安全操作要求
3	集中讲课，重温相关操作要领，布置本次实操作业
4	教师分析实操情况，现场示范照明电路的安装及调试流程
5	学生分组练习，教师巡回指导
6	教师逐一对学生进行考查测验

7.4.2 实操器材

照明电路的安装及调试所需器材、工具、仪表,如表 7-8 所示。

表 7-8 照明电路的安装及调试器材清单

设备/设施/器材	数量	设备/设施/器材	数量
螺丝刀	若干	指针式万用表(MF47 型)	若干
开关	若干	数字式万用表	若干
白炽灯	若干	电能表	若干
荧光灯	若干	漏电保护器	若干

7.4.3 实操评分

照明电路的安装及调试评分表,如表 7-9 所示。

表 7-9 照明电路的安装及调试评分表

考评项目	考评内容	配分	扣分原因	得分
照明电路安装和调试	运行操作	50	电能表接线错误或照明灯接线错误□ 扣 20 分 相线零线接反□ 扣 30 分 露铜□ 每处扣 4 分 接线松动□ 每处扣 8 分	
	安全作业环境	20	操作不规范□ 扣 10 分 工位不整洁□ 扣 2～10 分	
	问答及口述	30	叙述电能表结构原理、安装规定不完整□ 扣 1～10 分 叙述日光灯电路组成不完整□ 扣 1～10 分 叙述空气开关的正确选择和使用不完整□ 扣 1～10 分	
	否定项	通电不成功□、跳闸□、熔断器烧毁□、损坏设备□、违反安全操作规范□两项都接线错误□ 扣 40 分		
	合　计	100	违反安全穿着、违反安全操作规范,本项目为 0 分	

7.4.4 实操过程注意事项

在教师的指导下学会安装和调试一控一灯、两控一灯和电能表带空气开关与白炽灯线路的安装和调试,并在规定时间内完成;实操过程如下。

分别安装调试:"一控一灯线路"接线,如图 7-1 所示;"两控一灯线路"接线,如图 7-2 所示;"电能表带空气开关与白炽灯接线图"接线,如图 7-11 所示。

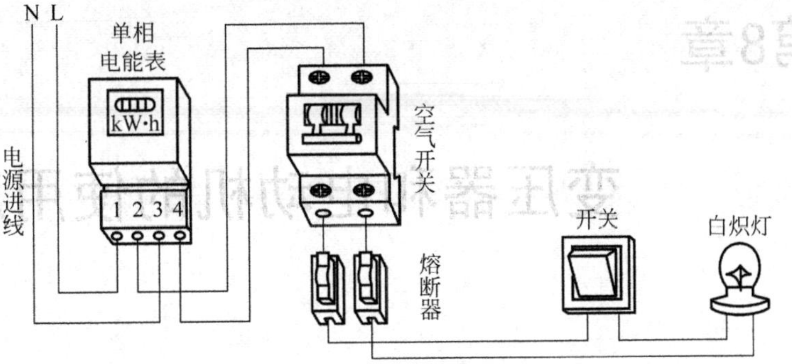

图 7-11　电能表带空气开关与白炽灯接线图

习　题

1. 照明电路的组成有哪几部分？
2. 荧光灯的常见故障有哪些？
3. 动力电路的技术要求有哪些？

CHAPTER 8

第8章

变压器和电动机的使用及维护

知识目标：

(1) 能够叙述变压器的结构，能从铭牌中得到技术参数。

(2) 能够叙述三相异步电动机的结构，识别铭牌中的技术参数。

技能目标：

(1) 根据实际要求，选用适合的变压器；正确使用变压器及对变压器进行检测维护。

(2) 学会测试电动机的同名端及首尾端；正确使用电动机及对电动机进行检测维护。

8.1 变压器的结构与分类

8.1.1 概述

变压器是利用电磁感应原理传输电能或电信号的一种静止的电器设备，它具有变电压、变电流和变阻抗的作用。变压器的种类繁多，广泛应用于人们的日常生活当中。例如，在电力系统中，由于从发电厂到用户的距离较远，当线路传输功率一定时，电压越高，电流越小，则线路的用铜量、电压降和电能损耗就越小，因此采用升压变压器升高电压实行高压输电；当电能送到用户时，考虑到安全用电和降低用电设备的绝缘等级及成本，则采用降压变压器降低电压。

8.1.2 变压器的主要用途

(1) 在电力系统中，电力变压器用于输配电系统中变换电压和传输电能。

(2) 在电工测量与自动保护装置中，常使用电压互感器将高电压变成低电压，使用电流互感器将大电流变成小电流，用于测量仪器或继电保护自动装置，保证设备和人身安全。

(3) 在手机、计算机等电子设备和仪器中常用小功率电源变压器改变市电电压，再通过整流和滤波，得到电路所需要的直流电压。

(4) 在实验室或工业中生产，常使用自耦变压器调节输出电压。

8.1.3　变压器的结构

变压器由铁芯和线圈组成，线圈有两个或两个以上的绕组，其中接电源的绕组叫一次绕组(初级线圈)，其余的绕组叫二次绕组(次级线圈)，它可以变换交流电压、电流和阻抗。最简单的铁芯变压器由一个软磁材料做成的铁芯及套在铁芯上的两个匝数不等的线圈构成，变压器原理如图 8-1 所示。此外，为了安全可靠地运行，部分变压器还装设有油箱、冷却装置、保护装置。

1. 小型变压器结构

小型变压器结构如图 8-2 所示。

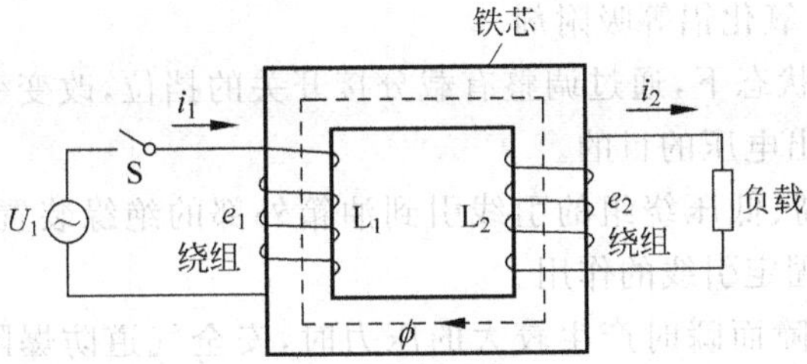

图 8-1　变压器原理

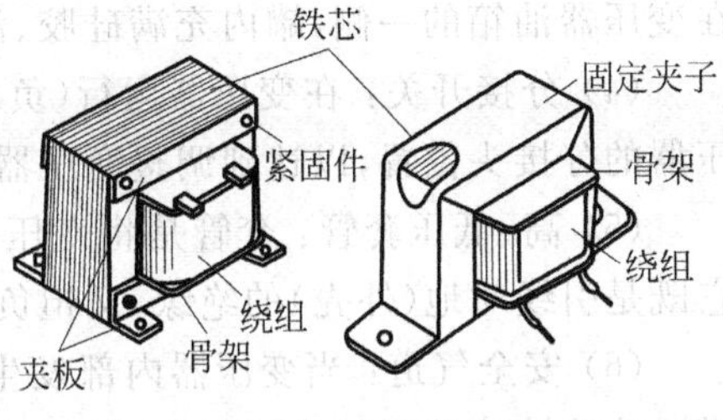

图 8-2　小型变压器结构

(1) 铁芯。铁芯是变压器的磁路的主体，如图 8-3 所示，分为铁芯柱和磁轭两部分。其中，铁芯柱构成主磁路，磁轭形成闭合回路。

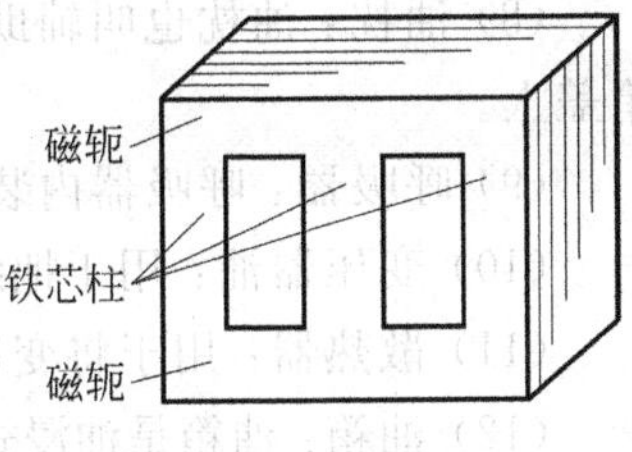

图 8-3　铁芯

(2) 绕组。绕组组成了变压器的电路部分，用漆包线在绕组骨架上绕制而成，如图 8-2 所示。绕组的作用是在通过交流电流时，产生交变磁通和感应电动势。

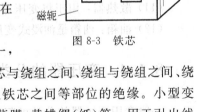

(3) 绝缘材料。绝缘材料是变压器的重要附件之一，它的作用是保证变压器的电气绝缘性能。主要用于铁芯与绕组之间、绕组与绕组之间、绕组中层与层之间(此项有时不用)、引出线与其他绕组及铁芯之间等部位的绝缘。小型变压器所用的绝缘材料有青壳纸、聚酯薄膜青壳纸、聚酯薄膜、黄蜡绸(纸)等。用于引出线绝缘时，多选用玻璃丝漆管或黄蜡管等。

(4) 线圈骨架。如图 8-4 所示，线圈骨架的作用是支撑和固定绕组，便于装配铁芯。在变压器生产过程中，应首先制作线圈骨架，再绕线圈。

2. 电力变压器结构

电力变压器结构如图 8-5 所示。

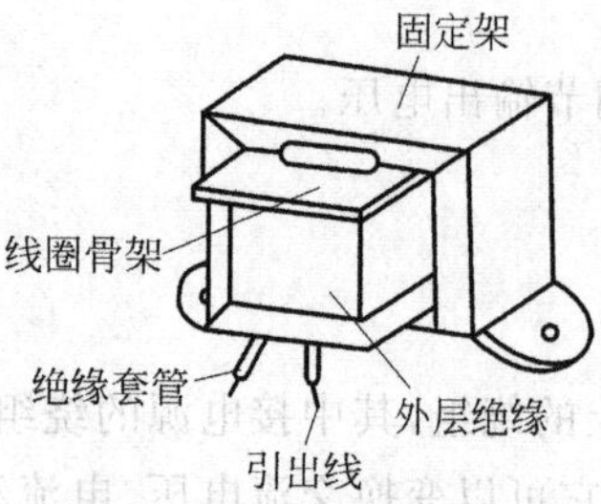

图 8-4　变压器线圈骨架

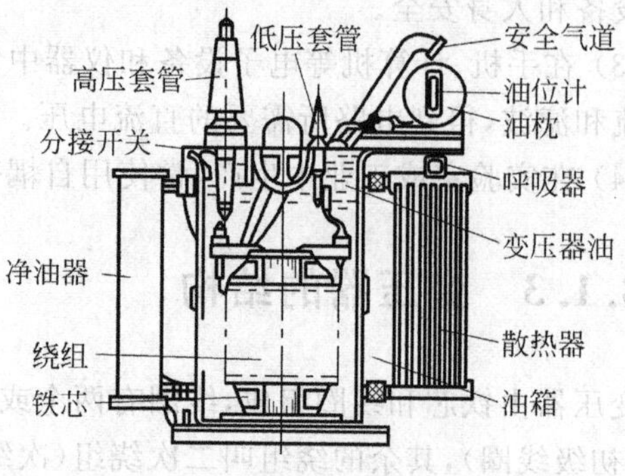

图 8-5　电力变压器结构

(1) 铁芯：变压器的铁芯是磁力线的通路，起集中和加强磁通的作用，同时用以支持绕组。

(2) 绕组：变压器的绕组是电流的通路，靠绕组通入电流，并借电磁感应作用产生感应电动势。

(3) 净油器：又称温差过滤器。它的主要部分是用钢板焊成的圆筒形净油罐，安装在变压器油箱的一侧，罐内充满硅胶、活性氧化铝等吸附剂。

(4) 分接开关：在变压器运行(负载)状态下，通过调整有载分接开关的挡位，改变变压器的分接头位置，以达到调整变压器输出电压的目的。

(5) 高、低压套管：套管是将变压器高、低压绕组的引线引到油箱外部的绝缘装置。它既是引线对地(外壳)的绝缘，又担负着固定引线的作用。

(6) 安全气道：当变压器内部发生故障而瞬时产生较大的压力时，安全气道防爆隔膜迅速地被冲破而释放掉压力，以保护油箱不被损坏。

(7) 油位计：油位计安装在油箱盖上的侧面，用来测量油箱内的油量。

(8) 油枕：油枕也叫辅助油箱，它是由钢板做成的圆筒形容器，水平安装在变压器油箱盖上。

(9) 呼吸器：呼吸器内装有干燥剂(硅胶)，用来吸收空气中的水分。

(10) 变压器油：用于把线圈的热量传递到散热器。

(11) 散热器：用于将变压器运行中产生的热量散发到大气中。

(12) 油箱：油箱是油浸式变压器的外壳，变压器主体放在油箱中，箱内充满变压器油。

8.1.4 变压器的分类

一般常用变压器的分类可归纳如下。

1. 按相数分

(1) 单相变压器：用于单相负荷和三相变压器组。

(2) 三相变压器：用于三相系统的升、降电压。

2. 按冷却方式分

(1) 干式变压器：依靠空气对流进行自然冷却或增加风机冷却，多用于高层建筑、高速收费站点用电及局部照明、电子线路等小容量变压器。

（2）油浸式变压器：依靠油作冷却介质，如油浸自冷、油浸风冷、油浸水冷、强迫油循环等。

3. 按用途分

（1）电力变压器：用于输配电系统的升、降电压。

（2）电源变压器：为动力、照明装置等电子电器整机提供电源。

（3）仪用变压器：如电压互感器、电流互感器，用于测量仪表和继电保护装置。

（4）耦合变压器：用于耦合信号、匹配阻抗。如音响设备中的输入变压器、输出变压器，广播系统中的线间变压器等。

（5）隔离变压器：用于隔离对地的交流电源，确保带电维修时的安全。

（6）试验变压器：能产生高压，对电气设备进行高压试验。

（7）特种变压器：如电炉变压器、整流变压器、调整变压器、电容式变压器、移相变压器等。

4. 按绕组形式分

（1）双绕组变压器：用于连接电力系统中的两个电压等级。

（2）三绕组变压器：一般用于电力系统区域变电站中，连接三个电压等级。

（3）自耦变电器：一次侧绕组与二次侧绕组有电能的直接联系，用于连接不同电压的电力系统。也可作为普通的升压或降压变压器用。

5. 按容量分类

（1）中小型变压器：电压在35kV以下，容量在10～6 300kV·A。

（2）大型变压器：电压在63～110kV，容量在6 300～63 000kV·A。

（3）特大型变压器：电压在220kV以上，容量在31 500～360 000kV·A。

6. 按铁芯形式分类

小型变压器分为心式和壳式两类。

7. 其他分类

（1）按导线材料分类：有铜导线变压器和铝导线变压器。

（2）按中性绝缘水平分类：有全绝缘变压器和半绝缘变压器。

（3）按所连接发电机的台数分类：可分为双分裂式与多分裂式变压器，双分裂式变压器又可分为沿辐向分裂与沿轴向分裂变压器。

变压器虽大小悬殊，用途各异，但其基本结构的工作原理却是相同的，几种常见的变压器如图8-6所示。

(a) 油浸式变压器

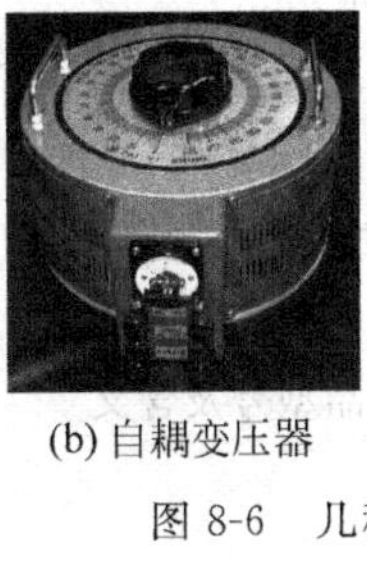
(b) 自耦变压器

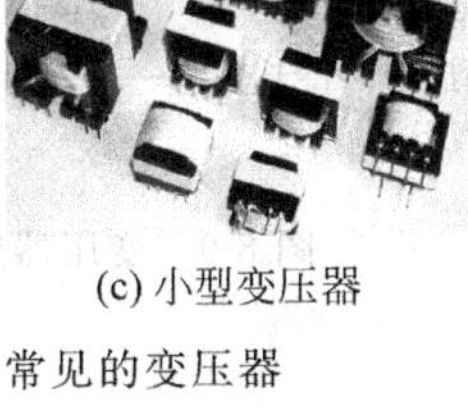
(c) 小型变压器

(d) 单相变压器

图8-6　几种常见的变压器

8.1.5 变压器的工作原理

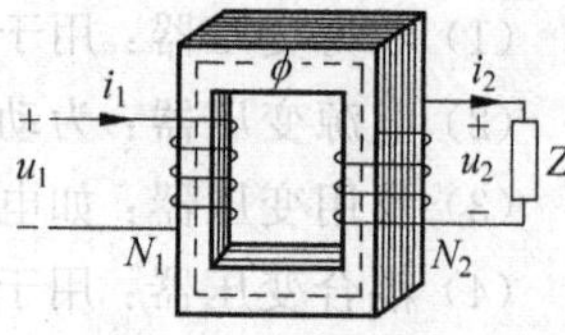

图 8-7 变压器工作原理

变压器主要应用电磁感应原理来工作，如图 8-7 所示。当变压器一次侧施加交流电压 u_1，流过一次绕组的电流为 i_1，则该电流在铁芯中会产生交变磁通，使一次侧绕组和二次侧绕组发生电磁联系，根据电磁感应原理，交变磁通穿过这两个绕组就会感应出电动势，其大小与绕组匝数 N 以及主磁通的最大值成正比，绕组匝数多的一侧电压高，绕组匝数少的一侧电压低，变压器的变比：$K=u_1/u_2=i_2/i_1=N_1/N_2$，但初级与次级频率保持一致，从而实现电压的变化。

8.1.6 变压器的铭牌介绍及主要参数

如图 8-8 所示为某变压器的铭牌。标注在变压器铭牌上的主要技术数据包括：产品型号、额定容量、额定电压、冷却方式、短路阻抗、绝缘水平、总重等。

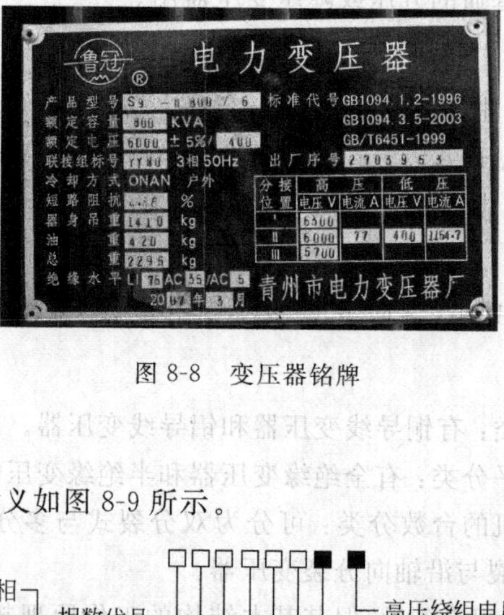

图 8-8 变压器铭牌

1. 产品型号及含义

变压器产品型号及含义如图 8-9 所示。

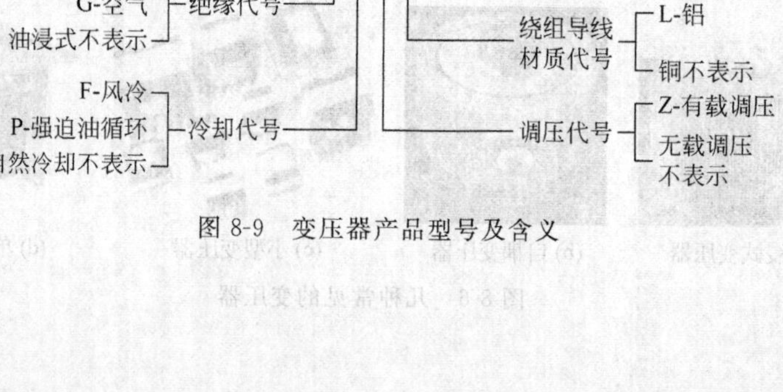

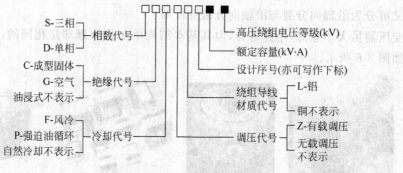

图 8-9 变压器产品型号及含义

2. 额定容量

变压器的主要作用是传输电能，因此，额定容量是它的主要参数。额定容量是一个表示功率的惯用值，它是表征传输电能的大小，以 kV·A 或 MV·A 表示。

3. 额定电压

变压器的作用之一就是改变电压，因此额定电压是重要数据之一。额定电压是指在多相变压器的线路端子间或单相变压器的端子间指定施加的电压，或当空载时产生的电压，即在空载时当某一绕组施加额定电压时，则变压器所有其他绕组同时都产生电压。

变压器产品系列是以高压的电压等级而分的，现在电力变压器的系列分为 10kV 及以下系列、35kV 系列、63kV 系列、110kV 系列和 220kV 系列等。

4. 额定电流(A)

额定电流是指变压器在额定容量下，允许长期通过的电流。

5. 冷却方式

冷却方式也有多种，如油浸自冷、强迫风冷、水冷、管式、片式等。

6. 绝缘水平

绝缘水平主要表示变压器高压雷电冲击耐受电压及低压雷电冲击耐受电压，具体参照绝缘等级标准相关资料。

8.2 变压器的测试与维修

8.2.1 小型变压器的简单测试

1. 通电前的检查

1）外观检查

检查变压器铁芯、绕组、线圈骨架、引出线及其套管、绝缘材料等有无机械损伤；绕组有无断线、脱焊、霉变或发生高热烧灼的痕迹；检查是否存在老化、发脆、剥落等。

2）绕组直流电阻检查

绕组直流电阻偏大时，可直接用万用表分别检测各个绕组的直流电阻，并与标称值比较；若绕组电阻过小，无法用万用表检测时，应用单臂电桥或双臂电桥进行检测。

3）绕组绝缘电阻检测

用兆欧表检测各个绕组与绕组之间、各绕组与铁芯之间、各绕组与金属底板之间、各绕组与屏蔽层之间的绝缘电阻，冷态时应达 50MΩ 以上。

2. 空载测试

1）空载电流与空载输出电压的测试

小型变压器的通电测试电路如图 8-10 所示，在该电路中，闭合 S_1，调节调压器手柄，给一次侧绕组施加220V额定电压。分断S_2，使变压器处于空载运行状态。此时电流表A_1的读数即为所测空载电流。一般小型变压器空载电流为额定电流的10%～15%。若空载电流偏大，变压器损耗大，温升也将偏高。此时二次侧绕组所并联的电压表V_2的读数为该变压器空载输出电压U_{2N}。

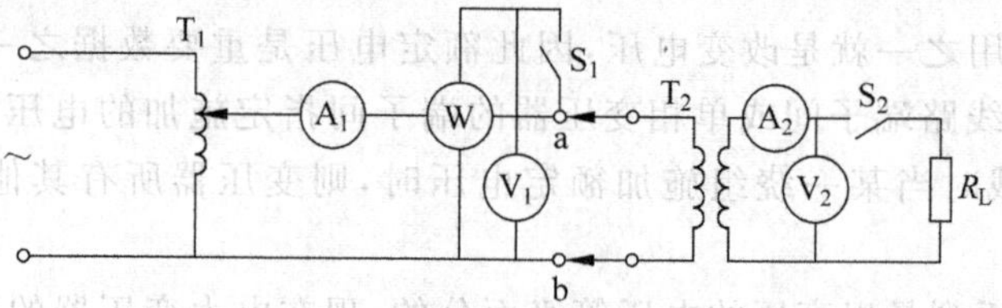

图8-10　小型变压器的通电测试电路

2）耐压测试

变压器使用前应进行耐压测试，即每个绕组和其他绕组、铁芯或屏蔽层之间，加以3 000V、50Hz工频电压，持续1min，不发生击穿、打火等现象即为耐压测试合格。

3. 负载测试

1）额定输出电压和额定输出电流的测试

在如图8-10所示电路中，将待测变压器T_2一次侧绕组接在a、b两端，闭合S_2，使其带额定负载R_L。当电压表V_1的读数为220V时，V_2的读数为该变压器额定输出电压。若该电压与标称值相差过大或无电压输出，说明绕组匝数有错或存在局部短路、开路等故障，应拆开绕组检查。

在该测试电路中，电流表A_1、A_2的读数分别为该变压器额定输入电流和额定输出电流。在输入电压为额定值时，若所测电流值偏大，不是负载过重，就是一次侧、二次侧绕组匝数不足。

2）电压调整率的测试

电压调整率是指变压器空载输出电压U_{2N}与额定输出电压U_2之间差值的百分比。这个值越小，则变压器性能越好，带负载能力越强。电压调整率正常值在2%～10%。

3）空载损耗功率的测试

在图8-10所示电路中，在待测变压器T_2接入测试电路之前（a、b两端开路），闭合开关S_1，调节调压器T_1，使输入电压为额定220V（由电压表V_1示出），此时功率表W读数为电压表V_1线圈和功率表W电压线圈所损耗的功率P_1，此时电路电流很小，功率损耗也很小。

将待测变压器一次侧绕组接入a、b两端，保持S_2的分断状态，重新调节调压器T_1，直至V_1示数为220V，此时功率表W读数为变压器空载损耗功率与V_1、W两只表损耗功率之和P_2，变压器实际空载损耗功率为：

$$P_0 = P_2 - P_1$$

4）温升测试

按图8-10所示电路加额定负载，通电几小时，待温升稳定后测试，温升以不超过50℃为宜。

8.2.2　电力变压器投入运行前的检查

(1) 拆除检修安全措施,恢复常设遮拦。变压器各侧开关、刀闸均应在拉开位置。

(2) 变压器本体及室内清洁,变压器上无杂物或遗留工具,各部无渗漏油等现象。

(3) 套管清洁完整,无裂纹或渗漏油现象,无放电痕迹,套管螺丝及引线紧固完好,主变油气套管压力正常。

(4) 变压器分接头位置应在规定的运行位置上,且三相一致。

(5) 外壳接地线紧固完好,各种标示信号和相色漆应明显清楚。

(6) 安全气道的阀门应开启,各连接阀门无渗漏现象。

(7) 测温表的整定值位置正确,接线完好,指示正确。

(8) 保护装置和测量表完好可用。

8.2.3　变压器的日常巡检维护要点

1. 运行状况的检查

要点:检查电压、电流、负荷、频率、功率因数、环境温度有无异常;及时记录各种上限值,发现问题及时处理。

2. 变压器温度的检查

要点:检查变压器的温度是否正常,储油柜的油位与温度是否相对应。温度不仅影响到变压器的寿命,而且会中止运行。在温度异常时,应及时查明原因并及时解决。

3. 异常响声、异常振动的检查

要点:检查外壳、铁板有无振音,有无接地不良引起的放电声,附件有无噪声及异常振动。从外部能直接检测共振或异常噪声时,应立即处理。

4. 嗅味

要点:温度异常高时,附着的脏物或绝缘件是否烧焦发出臭味,如有异常应尽早清洁、处理。

5. 绝缘件及引线的检查

要点:检查绝缘件表面有无碳化和放电痕迹,是否有龟裂,引线接头、电缆、母线有无发热迹象。

6. 外壳及其他部件的检查

要点:检查外壳是否变形;储油柜的油位是否正常;各部位有无渗油、漏油;吸湿器是否完好,吸附剂是否变色;气体继电器内有无气体。

7. 变压器室的检查

要点:检查是否有异物进入、雨水滴入和污染,门窗照明是否完好,温度是否正常,各控制箱和二次端子箱是否关严,有无受潮。

变压器有下列情况之一者应立即停运，若有运用中的备用变压器，应尽可能先将其投入运行。

(1) 变压器声响明显增大，很不正常，内部有爆裂声。

(2) 严重漏油或喷油，使油面下降到低于油位计的指示限度。

(3) 套管有严重的破损和放电现象。

(4) 变压器冒烟着火。

(5) 当发生危及变压器安全的故障，而变压器的有关保护装置拒动时，值班人员应立即将变压器停运。

(6) 当变压器附近的设备着火、爆炸或发生其他情况，对变压器构成严重威胁时，值班人员应立即将变压器停运。

8.2.4 变压器故障

1. 变压器故障分类

油浸电力变压器的故障常分为内部故障和外部故障两种。

(1) 内部故障为变压器油箱内发生的各种故障，其主要类型有：各相绕组之间发生的相间短路、绕组的线匝之间发生的匝间短路、绕组或引出线通过外壳发生的接地故障等。变压器的内部故障从性质上一般又分为热故障和电故障两大类。

(2) 外部故障为变压器油箱外部绝缘套管及其引出线上发生的各种故障，其主要类型有：绝缘套管闪络或破碎而发生的接地(通过外壳)短路、引出线之间发生相间短路故障等而引起变压器内部故障或绕组变形等。

2. 电力变压器主要故障

1) 短路故障

变压器短路故障主要指变压器出口短路，以及内部引线或绕组间对地短路、相与相之间发生的短路而导致的故障。

2) 放电故障

根据放电的能量密度的大小，变压器的放电故障常分为局部放电、火花放电和高能量放电三种类型。

3) 绝缘故障

目前应用最广泛的电力变压器是油浸变压器和干式树脂变压器两种，电力变压器的绝缘即是变压器绝缘材料组成的绝缘系统，它是变压器正常工作和运行的基本条件。实践证明，大多变压器的损坏和故障都是因绝缘系统的损坏而造成的。

8.2.5 变压器检测判断常采用的方法

1. 检测直流电阻

用电桥测量每相高、低压绕组的直流电阻，观察其相间阻值是否平衡，是否与制造厂出厂数据相符；若不能测相电阻，可测线电阻，从绕组的直流电阻值即可判断绕组是否完整、有无短路和断路情况，以及分接开关的接触电阻是否正常。若切换分接开关后直流电阻变化较大，说明问题出在分接开关触点上，而不在绕组本身。上述测试还能检查套管导杆与引线、引线与绕组之间连接是否良好。它是变压器大修时、无载开关调级后、变压器出口短路后等情况的必测项目。

2. 检测绝缘电阻

用兆欧表测量各绕组间、绕组对地之间的绝缘电阻值和吸收比，根据测得的数值，可以判断各侧绕组的绝缘有无受潮，彼此之间以及对地有无击穿与闪络的可能。

测量部位：对于双绕组变压器，应分别测量高压绕组对低压绕组及地；低压绕组对高压绕组及地；高、低绕组对地，共三次测量。

测量前后对被测量绕组对地和其余绕组进行放电。

电力变压器的绝缘电阻值 R_{60}（将摇表置于水平位置，以约 120r/min 的速度转动发电机的摇把，在 60s 时的读数值，也叫一分钟的绝缘电阻值）换算至同一温度下，与前一次测试结果相比应无明显变化。换算公式为：

$$R_2 = R_1 \times 1.5^{(t_1-t_2)/10}$$

式中：1.5 为极化指数；R_1、R_2 分别为温度 t_1、t_2 时的绝缘电阻值。具体可查阅《电力设备预防性试验规程》(DL/T 596—1996)。

3. 检测介质损耗

测量绕组间和绕组对地的介质损耗，根据测试结果，判断各侧绕组绝缘是否受潮、是否有整体劣化等。

4. 取绝缘油样作简化试验

用闪点仪测量绝缘油的闪点是否降低，绝缘油有无炭粒、纸屑，并注意油样有无焦臭味，同时可测油中的气体含量，用上述方法判断变压器故障的种类、性质。

5. 空载试验

对变压器进行空载试验，测量三相空载电流和空载损耗值，以此判断变压器的铁芯硅钢片间有无故障、磁路有无短路，以及绕组短路故障等现象。

8.3 小型变压器的测试训练

根据本章的学习内容，进行小型变压器的测试训练。

8.3.1 工作准备及教学流程

工作准备及教学流程，如表 8-1 所示。

表 8-1 工作准备及教学流程

序号	工作准备及教学流程
1	准备本次实操课题需要的器材、工具、电工仪表等
2	检查学生的出勤情况；检查工作服、帽、鞋等是否符合安全操作要求
3	集中讲课，重温相关操作要领，布置本次实操作业
4	教师分析实操情况，现场示范小型变压器的测试流程
5	学生分组练习，教师巡回指导
6	教师逐一对学生进行考查测验

8.3.2 实操器材

小型变压器的测试所需器材、工具、仪表，如表 8-2 所示。

表 8-2 小型变压器的测试器材清单

设备/设施/器材	数量	设备/设施/器材	数量
小型电源变压器	若干	指针式万用表(MF47 型)	若干
0～250V 自耦调压器	若干	数字式万用表	若干
交流电压表	若干	直流电桥	若干
交流电流表	若干	功率表	若干
空气开关、负载电阻	若干	兆欧表	若干

8.3.3 实操评分

小型变压器的测试评分表，如表 8-3 所示。

表 8-3 小型变压器的测试评分表

序号	考评内容	配分	考核要求	扣分原因	得分
1	变压器一次侧、二次侧绕组直流电阻的检测	20	能正确检测绕组电流电阻值	根据检测结果□　扣 0～20 分	
2	变压器绝缘电阻的检测	20	能正确检测变压器绝缘电阻值	根据检测结果□　扣 0～20 分	
3	测试空载电流与空载输出电压	20	能正确测试空载电流与空载输出电压	根据检测结果□　扣 0～20 分	
4	额定输出电压，额定输入、输出电流及电压调整率的测试	20	能正确得到检测结果	根据检测结果□　扣 0～20 分	
5	空载损耗功率的测试	20	能正确得到检测结果	根据检测结果□　扣 0～20 分	
6	安全文明生产		违反安全文明生产操作规程，严重事故本项目 0 分		
7	合　计	100	违反安全穿着、违反安全操作规范，本项目为 0 分		

8.3.4　实操过程注意事项

在教师的指导下学会用较简单的设备测试小型变压器常用电参数，并在规定时间内完成。

1. 变压器一次侧、二次侧绕组直流电阻的检测

根据待测绕组直流电阻值的大致范围（可先用万用表初测），10Ω 以上用万用表，1～10Ω 用单臂电桥，1Ω 以下用双臂电桥，将所测阻值记入表 8-4 中。

表 8-4　变压器绕组直流电阻检测记录表

测试用仪器仪表类别	型号规格	测试结构/Ω		
		一次侧绕组	二次侧绕组①	二次侧绕组②

2. 变压器绝缘电阻的检测

用兆欧表检测各绕组对地绝缘电阻（绕组对铁芯）和绕组之间的绝缘电阻，将所测阻值记入表 8-5 中。

表 8-5　变压器绕组绝缘电阻测试记录表

兆欧表型号规格	对地绝缘电阻/MΩ			绕组之间绝缘电阻/MΩ		
	一次侧绕组对地	二次侧绕组①对地	二次侧绕组②对地	一次侧绕组与二次侧绕组①	一次侧绕组与二次侧绕组②	二次侧绕组①与二次侧绕组②

3. 测试空载电流与空载输出电压

根据如图 8-10 所示小型变压器的通电测试电路，将待测变压器 T_2、单相调压器 T_1、电流表、电压表、功率表、开关及负载电阻按电路图连接成测试电路。合上 S_1，使 V_1、W 接入电路，调节调压器手柄，待测变压器输入 220V 交流电压。分断 S_2，使变压器处于空载状态，将电流表 A_1 所示空载电流值填入表 8-6 中，并计算它与额定电流的比值。同时在电压表 V_2 上读出空载输出电压，一并记入表中，并计算它与标称值的比值。

表 8-6　变压器空载电流和空载输出电压测试记录表

测试仪表型号规格		空载电流		空载输出电压	
电流表	电压表	实测值/A	与额定值的比值/%	实测值/V	与额定值的比值/%

4. 额定输出电压、额定输入/输出电流及电压调整率的测试

在上述通电测试电路中，闭合 S_2，使变压器带额定负载 R_L，调节调压器，使一次输出

电压 V_1 为 220V，V_2 读数为额定输出电压；电流表 A_1 读数为额定输入电流，A_2 读数为额定输出电流，空载输出电压与额定输出电压之差再与空载输出电压之比称为电压调整率 $\Delta U\%$，将相关数据记入表 8-7 中。

表 8-7 变压器额定输出电压，额定输入/输出电流及电压调整率测试记录表

额定输出电压/V		额定输入电流/A		额定输出电流/A		电压调整率 $\Delta U\%$
实测值	与标称值的差值	实测值	与标称值的差值	实测值	与标称值的差值	

5. 空载损耗功率的测试

在上述通电测试电路中，断开待测变压器 T_2 的 a、b 两点，闭合 S_1，调节 T_1 使其输出 220V 电压，此时功率表 W 读数为 V_1 线圈和 W 电压线圈损耗功率 P_1。将待测变压器接入 a、b 两端，仍使 S_2 分断，重调 T_1，使 V_1 读数为 220V。这时 W 读数则为变压器空载损耗功率与 V_1、W 两只仪表损耗功率之和 P_2。将数据记入表 8-8 中，即可计算出该变压器空载损耗功率 P_0。

表 8-8 变压器空载损耗功率测试记录表

V_1、W 两表损耗功率 P_1	T_2、V_1、W 三者损耗功率 P_2	T_2 空载损耗功率 $P_0=P_2-P_1$	
		实际计算值	与标称值差值

8.4 三相异步电动机的结构与铭牌

8.4.1 概述

实现电能与机械能相互转换的电工设备总称为电机。电机是利用电磁感应原理实现电能与机械能的相互转换。把机械能转换成电能的设备称为发电机，而把电能转换成机械能的设备叫作电动机。

在生产上主要用的是交流电动机，特别是三相异步电动机，如图 8-11 所示。因为它具有结构简单、坚固耐用、运行可靠、价格低廉、维护方便等优点，被广泛用于驱动各种金属切削机床、起重机、锻压机、传送带、铸造机械、功率不大的通风机及水泵等。

图 8-11 中小型三相异步电动机

8.4.2 三相异步电动机的结构

异步电动机的定子由定子铁芯、定子绕组、机座、转子铁芯、转子绕组、前端盖、后端盖、吊环、风扇、风罩、出线盒等组成，如图 8-12 所示。

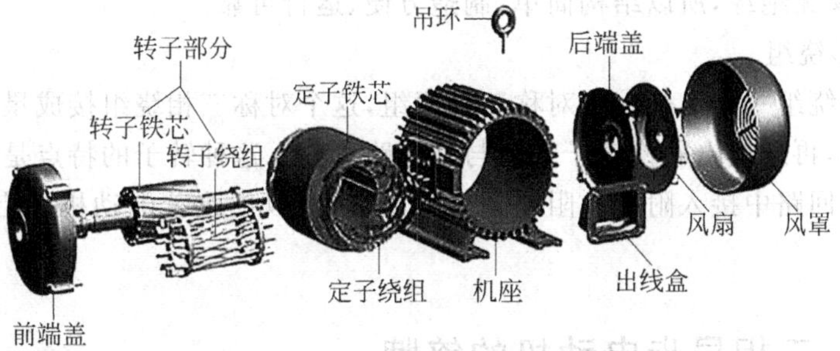

图 8-12　三相异步电动机的结构

1. 定子铁芯

定子铁芯是异步电动机主磁通磁路的一部分，使异步电动机能产生电磁转矩。

2. 定子绕组

定子绕组是异步电机定子部分的电路，它是由许多线圈按一定规律连接而成。

3. 机座

机座的作用主要是固定和支撑定子铁芯。中小型异步电动机一般都采用铸铁机座，并根据不同的冷却方式而采用不同的机座形式，对于大中型异步电动机，一般采用钢板焊接的机座。

4. 转子铁芯

转子铁芯也是电动机主磁通磁路的一部分，一般由 0.5mm 厚冲槽的硅钢片叠成，铁芯固定在转轴或转子支架上。整个转子铁芯的外表面呈圆柱形。

5. 转子绕组

转子绕组分为笼形和绕线形两种结构，如图 8-13 所示，下面分别说明这两种绕组结构形式的特点。

(a) 笼形绕组　(b) 绕线形绕组

图 8-13　转子绕组

1）笼形绕组

由于异步电动机转子导体内的电流是由电磁感应作用而产生的，不需由外电源对转子绕组供电，因此绕组可自行闭合；笼形绕组的各相均由单根导条组成，笼形绕组就可以由插入每个转子中的导条和两端的环形端环组成。如果去掉铁芯，整个绕组的外形就像一个关松鼠的笼子。所以具有这种笼形绕组的转子，习惯上称为笼形转子。笼形转子上既无集电环，又无绝缘，所以结构简单、制造方便、运行可靠。

2）绕线形绕组

它与定子绕组一样也是一个对称三相绕组，这个对称三相绕组接成星形，并接到转轴上三个集电环，再通过电刷使转子绕组与外电路接通。这种转子的特点是，通过集电环和电刷可在转子回路中接入附加电阻或其他控制装置，以便改善电动机的启动性能或调速特性。

8.4.3 三相异步电动机的铭牌

如图 8-14 所示为某三相异步电动机的铭牌。

三相异步电动机					
型　号	Y132M-4	功　率	7.5kW	频　率	50Hz
电　压	380V	电　流	15.4A	接　法	△
转　速	1440r/min	绝缘等级	E	工作方式	连续
温　升	80℃	防护等级	IP44	重　量	55kg

图 8-14　三相异步电动机的铭牌

(1) 型号：Y132M-4 中“Y”表示 Y 系列笼形异步电动机，“132”表示电动机的中心高为 132mm，“M”表示中形机座(L 表示长形机座，S 表示短形机座)，“4”表示 4 极电动机。

(2)（额定）功率：电动机在额定状态下运行时，其轴上所能输出的机械功率称为额定功率，单位：kW。

(3) 频率：电动机电源电压标准频率。我国工业电网标准频率为 50Hz。

(4)（额定）电压：额定运行状态下加在定子绕组上的线电压，单位：V 或 kV。

(5)（额定）电流：额定电压下电动机输出额定功率时定子绕组的线电流，单位：A。

(6) 接法：表示电动机在额定电压下，定子绕组的连接方式[星形(Y)或三角形(△)]，如图 8-15 所示。

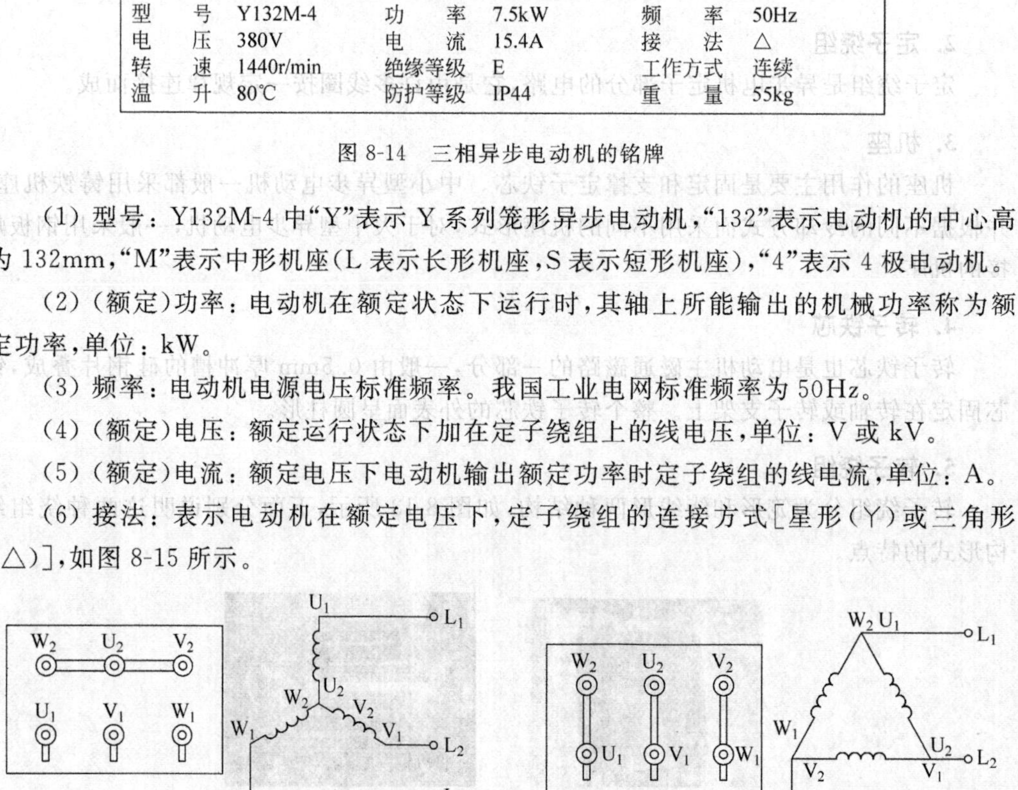

(a) 星形(Y)　　(b) 三角形(△)

图 8-15　电动机定子绕组的连接方式

(7)(额定)转速：电动机在额定输出功率、额定电压和额定频率下的转速，单位是r/min。

(8) 绝缘等级：按电动机绕组所用的绝缘材料在使用时容许的极限温度来分级。极限温度是指电动机绝缘结构中最热点的最高容许温度。绝缘等级分为：A 级(105℃)；E 级(120℃)；B 级(130℃)；F 级(155℃)；H 级(180℃)。

(9) 工作方式：指电动机的运行方式。一般分为"连续"(代号为 S1)、"短时"(代号为 S2)、"断续"(代号为 S3)。

(10) 温升：是指电动机的温度与周围环境温度相比升高的限度。

(11) 防护等级：指防止人体接触电动机转动部分、电动机内带电体和防止固体异物进入电动机内的防护等级。防护标志 IP44 含义：IP——特征字母，为"国际防护"的缩写；44——4 级防固体(防止大于 1mm 的固体进入电动机)，4 级防水(任何方向溅水应无有害影响)。

(12) 重量：电动机的净重。

8.5　三相异步电动机的选用、运行及维护

8.5.1　三相异步电动机的选用

在选用三相异步电动机时，应根据电源电压、使用条件、拖动对象、安装位置、安装环境等，并结合企业的具体情况而定。

1. 防护形式的选用

电动机带动的机械多种多样，其安装场所的条件也各不相同，因此对电动机防护形式的要求也有所区别。

1) 开启式电动机

开启式电动机的机壳有通风孔，内部空气同外界相流通。与封闭式电动机相比，其冷却效果良好，电动机形状较小。因此，在周围环境条件允许时应尽量采用开启式电动机。

2) 封闭式电动机

封闭式电动机有封闭的机壳，电动机内部空气与外界不流通。与开启电动机相比，其冷却效果较差，电动机外形较大且价格高。但是，封闭式电动机适用性较强，具有一定的防爆、防腐蚀和防尘埃等作用，被广泛应用于工农业生产中。

2. 功率的选用

各种机械对电动机的功率要求不同，如果电动机功率过小，有可能带不动负载，即使能启动，也会因电流超过额定值而使电动机过热，影响其使用寿命甚至烧毁电动机。如果电动机的功率过大，就不能充分发挥作用，电动机的效率和功率因数都会降低，从而造成电力和资金的浪费。根据经验，一般应使电动机的额定功率比其带动机械的功率大 10%

左右，以补偿传动过程中的机械损耗，防止意外的过载情况。

3. 转速的选择

三相异步电动机的同步转速：2 极为 3 000r/min，4 极为 1 500r/min，6 极为 1 000r/min 等，电动机（转子）的转速比同步转速要低 2%～5%，一般 2 极为 2 900r/min 左右，4 极为 1 450r/min 左右，6 极为 960r/min 左右等。在功率相同的条件下，电动机转速越低，体积越大，价格也越高，功率因数与效率也较低，由此看来，选用 2 900r/min 左右的电动机较好。但是，转速高，启动转矩便小，启动电流大，电动机的轴承也容易磨损。因此在工农业生产上选用 1 450r/min 左右的电动机较多，其转速较高，适用性强，功率因数与效率也较高。

4. 其他要求

除了防护形式、功率和转速外，有时还有其他一些要求，如电动机轴头的直径、长度以及电动机的安装位置等。

8.5.2 电动机的安装

1. 电动机安装前的检查

电动机在运输过程中，几经周转，受到颠簸震动，还可能受到潮气的侵袭。因此，在安装前必须对电动机进行全面的检查。检查内容如下。

(1) 检查电动机的功率、型号、电压等是否与图纸规定相符。

(2) 检查电动机的外壳有无损伤，风罩、风叶是否完好，转动是否灵活，轴向窜动是否超过规定；拆开接线盒，用万用表测量三相绕组是否断路。必要时可用电桥测量三相绕组的直流电阻，看其偏差是否在允许的范围内（一般各相绕组的直流电阻与三相电阻平均值之差不超过平均值的±2%）。

(3) 使用兆欧表测量电动机的各相绕组之间以及各相绕组与机壳之间的绝缘电阻。如果电动机的额定电压在 500V 以下，则使用 500V 兆欧表测量，其绝缘电阻不得低于 0.5MΩ。

电动机经过上述检查后，如果没有发现异常情况，则可不必抽出转子检查。如果发现异常情况或功率大于 40kW 的电动机，必须抽出转子检查。最后用干燥压缩空气吹扫电动机表面的灰尘。

2. 电动机的安装

一般中小型电动机大都装在金属底板上或导轨上，也有些电动机直接安装在混凝土的基础上。前者用螺栓紧固，后者是紧固在预埋的底脚螺栓上。

1) 混凝土基础的灌制要求

混凝土基础一般按底板或电动机机座尺寸外加 50～250mm，通常外加 100mm。当然，还应考虑到当地的土壤条件。基础的深度一般按底脚螺栓长度的 1.5～2 倍选取，并应大于当地土壤的冻结深度。在容易受震动的地方，基础还应做成锯齿状，以增强抗震性能。

2）底脚螺栓与螺栓孔的制作

10kW 以下的小型电动机的基础，一般先将底脚螺栓按电动机机座尺寸或按底板尺寸固定在木板上，然后将木板放在浇制混凝土的木框架上进行浇灌。待混凝土凝固后，螺栓就凝固在混凝土基础内了。在浇灌混凝土时，注意不要把底脚螺栓搞歪，以防在紧固电动机时螺母倾斜和负荷不均。底脚螺栓通常做成人字形和弯钩形，具体尺寸按设计要求而定。

安装 10kW 以上的电动机，一般先在混凝土基础上预留安装螺栓孔，螺栓孔的位置必须与电动机机座或底板地脚孔相符。待安装时，将底脚螺栓穿过底板放入孔内，用 1∶1 水泥和净砂的水泥浆填满，至孔内水泥凝固后（10～15 天）再进行安装。

3）电动机的安装

当电动机的基础制成以后，就要对电动机进行安装。重量在 100kg 以下的小型电动机，可用人工抬，较重的电动机应使用起重设备。待电动机机座或安装底板的地脚孔对准底脚螺栓后，再缓缓降落。在吊装过程中，要特别注意安全。当电动机吊上基础以后，可用普通的水平仪对电动机进行纵向和横向的水平校正。如果不水平，可用 0.5～5mm 的钢片垫在电动机机座或安装底板下面，直到符合要求为止。

8.5.3 电动机首尾端判别

一般电动机定子的绕组首、末端均引到出线板上，并采用符号 D1、D2、D3 表示首端，D4、D5、D6 表示末端。电动机定子绕组的 6 个线头可以按其铭牌上的规定接成"Y"形或"△"形。但实际工作中，常会遇到电动机三组定子绕组引出线的标记遗失或首、末端不明的情况，此时可采用以下方法予以判别。

（1）首先将万用表置 R×100 挡，对电动机接线盒 6 根引出线，两条两条地分别进行测量，确定三相绕组。

具体方法：将红（或黑）表笔接其中一根引出线；黑（或红）表笔依次接触另外的 5 根引出线；通路（指偏转较大，阻值较小）的两个出线端为一相，并做好标记（建议以打结或涂色为识别标记）以便和后面的两相作区分，依此类推将 6 条引出线分成 3 组。

（2）将万用表置直流电流挡，如图 8-16 所示，接线检测确定两相绕组的首尾端。

① 将万用表置电流微安挡；

② 万用表红、黑表笔接电动机其中一绕组的两个端点；

③ 然后将电动机其他一相的两个端点先后接触干电池（或取出万用表中的电池用作试验）（9V 或 1.5V 电池）的负极和正极；

④ 若万用表指针正向偏转，则电池正极所接线头与万用表负端（黑表笔）所接线头为同名端；反之，则电池负极所接线头与万用表负瑞（黑表笔）所接线头为同名端。如图 8-16 所示，用黑点所标为首端（或尾端）即同名端。用同样的方法，再判定另一相的首尾端。

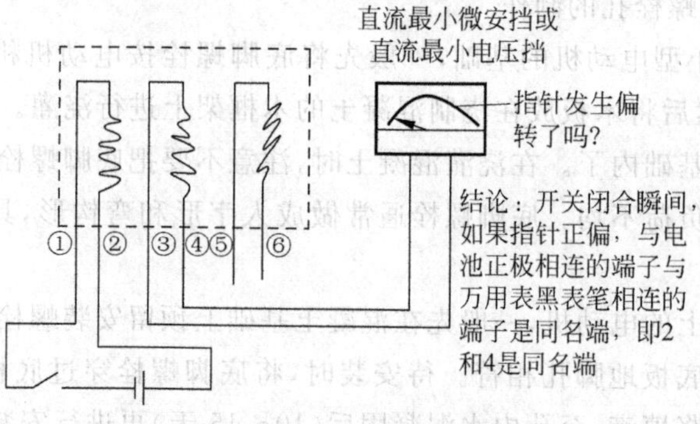
直流最小微安挡或
直流最小电压挡
指针发生偏
转了吗?
结论：开关闭合瞬间，
如果指针正偏，与电
池正极相连的端子与
万用表黑表笔相连的
端子是同名端，即2
和4是同名端
① ② ③ ④⑤ ⑥

图 8-16 检测确定电动机绕组的首尾端

8.5.4 三相异步电动机的拆装

1. 拆卸前的准备

(1) 备齐拆装工具。

(2) 选好电动机拆装的合适地点,并事先清洁和整理好现场环境。

(3) 熟悉被拆卸电动机的结构特点、拆装要领及所存在的缺陷。

(4) 做好标记。

① 标出电源线在接线盒的相序;

② 标出联轴器或皮带轮与轴台的距离;

③ 标出端盖、轴承、轴承盖和机座的负荷端与非负荷端;

④ 标出机座在基础上的准确位置;

⑤ 标出绕组引线在机座上的出口方向。

(5) 拆除电源线和保护接地线。

(6) 拆下地脚螺母,将电动机拆离基础并运至解体现场。若机座与基础之间有垫片,应做好记录并妥善保管。

2. 拆卸步骤

电动机的拆卸步骤,可按如图 8-12 所示结构图进行。

(1) 拆下皮带轮或联轴器,卸下电动机尾部的风罩。

(2) 拆下电动机尾部风扇叶。

(3) 拆下前轴承外盖和前、后端盖紧固螺钉。

(4) 用木板(或铅板、铜板)垫在转轴前端,用榔头将转子和后端盖从机座中敲出。若使用的是木榔头,可直接敲打转轴前端。

(5) 从定子中取出转子。

(6) 用木棒伸进转子铁芯,顶住前端盖内侧,用榔头将前端盖敲离机座。最后拉下前、后轴承及轴承内盖。

3. 几个主要部件的拆卸方法

电动机的几个主要部件,是指拆卸或装配中难度较大而又容易损坏的部件,在此专门介绍，以引起足够重视。

1）联轴器或皮带轮的拆卸

先旋松皮带轮上的定位螺钉或定位销，向皮带轮或联轴器内孔和转轴结合部加入煤油或柴油，再用拉具钩住联轴器或皮带轮缓缓拉出。拉具使用方法如图 8-17 所示。

2）轴承的拆卸

轴承的拆卸可以在两个部位进行，一个是在转轴上拆卸，另一个是在端盖内拆卸。

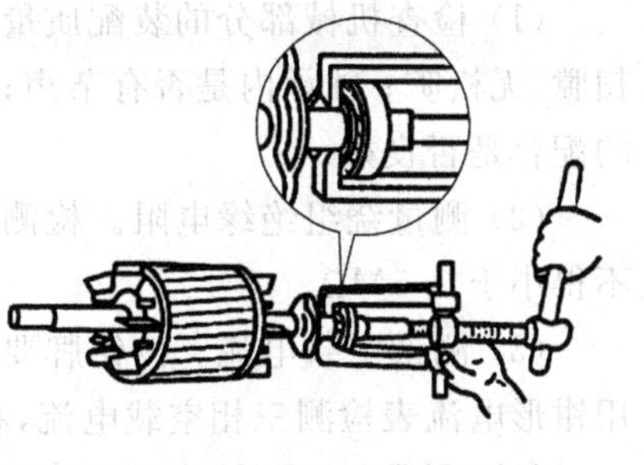
图 8-17 联轴器或皮带轮的拆卸

（1）在转轴上拆卸轴承。在转轴上拆卸轴承常用以下三种方法：第一种方法是用拉具按拆皮带轮的方法将轴承从轴上拉出；第二种方法是在没有拉具的情况下，用端部的铜棒，在倾斜方向顶住轴承内圈，边用榔头敲打，边将铜棒沿轴承内圈移动，以使轴承周围均匀受力，直到卸下轴承，如图 8-18(a)所示；第三种方法是用两块厚铁板在轴承内圈下边夹住转轴，并用能容纳转子的圆筒或支架支住，在转轴上端垫上厚木板或铜板，敲打取下轴承，如图 8-18(b)所示。

（2）在端盖内拆卸轴承。有的电动机端盖轴承孔与轴承外圈的配合比轴承内圈与轴承的配合更紧。在拆卸端盖时，使轴承留在端盖轴承孔中，拆卸时将端盖止口面向上平稳放置，在端盖轴承孔四周垫上木板，但不能抵住轴承。然后用一根直径略小于轴承外沿的铜棒或其他金属棒，抵住轴承外圈，从上方用榔头将轴承向下敲出，如图 8-19 所示。

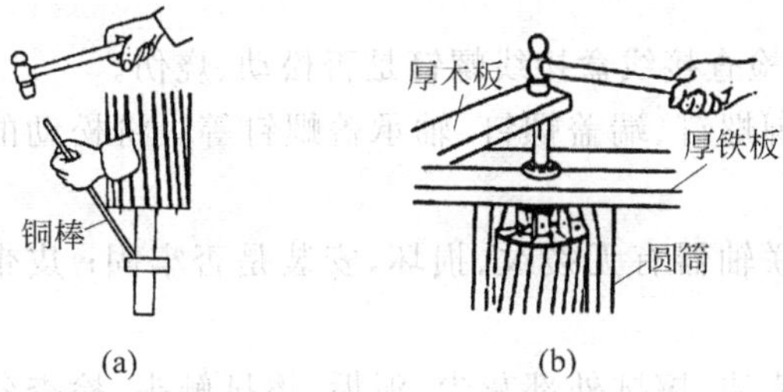

图 8-18 在转轴上拆卸轴承

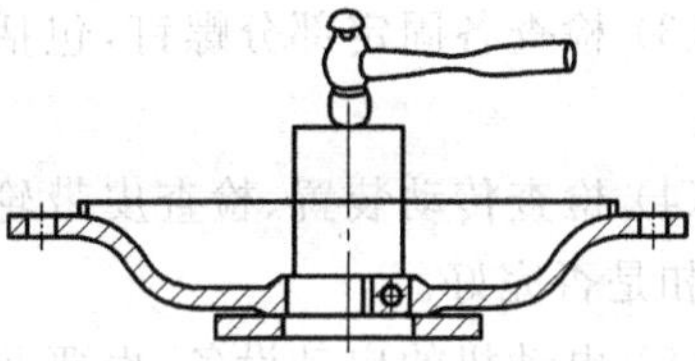
图 8-19 在端盖内拆卸轴承

4. 电动机的装配

1）装配前的准备

（1）认真检查装配工具是否齐全、合用；

（2）检查装配环境、场地是否清洁、合适；

（3）彻底清洁定子、转子内外表面的尘垢、漆瘤；

（4）用灯光检查气隙、通风沟、止口处和其他空隙有无杂物；

（5）检查绑扎带和绝缘材料是否到位，是否有松动、脱落，有无高出定子铁芯表面的地方；

（6）检查各相定子绕组的冷态直流电阻是否基本相同，各相绕组对地绝缘电阻和相间绝缘是否符合要求。

2) 装配步骤

原则上与拆卸步骤相反。

3) 装配完工后的检查

(1) 检查机械部分的装配质量。检查所有紧固螺钉是否拧紧,转子转动是否灵活、无扫膛、无松旷;轴承内是否有杂声;机座在基础上是否复位准确,安装牢固,与生产机械的配合是否良好。

(2) 测量绕组绝缘电阻。检测三相绕组每相对地绝缘电阻和相间绝缘电阻,其阻值不得小于0.5MΩ。

(3) 测量空载电流。按铭牌要求接好电源线,在机壳上接好保护接地线,接通电源,用钳形电流表检测三相空载电流,看是否符合允许值。

(4) 检测电动机温升是否正确,运转中有无异响。

8.5.5 电动机的定期维护和保养

为了保证电动机正常工作,除了按操作规程正常使用、运行过程中注意正常监视和维护外,还应该进行定期检查,做好电动机维护和保养工作。这样可以及时消除电动机的一些毛病,防止故障发生,保证电动机安全可靠地运行。定期维护的时间间隔可根据电动机的形式并考虑使用环境决定,定期维护的内容如下。

(1) 清洁、擦拭电动机。及时清除电动机机座外部的灰尘、油泥。如使用环境灰尘较多,最好每天清扫一次。

(2) 检查和清擦电动机接线端子。检查接线盒接线螺钉是否松动、烧伤。

(3) 检查各固定部分螺钉,包括地脚螺钉、端盖螺钉、轴承盖螺钉等。将松动的螺母拧紧。

(4) 检查传动装置、检查皮带轮或联轴器有无裂纹、损坏,安装是否牢固;皮带及其连接扣是否完好。

(5) 电动机的启动设备,也要及时清洁、擦拭外部灰尘、泥垢,擦拭触头,检查各接线部位是否有烧伤痕迹,接地线是否良好。

(6) 轴承的检查与维护。轴承在使用一段时间后应该清洗,同时更换润滑剂。清洗和换油的时间,应随电动机的工作情况、工作环境、清洁程度、润滑剂种类而定,一般每工作3~6个月应该清洗一次,重新更换润滑剂。根据电动机级数更换润滑剂(更换时限:2级电动机每3个月一次,4级、6级电动机每半年一次,8级电动机每年一次),油温较高时,或者环境条件差、灰尘较多的电动机要经常清洗、换油。

(7) 绝缘情况的检查。绝缘材料的绝缘能力因干燥程度不同而异,所以检查电动机绕组的干燥情况是非常重要的。电动机工作环境潮湿、工作间有腐蚀性气体等因素存在,都会破坏电绝缘。最常见的是绕组接地故障,即绝缘损坏,使带电部分与机壳等不应带电的金属部分相碰,发生这种故障,不仅影响电动机正常工作,还会危及人身安全。所以,电动机在使用中,应经常检查绝缘电阻,还要注意查看电动机机壳接地是否可靠。

（8）除了按上述几项内容对电动机进行定期维护外，运行一年后要大修一次。大修的目的在于，对电动机进行一次彻底、全面的检查及维护，增补电动机缺少、磨损的零件，彻底消除电动机内外的灰尘、污物，检查其绝缘情况，清洗轴承并检查其磨损情况。发现问题，应及时处理。

一般来说，只要使用正确，维护得当，发现故障及时处理，电动机的工作寿命是很长的。

8.6 用万用表检测确定电动机的同名端训练

根据本章的学习内容，用万用表检测确定电动机的同名端实操训练。

8.6.1 工作准备及教学流程

工作准备及教学流程，如表8-9所示。

表8-9 工作准备及教学流程

序号	工作准备及教学流程
1	准备本次实操课题需要的器材、工具、电工仪表等
2	检查学生的出勤情况；检查工作服、帽、鞋等是否符合安全操作要求
3	集中讲课，重温相关操作要领，布置本次实操作业
4	教师分析实操情况，现场示范万用表检测流程
5	学生分组练习，教师巡回指导
6	教师逐一对学生进行考查测验

8.6.2 实操器材

用万用表检测确定电动机的同名端所需器材、工具、仪表，如表8-10所示。

表8-10 用万用表检测确定电动机的同名端器材清单

设备/设施/器材	数量	设备/设施/器材	数量
兆欧表	若干	指针式万用表(MF47型)	若干
三相异步电动机	若干	数字式万用表	若干

8.6.3 实操评分

用万用表检测确定电动机的同名端评分表，如表8-11所示。

表 8-11 用万用表检测确定电动机的同名端评分表

序号	主要内容	配分	考核要求	扣分原因	得分
1	万用表的使用	20	能正确使用万用表	不能正确使用□ 扣 20 分	
2	同相组	20	能正确使用万用表找出同相组	1. 不能正确找出同相组□ 扣 20 分 2. 不熟练□ 扣 5～15 分	
3	同名端	40	能正确使用万用表找出同名端	1. 不能正确找出同名端□ 扣 40 分 2. 不熟练□ 扣 10～20 分	
4	Y接或△接	20	能正确完成Y接或△接	1. 不能正确完成Y接或△接□ 扣 20 分 2. 不熟练□ 扣 5～15 分	
5	安全文明生产		违反安全文明生产操作规程，得 0 分		
6	合　计	100	违反安全穿着、违反安全操作规范，本项目为 0 分		

8.6.4 实操过程注意事项

在教师的指导下学会正确使用万用表，挡位及量程选择恰当，学会用万用表检测确定电动机的同名端，并在规定时间内完成测量；掌握三相异步电动机定子引出线首尾端辨认方法。

8.7 电动机的拆装与维护训练

根据本章的学习内容，进行电动机的拆装与维护实操训练。

8.7.1 工作准备及教学流程

工作准备及教学流程，如表 8-12 所示。

表 8-12 工作准备及教学流程

序号	工作准备及教学流程
1	准备本次实操课题需要的器材、工具、电工仪表等
2	检查学生的出勤情况；检查工作服、帽、鞋等是否符合安全操作要求
3	集中讲课，重温相关操作要领，布置本次实操作业
4	教师分析实操情况，现场示范电动机的拆装与维护流程
5	学生分组练习，教师巡回指导
6	教师逐一对学生进行考查测验

8.7.2 实操器材

电动机的拆装与维护所需器材、工具、仪表，如表 8-13 所示。

表 8-13　电动机的拆装与维护器材清单

设备/设施/器材	数量	设备/设施/器材	数量
三相异步电动机	若干	指针式万用表(MF47 型)	若干
扳手、锉刀、刮刀	若干	数字式万用表	若干
榔头、撬棍、螺丝刀	若干	兆欧表	若干
钢丝钳、钢管、拉具	若干	千分尺	若干
钢条、棉布	若干	厚木板	若干

8.7.3　实操评分

电动机的拆装与维护评分表,如表 8-14 所示。

表 8-14　电动机的拆装与维护评分表

序号	主要内容	配分	考核要求	扣分原因	得分
1	拆装前的准备工作	5	按照规范操作	根据实际扣 0～5 分	
	拆卸顺序	10	按照规范操作	根据实际扣 0～10 分	
	拆卸皮带轮和联轴器	10	按照规范操作	根据实际扣 0～10 分	
	拆卸轴承	10	按照规范操作	根据实际扣 0～10 分	
	拆卸端盖	10	按照规范操作	根据实际扣 0～10 分	
	检测数据	10	按照规范操作	根据实际扣 0～10 分	
2	电流检测	5	按照规范操作	根据实际扣 0～5 分	
	用兆欧表检查绝缘电阻/MΩ	10	按照规范操作	根据实际扣 0～10 分	
	用万用表检查各相绕组直流电阻/Ω	10	按照规范操作	根据实际扣 0～10 分	
	检查各紧固件是否符合要求	5	按照规范操作	根据实际扣 0～5 分	
	检查接地装置	5	按照规范操作	根据实际扣 0～5 分	
	检查启动设备	5	按照规范操作	根据实际扣 0～5 分	
	检查熔断器	5	按照规范操作	根据实际扣 0～5 分	
3	安全文明生产		违反安全文明生产操作规程,得 0 分		
4	合　计	100	违反安全穿着、违反安全操作规范,本项目为 0 分		

8.7.4　实操过程注意事项

在教师的指导下学会拆装三相笼形异步电动机,并进行正常维护,在规定时间内完成,实操步骤与工艺要点如下。

(1) 对三相笼形异步电动机进行解体和装配,检测有关数据,将结果记入表 8-15 中。

表 8-15　三相笼形异步电动机拆装训练记录表

<table>
<tr><th>步骤</th><th>内容</th><th colspan="2">工 艺 要 点</th></tr>
<tr><td>1</td><td>拆装前的准备工作</td><td colspan="2">1. 拆卸地点______
2. 拆卸前所做记号：
(1) 联轴器和皮带轮与轴台的距离______mm
(2) 端盖与机座间记号做于______方向
(3) 前后轴承记号的形状______
(4) 机座在基础上的记号______</td></tr>
<tr><td>2</td><td>拆卸顺序</td><td>1. ______
3. ______
5. ______</td><td>2. ______
4. ______
6. ______</td></tr>
<tr><td>3</td><td>拆卸皮带轮和联轴器</td><td colspan="2">1. 使用工具______
2. 工艺要点______</td></tr>
<tr><td>4</td><td>拆卸轴承</td><td colspan="2">1. 使用工具______
2. 工艺要点______</td></tr>
<tr><td>5</td><td>拆卸端盖</td><td colspan="2">1. 使用工具______
2. 工艺要点______</td></tr>
<tr><td>6</td><td>检测数据</td><td colspan="2">1. 定子铁芯内径______mm，铁芯长度______mm
2. 转子铁芯外径______mm，铁芯长度______mm，转子总长______mm
3. 轴承内径______mm，外径______mm
4. 键槽长______mm，宽______mm，深______mm</td></tr>
</table>

(2) 对三相笼形异步电动机进行维护，检测有关数据，将结果记入表 8-16 中。

表 8-16　三相笼形异步电动机维护检测记录表

<table>
<tr><th>步骤</th><th>内　容</th><th colspan="3"></th><th>检 测 结 果</th></tr>
<tr><td rowspan="4">1</td><td rowspan="4">电流检测</td><td rowspan="4">线电流</td><td colspan="2">额定值</td><td>______A</td></tr>
<tr><td rowspan="3">实测值</td><td>I_U</td><td>______A</td></tr>
<tr><td>I_V</td><td>______A</td></tr>
<tr><td>I_W</td><td>______A</td></tr>
<tr><td rowspan="6">2</td><td rowspan="6">用兆欧表检查绝缘电阻/MΩ</td><td rowspan="3">对地绝缘</td><td colspan="2">U 相绕组对机壳</td><td></td></tr>
<tr><td colspan="2">V 相绕组对机壳</td><td></td></tr>
<tr><td colspan="2">W 相绕组对机壳</td><td></td></tr>
<tr><td rowspan="3">相间绝缘</td><td colspan="2">U、V 相绕组间</td><td></td></tr>
<tr><td colspan="2">V、W 相绕组间</td><td></td></tr>
<tr><td colspan="2">U、W 相绕组间</td><td></td></tr>
<tr><td rowspan="3">3</td><td rowspan="3">用万用表检查各相绕组直流电阻/Ω</td><td colspan="3">U 相</td><td></td></tr>
<tr><td colspan="3">V 相</td><td></td></tr>
<tr><td colspan="3">W 相</td><td></td></tr>
<tr><td rowspan="4">4</td><td rowspan="4">检查各紧固件是否符合要求(按紧固、松动、脱落三级填写)</td><td colspan="3">端盖螺钉</td><td></td></tr>
<tr><td colspan="3">地脚螺钉</td><td></td></tr>
<tr><td colspan="3">轴承盖螺钉</td><td></td></tr>
<tr><td colspan="3">处理情况</td><td></td></tr>
</table>

续表

步骤	内　容	检测结果	
5	检查接地装置	线径/mm	
		是否合格	
		处理情况	
6	检查启动设备	启动设备类型	
		是否完好	
		动作是否正常	
		处理情况	
7	检查熔断器	型号规格	
		熔体直径	
		是否完好	
		处理情况	

习　　题

1. 变压器使用前的检查事项有哪些？
2. 变压器铭牌有哪些参数？
3. 电动机使用前的检查事项有哪些？
4. 电动机铭牌有哪些参数？

CHAPTER 9

第9章

常见的机床控制电路安装及调试

知识目标：

（1）能够叙述电气控制系统基础知识。

（2）能够叙述常见的机床控制电路的结构与工作原理。

技能目标：

（1）能根据电路图正确、熟练地完成控制电路安装、调试。

（2）能正确使用万用表对电路进行自检，并能排除典型故障。

9.1 电动机点动及连续控制电路

在生产实践中，电动机的控制电路通常由电动机、控制电器、保护电器与生产机械及传动装置组成，电动机在按照生产机械的要求运转时，需要一些电器装置组成控制电路。由于生产机械的工作性质和加工工艺的不同，使得它们对电动机的控制要求不同，需用的电器类型和数量不同，构成的控制线路也就不同，有的比较简单，有的则相当复杂。但任何复杂的控制线路也总是由一些基本的控制电路组成，常用的基本控制电路有点动控制电路、连续控制电路、正反转控制电路、限位控制电路、顺序控制电路等。本单元的任务就是学习电动机的基本控制电路。

9.1.1 电动机点动控制电路

1. 电路构成

在机床操作过程中，当操作人员需要快速移动车床刀架时，只需要按下按钮，刀架就能快速移动；松开按钮，刀架立刻停止移动。这就是点动控制电路的功能。

点动：按下按钮电动机就得电运转，松开按钮电动机就失电停转的控制。其电路结构如图 9-1 所示。

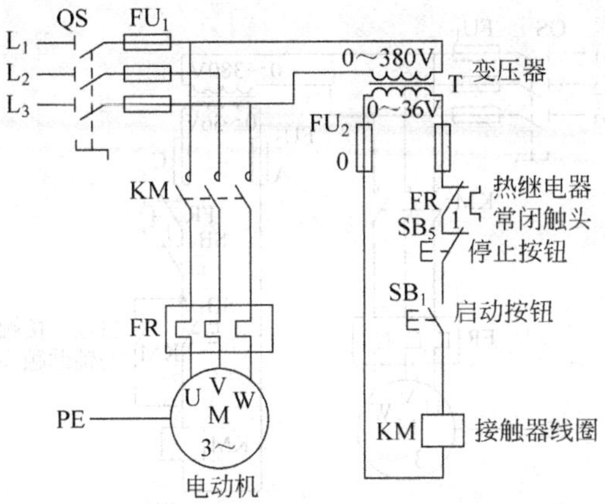

图 9-1　电动机点动电路图

由电路图可以看出，完整的电气控制电路由三个部分组成。

(1) 电源电路：由三相交流电源 L_1、L_2、L_3 与低压断路器 QS 组成。

(2) 主电路：由熔断器 FU_1、接触器 KM 主触头、热继电器 FR 热元件和三相异步电动机 M 组成。

(3) 控制电路：由熔断器 FU_2、启动按钮 SB_1、热继电器 FR 的常闭触头、接触器的线圈构成，用于控制主电路工作状态。电路中熔断器 FU 作短路保护；热继电器 FR 作过载保护。

2. 点动控制电路动作原理

合上电源开关 QS，接通电源。

启动：按下动合按钮 SB_1→控制电路通电→接触器线圈 KM 通电→接触器主触头 KM 闭合→主电路接通→电动机 M 通电启动。

停止：放开动合按钮 SB_1→控制电路断开→接触器线圈 KM 断电→接触器动合主触头 KM 断开→主电路断开→电动机 M 断电停转。其中，按下 SB_1 按钮不松开，可用停止按钮 SB5 断开电路，实现停止运转。

9.1.2　电动机单向连续运转电路

对需要较长时间运行的电动机，用点动控制是不方便的。因为一旦放开按钮 SB_1，电动机立即停转。因此对于连续运行的电动机，可在点动控制的基础上，主电路串入热继电器，在控制电路中串联动断(常闭)按钮 SB_1，并在启动按钮 SB_2 上并联一个接触器动合辅助触点 KM，即可成为具有自锁功能的电动机单向运转控制电路，如图 9-2 所示。

由图 9-2 可见，连续运转电路同样具有电源电路、主电路、控制电路。在控制电路中，启动按钮 SB_1 是断开的。只要 SB_1 或与之并联的接触器辅助常开触点 KM 任意一处接通，控制电路即可通电，使接触器线圈通电动作。

操作人员按下按钮，电动机连续运转，松开按钮后，主轴电动机仍然是连续运转的状

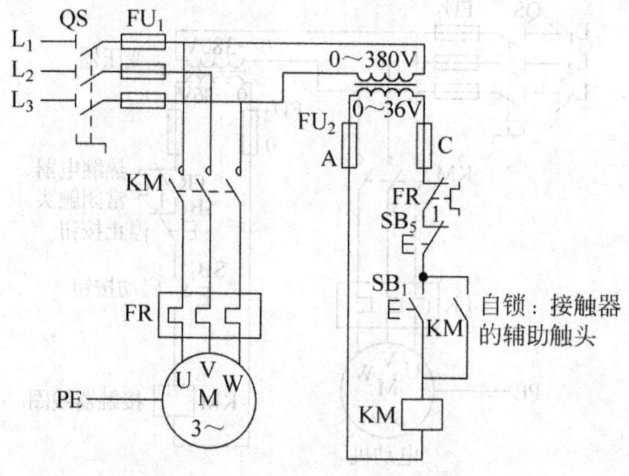

图 9-2 电动机连续运转电路

态。电动机停止运转状态时，需要按另外一个按钮才可以实现停止。这就是连续运转电路的功能，即长动。

1. 连续运转工作原理

合上电源开关 QS，接通电源。

启动：按下启动按钮 SB_1→控制电路闭合→接触器 KM 线圈得电吸合→接触器 KM 辅助常开触头闭合自锁，SB_1 释放后 KM 仍然通电→接触器动合主触点闭合→电动机 M 通电持续运转。（热继电器起热保护作用。）

停止：按下动断按钮SB_5 → 控制电路断开 → 接触器线圈KM断电 → 接触器自锁触头断开；→ 接触器主触头断开 → 主电路断开 → 电动机M停转

由以上分析可见，当松开启动按钮 SB_1 后，SB_1 的常开触头断开，但 KM 辅助常开触头闭合将 SB_1 短接，使控制电路仍保持接通，电动机实现了连续运转。

当启动按钮松开后，接触器通过自身的辅助常开触头使其线圈保持得电的状态，称为自锁。与启动按钮并联起自锁作用的辅助常开触头称为自锁触头。

2. 失压和欠压保护

自锁控制电路不但能使电动机连续运转，而且还具有失压（或零压）和欠压保护功能。

欠压保护：当线路电压下降到某一数值时，电动机自动脱离电源停转。

接触器自锁线路的欠压保护是线路电压下降时，接触器线圈两端电压同样下降，磁通减弱，动、静铁芯电磁吸力减小到小于反作用弹簧拉力时，动、静铁芯释放，主触头自锁触头同时断开，切断主电路和控制电路，起到欠压保护作用。

失压（或零压）保护：电动机正常运行中，由于外界原因引起突然断电，能自动切断电动机电源，重新供电时，保证电动机不能自行启动的一种保护。

当电动机在运行中，如遇线路故障或突然停电，控制电路失去电压，接触器线圈断电，电磁力消失，动铁芯复位，将接触器主触头、辅助触头全部断开，使主电路和控制电路不能接通，重新供电时，电动机不自行启动，保证人身和设备的安全。

9.1.3 点动及连续运转控制电路

机床设备在正常工作时，一般需要电动机处在连续运转状态，但在试车或者调整刀具与工件的相对位置时，又需要电动机能点动控制，实现这种工艺要求的电路是点动及连续运转电路，如图 9-3 所示。点动及连续动转工作原理如下。

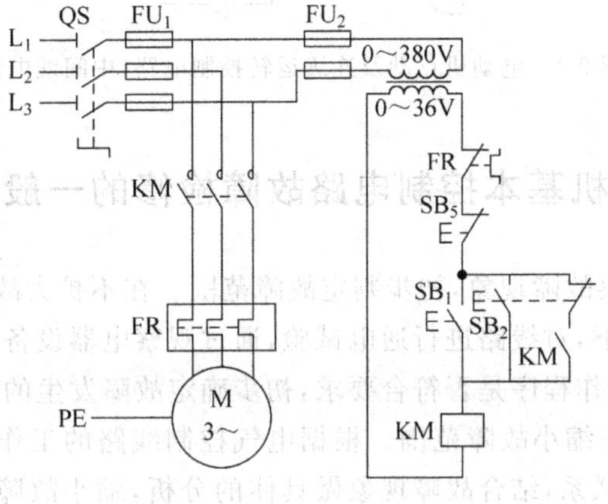

图 9-3 电动机点动及连续运转控制电路(按钮)

合上电源开关 QS，接通电源。

1）连续运转

启动：按下启动按钮 SB_1→控制电路闭合→接触器 KM 线圈吸合→接触器 KM 辅助常开触头闭合自锁，SB_1 释放后 KM 仍然通电→接触器主触头闭合→电动机 M 通电持续运转。(热继电器起过载保护作用。)

停止：按下动断按钮SB_5 → 控制电路断开 → 接触器线圈KM断电
→ 接触器自锁触头断开
→ 接触器主触头断开 → 主电路断开 → 电动机M停转

2）点动

按下启动按钮 SB_2→SB_2 常闭触头断开→切断 KM 自锁回路→SB_2 常开触头闭合→接触器 KM 线圈吸合→接触器主触头闭合→电动机点动运转。

从原理分析得知，实现点动是通过按钮操作，利用 SB_2 常闭触点用来切断自锁电路。在生产实践中，从安全角度考虑，电动机的点动及连续控制电路通常采用中间继电器 KA 控制，如图 9-4 所示。按动 SB_1，KA 通电自锁，KM 线圈通电，此状态为长动；按动 SB_3，KM 线圈通电，但无自锁电路，为点动操作。

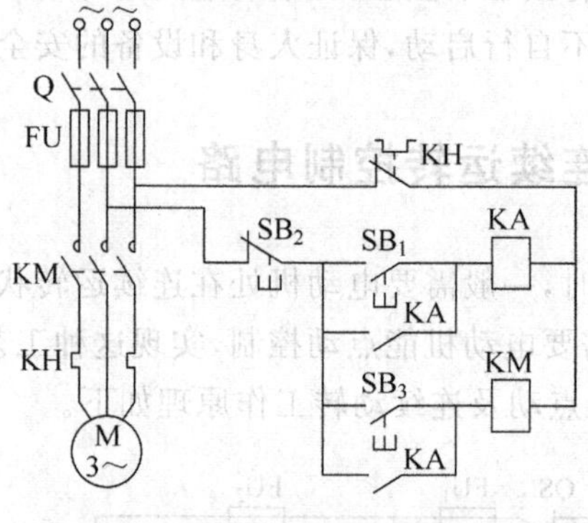

图 9-4 电动机点动及连续运转控制电路(中间继电器)

9.1.4 电动机基本控制电路故障检修的一般步骤和方法

(1) 用试验法观察故障现象,初步判定故障范围。在不扩大故障范围、不损坏电器设备和机械设备的前提下,对线路进行通电试验,通过观察电器设备和电器元件的动作是否正常、各控制环节的动作程序是否符合要求,初步确定故障发生的大致部位或回路。

(2) 用逻辑分析法缩小故障范围。根据电气控制线路的工作原理、控制环节的动作程序以及它们之间的联系,结合故障现象做具体的分析,缩小故障范围,特别适用于对复杂线路的故障检查。

(3) 用测量法确定故障点。利用电工工具和仪表对电路进行带电或断电测量,常用的方法有电压测量法和电阻测量法。

① 电压测量法。测量检查时,首先把万用表的转换开关置于交流电压 380V 的挡位上,将表笔放入"0"和"1"点。

接通电源,若按下启动按钮 SB_1 时,接触器 KM 不吸合,则说明控制电路有故障。

检测时,在松开按钮 SB_1 的条件下,先用万用表测量"0"和"1"两点之间的电压,若电压为 380V,则说明控制电路的电源电压正常。然后把黑表笔接到"0"点上,红表笔依次接到"2""3"各点上,分别测量 0-2、0-3 两点间的电压,若电压均为 380V,再把黑表笔接到"1"点上,红表笔接到"4"点上,测量出 1-4 两点间的电压,根据测量结果即可找出故障点。

② 电阻测量法。测量检查时,首先把万用表的转换开关置于倍率适当的电阻挡位上(一般选 R×100 以上的挡位),然后按图 5-20 所示的方法进行测量。

接通电源,若按下启动按钮 SB1 时,接触器 KM 不吸合,则说明控制电路有故障。

检测时,首先切断电路的电源(这点与电压测量法不同),用万用表依次测量出 1-2、1-3、0-4 各两点间的电阻值,根据测量结果即可找出故障点。

以上是用测量法查找确定控制电路的故障点。对于主电路的故障点,说明如下。

首先测量接触器电源端的 U_{12}-V_{12}、U_{12}-W_{12}、W_{12}-V_{12} 之间的电压。若均为 380V,说明 U_{12}、V_{12}、W_{12} 三点至电源无故障,可进行第二步测量。否则可再测量 U_{11}-V_{11}、U_{11}-W_{11}、

W_{11}-V_{11}顺次至 L_1-L_2、L_2-L_3、L_3-L_3-L_1直到发现故障。

然后检测主电路电源，用万用表的电阻挡（一般选 R×10 以上挡位）测量接触器负载端 U_{13}-V_{13}、U_{13}-W_{13}、W_{13}-V_{13}之间的电阻，若电阻均较小（电动机定子绕组的直流电阻），说明 U_{13}、V_{13}、W_{13}三点至电动机无故障，可判断为接触器主触头有故障。否则可再测量 U-V、U-W、W-V 到电动机接线端子处，直到发现故障。

（4）根据故障点的不同情况，采用正确的维修方法排除故障。

（5）检修完毕，进行通电空载校验或局部空载校验。

（6）校验合格，通电正常运行。

在实际维修工作中，出现的故障不是千篇一律的，即便是同一故障现象，发生的部位也不一定相同。因此，采用以上介绍的步骤和方法时，不能生搬硬套，而应按不同的情况灵活运用，妥善处理。

9.1.5 绘制控制电路原理图

国家标准对图形符号的绘制尺寸没有作统一的规定，实际绘图时可按实际情况以便于理解的尺寸进行绘制，图形符号的布置一般为水平或垂直位置。

1. 原理图的绘制原则

（1）以国标图形符号表示电气元器件。

（2）主电路与辅助电路分开；可以将同一个电器元件分解为几部分。

（3）各电器元件的触头位置都按未受外力作用时的常态位置画出。

（4）有直接电联的交叉点用小黑点表示。

2. 电路各点标记

（1）从电源引入用 L_1、L_2、L_3 表示。

（2）开关之后用 U、V、W 表示。

（3）电动机各分支电路用文字符号加阿拉伯数字。

（4）控制电路用阿拉伯数字编号。

（5）数字与图形符号组合，数字在后。

9.2 点动和连续控制电路的安装与检修训练

根据本章学习内容，进行点动和连续控制电路的安装与检修实操训练。

9.2.1 工作准备及教学流程

工作准备及教学流程，如表 9-1 所示。

表 9-1 工作准备及教学流程

序号	工作准备及教学流程
1	准备本次实操课题需要的器材、工具、电工仪表等
2	检查学生的出勤情况；检查工作服、帽、鞋等是否符合安全操作要求
3	集中讲课，重温相关操作要领，布置本次实操作业
4	教师分析实操情况，现场示范点动和连续控制电路的安装与检修操作
5	学生分组练习，教师巡回指导
6	教师逐一对学生进行考查测验

9.2.2 实操器材

点动和连续控制电路的安装与检修所需器材、工具、仪表，如表 9-2 所示。

表 9-2 点动和连续控制电路的安装与检修器材清单

设备/设施/器材	数量	设备/设施/器材	数量
兆欧表	若干	指针式万用表(MF47 型)	若干
三相异步电动机	若干	数字式万用表	若干
电工实训台	若干	常用电工工具	
常用仪表及导线	若干		

9.2.3 实操评分

点动和连续控制电路的安装与检修评分表，如表 9-3 所示。

表 9-3 点动和连续控制电路的安装与检修评分表

考评项目	考评内容	配分	扣分原图	得分
安全操作技术	电路功能	50	1. 电路少一半功能或不能停止□ 扣 20 分 2. 接线松动、露铜超标□ 每处扣 4 分 3. 接地线少接□ 每处扣 4 分 4. 元件或导线选用不规范□ 每处扣 4 分	
	接线工艺	20	1. 接线不规范□ 扣 10 分 2. 不正确使用仪表或工具□ 扣 10 分	
	画电路图	20	画图不正确□ 每处扣 4 分	
	安全文明生产	10	违反安全文明生产操作规程，本项目得 0 分	
	合 计	100	违反安全穿着、通电不成功、跳闸、熔断器烧毁、损坏设备、违反安全操作规范，本项目为 0 分	

9.2.4 实操过程注意事项

在教师的指导下学会对电动机点动及连续控制电路进行接线，并能排除典型故障，在规定时间内完成，实操步骤如下。

1. 工具、仪表及器材

根据图 9-3 所示电路图，参考前面实操内容选用工具、仪表及器材，并将表 9-4 补全。

表 9-4 工具仪表与器材明细表

<table>
<tr><td>工具</td><td colspan="5"></td></tr>
<tr><td>仪表</td><td colspan="5"></td></tr>
<tr><td rowspan="3">器材</td><td>代号</td><td>名称</td><td>型号</td><td>规格</td><td>数量</td></tr>
<tr><td></td><td></td><td></td><td></td><td></td></tr>
<tr><td></td><td></td><td></td><td></td><td></td></tr>
</table>

2. 实操过程

1）安装点动和连续控制电路

根据电动机基本控制电路的一般安装步骤，参照实操工艺要求和注意事项，在电工实训台上进行安装和训练。工艺要求如下。

（1）导线与接线端子、电器元件接线桩连接露铜不能大于 2mm，绕压接包绕角必须大于 270°。

（2）一般情况下接线端子只能压接两条导线，不能压住线皮，多股导线不能有断股、起须的现象。

（3）导线连接合理，在不影响其他工艺的情况下考虑就近走线的原则。

（4）安装牢固，整齐

2）检测

电动机点动控制电路不带电试车。

3）自检的工艺要求

（1）按电路图或接线图从电源端开始，检查接线及接线端子处线号是否正确，有无漏接、错接之处。检查导线接点是否符合要求，压接是否牢固。同时应注意接点接触良好，以避免带负载运转时产生闪弧现象。

（2）用万用表检查电路的通断情况。检查时，应选用倍率适当的电阻挡，并进行校零，以防发生短路故障。对控制电路的检查（断开主电路），可将表笔分别搭在 U_{11}、V_{11} 线端上，读数应为"∞"。按下 SB_1 时，读数应为接触器线圈的直流电阻值。然后断开控制电路，再检查主电路有无开路或短路现象，此时，可用手动来代替接触器通电进行检查。

4）具体步骤

调节万用表至 R×10 挡，调零，红、黑表笔分别接入接线图的 A、C 端。

（1）按下 SB_1，万用表指示 15～20Ω；

（2）按下 SB_2，万用表指示 15～20Ω；

（3）断开 SB_2 常开后，按下 KM 辅助常开（即压下动铁芯），万用表指示 15～20Ω；

(4) 在按下 SB_1 的同时按下 SB_5 或者 KH,万用表指示"∞"Ω;

(5) 通电调试。

9.3 电动机正反转控制电路

在实际生产中,机床工作台需要前进与后退;万能铣床的主轴需要正转与反转;起重机的吊钩需要上升与下降。而正转控制电路只能使电动机朝一个方向旋转,带动生产机械的运动部件朝一个方向运动,不能满足这一需求。要使生产机械运动部件能向正反两个方向运动,就要求电动机能实现正反转控制。

当改变通入电动机定子绕组的三相电源相序,即把接入电动机三相电源进线中的任意两相对调接线时,电动机就可以反转。下面介绍几种常用的正反转控制电路。

9.3.1 倒顺开关正反转控制电路

倒顺开关正反转控制电路如图 9-5 所示。万能铣床主轴电动机的正反转控制就是采用倒顺开关来实现的。

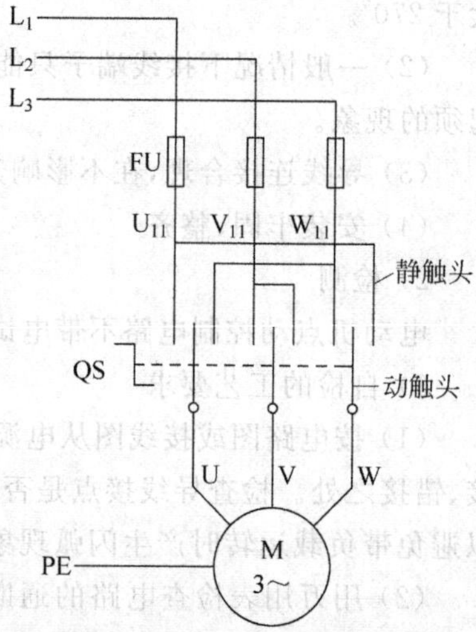

图 9-5 倒顺开关正反转控制电路

线路的工作原理如下:操作倒顺开关 QS,当手柄处于"停"位置时,QS 的动、静触头不接触,电路不通,电动机不转;当手柄扳至"顺"位置时,QS 的动触头和左边的静触头相接触,电路按 L_1-U、L_2-V、L_3-W 接通,输入电动机定子绕组的电源电压相序为 L_1-L_2-L_3,电动机正转;当手柄扳至"倒"位置时,QS 的动触头和右边的静触头相接触,电路按 L_1-W、L_2-V、L_3-U 接通,输入电动机定子绕组的电源电压相序变为 L_3-L_2-L_1,电动机反转。

当电动机处于正转状态时,要使它反转,应先把手柄扳到"停"的位置,使电动机先停转,然后再把手柄扳到"倒"的位置,使它反转。若直接把手柄由"顺"扳至"倒"的位置,电动机的定子绕组会因为电源突然反接而产生很大的反接电流,易使电动机定子绕组因过热而损坏。

9.3.2 接触器连锁正反转控制电路

倒顺开关正反转控制电路虽然使用电器较少,线路比较简单,但它是一种手动控制电路，在频繁换向时，操作人员劳动强度大，操作安全性差，所以这种电路一般用于控制额定电流 10A、功率在 3kW 及以下的小容量电动机。在实际生产中，更常用的是用按钮、接触器来控制电动机的正反转。

如图 9-6 所示为接触器连锁的正反转控制电路。电路中采用了两个接触器，即正转接触器 KM_1 和反转接触器 KM_2，它们分别由正转按钮 SB_2 和反转按钮 SB_3 控制。从主电路中可以看出，这两个接触器的主触头所接通的电源相序不同，KM_1 按 L_1-L_2-L_3 相序接线，KM_2 则按 L_3-L_2-L_1 相序接线。相应的控制电路有两条，一条是由按钮 SB_2 和接触器 KM_1 线圈等组成的正转控制电路；另一条是由按钮 SB_3 和接触器 KM_2 线圈等组成的反转控制电路。

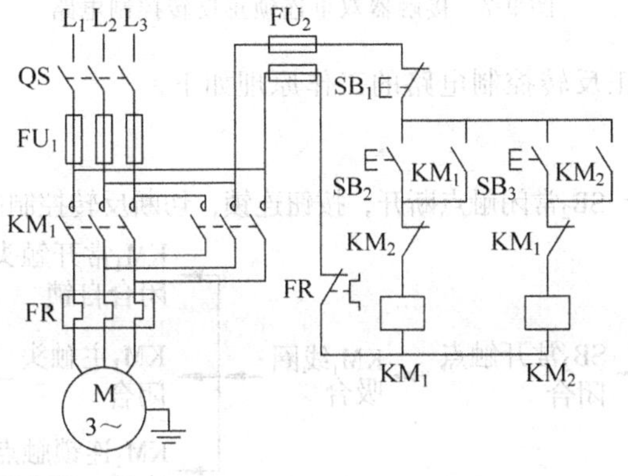

图 9-6　接触器连锁的正反转控制电路

必须指出，接触器 KM_1 和 KM_2 的主触头绝不允许同时闭合，否则将造成两相电源（L_1 相和 L_3 相）短路事故。为了避免两个接触器 KM_1 和 KM_2 同时得电动作，在正、反转控制电路中分别串接了对方接触器的一对辅助常闭触头。

当一个接触器得电动作时，通过其辅助常闭触头使另一个接触器不能得电动作，接触器之间这种相互制约的作用称为接触器连锁（或互锁）。实现连锁作用的辅助常闭触头称为连锁触头（或互锁触头），连锁用符号“▽”表示。

接触器连锁正反转控制电路中，电动机从正转变成反转，必须停止按钮后，才能按反转启动按钮，否则由于接触器的连锁作用，不能实现反转。因此电路工作安全可靠，但操作不便。电路工作原理请自行叙述。

9.3.3　接触器、按钮双重连锁正反转控制电路

如果把正转按钮 SB_2 和反转按钮 SB_3 换成两个复合按钮，并把两个复合按钮的常闭触头也串接在对方的控制电路中，构成如图 9-7 所示的按钮和接触器双重连锁正反转控制电路，就能克服接触器连锁正反转控制电路操作不便的缺点，使电路操作方便，工作安全可靠。

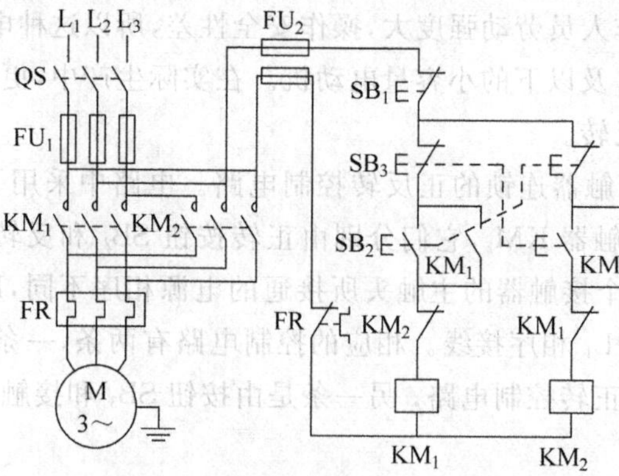

图 9-7 接触器双重连锁正反转控制电路

接触器双重连锁正反转控制电路的工作原理如下。

正转：

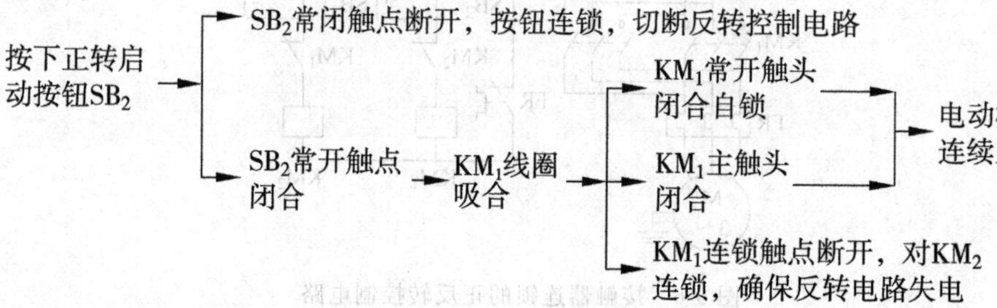

反转：

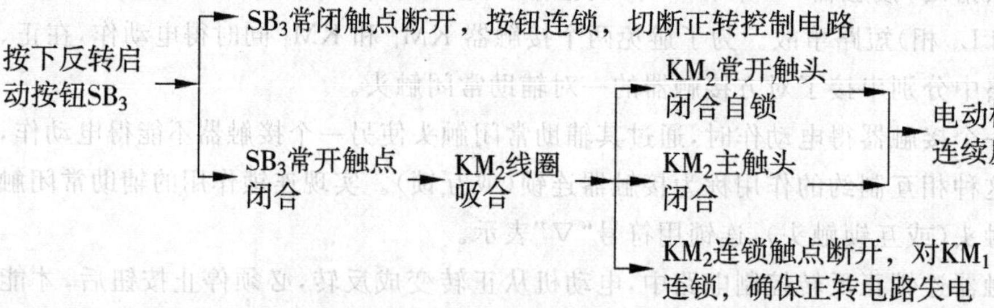

停止：

按下停止按钮 SB_1，整个控制电路失电，主触头断开，电动机 M 停转。

几种正反转控制电路如图 9-8 所示。分析各电路能否正常工作，若不能正常工作，请找出原因，并改正过来。

分析：图 9-8(a)所示电路不能正常工作。其原因是连锁触头不能用自身接触器的辅助常闭触头。这样不但起不到连锁作用，而且当按下启动按钮后，还会出现控制电路时通时断的现象。应把图中两对连锁触头换接。

图 9-8(b)所示电路不能正常工作，其原因是连锁触头不能用辅助常开触头。这样即使按下启动按钮，接触器也不能得电动作。应把连锁触头换接成辅助常闭触头。

图 9-8(c)所示电路只能实现点动正反转控制，不能连续工作。其原因是自锁触头用

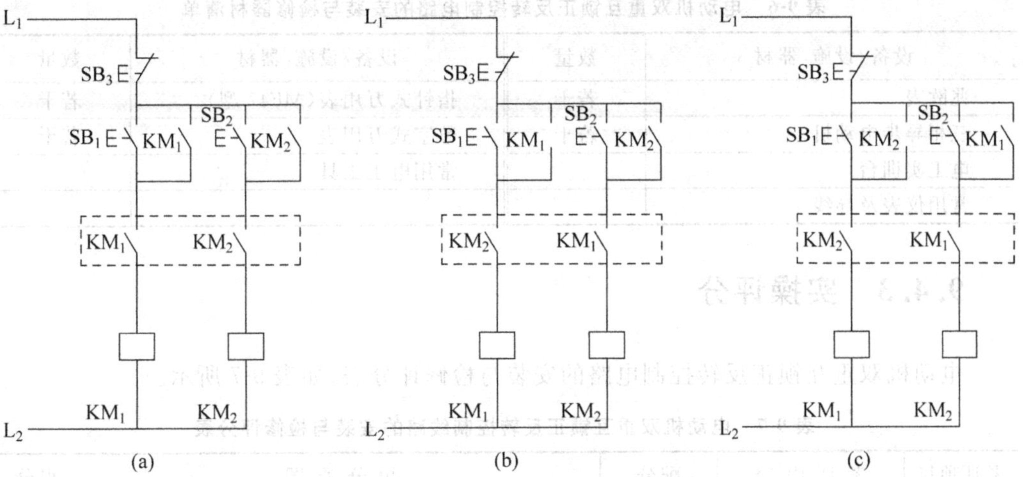

图 9-8　几种正反转控制电路

对方接触器的辅助常开触头起不到自锁作用。若要使电路能连续工作，应把图中两对自锁触头换接。

9.4　电动机双重互锁正反转控制电路的安装与检修训练

根据本章学习内容，进行电动机双重互锁正反转控制电路的安装与检修实操训练。

9.4.1　工作准备及教学流程

工作准备及教学流程，如表 9-5 所示。

表 9-5　工作准备及教学流程

序号	工作准备及教学流程
1	准备本次实操课题需要的器材、工具、电工仪表等
2	检查学生的出勤情况；检查工作服、帽、鞋等是否符合安全操作要求
3	集中讲课，重温相关操作要领，布置本次实操作业
4	教师分析实操情况，现场示范电动机双重互锁正反转控制电路的安装与检修操作
5	学生分组练习，教师巡回指导
6	教师逐一对学生进行考查测验

9.4.2　实操器材

电动机双重互锁正反转控制电路的安装与检修所需器材、工具、仪表，如表 9-6 所示。

表 9-6 电动机双重互锁正反转控制电路的安装与检修器材清单

设备/设施/器材	数量	设备/设施/器材	数量
兆欧表	若干	指针式万用表(MF47 型)	若干
三相异步电动机	若干	数字式万用表	若干
电工实训台		常用电工工具	
常用仪表及导线			

9.4.3 实操评分

电动机双重互锁正反转控制电路的安装与检修评分表,如表 9-7 所示。

表 9-7 电动机双重互锁正反转控制线路的安装与检修评分表

考评项目	考评内容	配分	扣分原图	得分
安全操作技术	电路功能	50	1. 电路少一半功能或不能停止□ 扣 20 分 2. 接线松动、露铜超标□ 每处扣 4 分 3. 接地线少接□ 每处扣 4 分 4. 元件或导线选用不规范□ 每处扣 4 分	
	接线工艺	20	1. 接线不规范□ 扣 10 分 2. 不正确使用仪表或工具□ 扣 10 分	
	画电路图	20	画图不正确□ 每处扣 4 分	
	安全文明生产	10	违反安全文明生产操作规程,得 0 分	
	合计	100	违反安全穿着、通电不成功、跳闸、熔断器烧毁、损坏设备、违反安全操作规范,本项目为 0 分	

9.4.4 实操过程注意事项

在教师的指导下学会在规定的时间内完成对电动机正反转双重互锁控制电路进行接线,并能排除典型故障,实操步骤如下。

1. 工具、仪表及器材

根据图 9-7 所示电路图,参考前面实操内容选用工具、仪表及器材,并将表 9-8 补全。

表 9-8 工具、仪表与器材明细表

工具					
仪表					
器材	代号	名称	型号	规格	数量

2. 实操过程

1) 安装接触器连锁正反转控制电路

编写安装步骤,并熟悉安装工艺要求。经教师检查同意后,根据如图 9-7 所示电气图，完成接触器连锁正反转控制电路的安装，安装工艺参考如下。

（1）主触头接线必须正确，否则将会造成主电路中两相电源短路事故。

（2）应先合上 QS，再按下 SB_2（或 SB_3）及 SB_1，看控制是否正常，按下 SB_2 后再按下 SB_3，观察有无连锁作用。

训练应在规定的定额时间内完成，同时要做到安全操作和文明生产。通电调试时，注意体会该电路的优点。

2）检修双重连锁正反转控制电路

（1）故障设置。在控制电路或主电路中人为设置电气自然故障两处。

（2）教师示范检修。教师进行示范检修时，注意观察体会下述检修步骤及要求，直至故障排除。

① 试验法观察故障现象。主要注意观察电动机的运行情况、接触器的动作情况和电路的工作情况等，发现故障现象应马上断电检查。

② 用逻辑分析法缩小故障范围，并在电路图上用虚线标出故障部位的最小范围。

③ 用测量法准确、迅速地找出故障点。

④ 根据故障点的不同情况，采取正确的修复方法，迅速排除故障。

⑤ 排除故障后通电测试。

3）学生检修

教师示范检修后，再由指导教师重新设置两个故障点，由学生进行检修。

4）检修注意事项

（1）要认真听取和仔细观察指导教师在示范过程中的讲解和检修操作。

（2）要熟练掌握电路图中各个环节的作用。

（3）在排除故障的过程中，分析思路和排除方法要正确。

（4）工具和仪表使用要正确。

（5）不能随意更改电路和带电触摸电器元件。

（6）带电检修故障时，必须有教师在现场监护，并要确保用电安全。

（7）检修必须在规定的时间内完成。

9.5 电动机限位控制电路

9.5.1 位置控制线路

在生产过程中，为了保护工作人员的安全，需要给车床电路安装护罩开关，只有等护罩开关合上后，保证了人身的安全，车床电动机方可启动；当机床电动机运行后，一些行程或位置要受到限制，若方向一直向前运行，会超出限制工作范围，这时，需要切断电路，使电动机停止运转，机床停止动作。这种控制要求在摇臂钻床、万能铣床、镗床、桥式起重机及各种自动或半自动控制的机床设备中就经常遇到。如图 9-9 所示是电动机单向循环带护罩开关控制电路图。

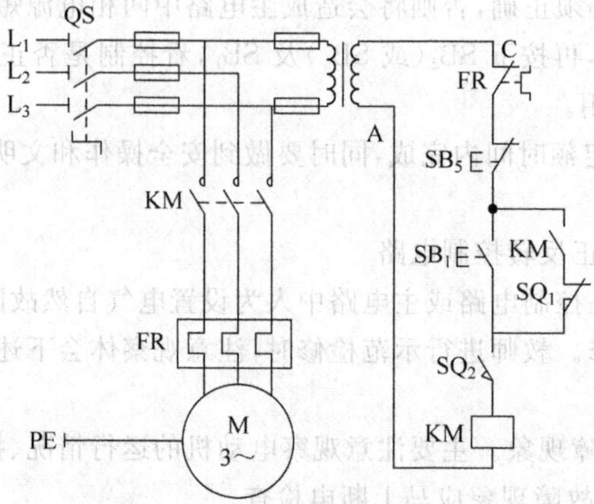

图 9-9 电动机单向循环带护罩开关控制电路

由图 9-9 所示可以看出，操作人员需要开动机床时，需要先合上护罩开关 SQ_2，再按下启动按钮 SB_1，接触器线圈得电，接触器主触头闭合，电动机运转，机床才能动作；若护罩开关 SQ_2 断开，接触器线圈失电，接触器主触头断开，电动机停止运转，则机床停止运转。这就是护罩开关 SQ_2 的作用，即保护人身和设备的安全。位置开关 SQ_1 常闭触头串接在自锁控制电路中，当机床运行范围超出限制时，安装在行车前的挡铁撞击行程开关的滚轮，行程开关的常闭触头断开，切断控制电路，使行车自动停止。

利用生产机械运动部件上的挡铁与行程开关碰撞，使其触头动作来接通或断开电路，以实现对生产机械运动部件的位置或行程进行自动控制的方法称为位置控制，又称行程控制或限位控制。实现这种控制要求所依靠的主要电器是行程开关。

根据如图 9-9 所示电动机单向循环带护罩开关控制电路，其工作原理如下。

合上电源开关 QS，接通电源。

启动：

合上护罩开关(将 SQ_2 压紧)

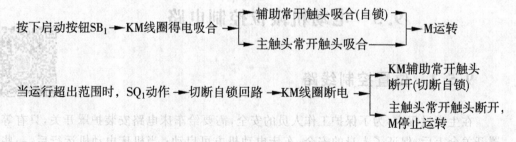

按下启动按钮SB_1 → KM线圈得电吸合 → 辅助常开触头吸合(自锁)；主触头常开触头吸合 → M运转

当运行超出范围时，SQ_1动作 → 切断自锁回路 → KM线圈断电 → KM辅助常开触头断开(切断自锁)；主触头常开触头断开，M停止运转

停止：

按下停止按钮SB_5 → KM线圈断电 → KM辅助常开触头断开(切断自锁)；主触头常开触头断开， M停止运转

9.5.2　自动往返控制电路

在生产实际中，有些生产机械（如磨床）的工作台要求在一定行程内自动往返运动，以便实现对工件的连续加工，提高生产效率。这就需要电气控制电路能控制电动机实现自动正反转。

由行程开关控制的工作台自动往返运动示意图如图9-10所示；工作台自动往返控制电路如图9-11所示。

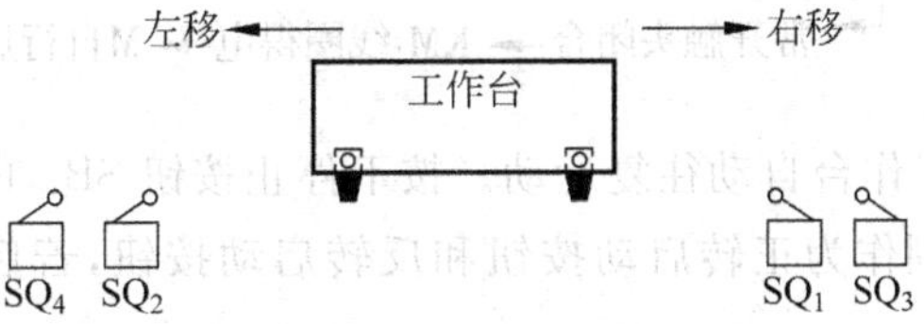

图9-10　工作台自动往返运动示意

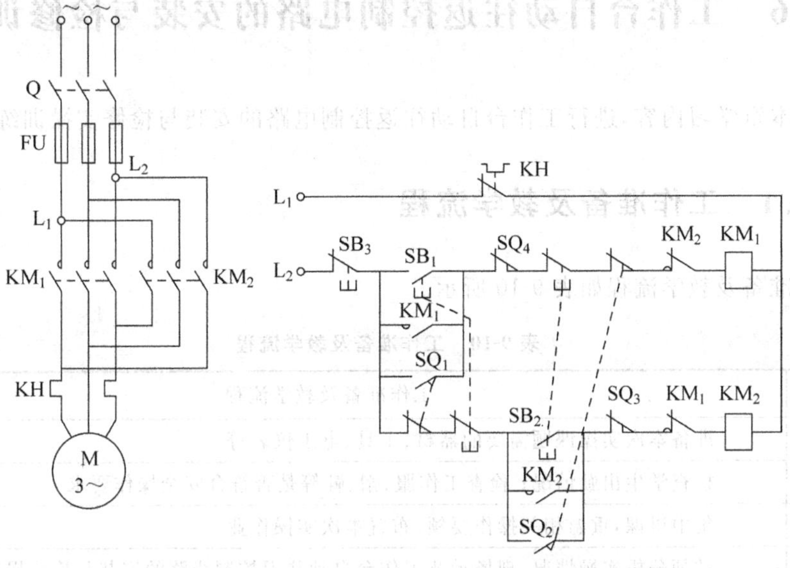

图9-11　工作台自动往返控制电路

为了使电动机的正反转控制与工作台的左右运动相配合，在控制线路中设置了4个行程开关SQ_1、SQ_2、SQ_3和SQ_4，并把它们安装在工作台需限位的地方。其中，SQ_1、SQ_2用于自动电动机正反转控制电路，实现工作台的自动往返；SQ_3和SQ_4用作终端保护，以防止SQ_1、SQ_2失灵，工作台越过限定位置而造成事故。在工作台边的T形槽中装有两块挡铁，挡铁1只能和SQ_1、SQ_3相碰撞，挡铁2只能和SQ_2、SQ_4相碰撞。当工作台运动到所限位置时，挡铁碰撞行程开关，使其触头动作，自动换接电动机正反转控制电路，通过机械传动机构使工作台自动往返运动。工作台行程可通过移动挡铁位置来调节,拉开两块挡铁间的距离,行程变短,反之则变长。

线路的工作原理如下。

先合上电源开关 QS。

按SB_1 → KM_1线圈得电 → KM_1触头动作 → M正转 → 工作台左移 → 直至压住行程开关 → SQ_2 →
- 常闭触头断开 → KM_1线圈失电 → M停转
- 常开触头闭合 → KM_2线圈得电 → M自行起动反转 → 工作台返回右移

当工作台右移至压住行程开关SQ_1 →
- 常闭触头断开 → KM_2线圈失电 → M停转
- 常开触头闭合 → KM_1线圈得电 → M自行启动正转 → 工作台返回左移……

如此循环可实现工作台自动往复运动。按下停止按钮 SB_3,电动机停止工作。

这里 SB_1、SB_2 分别作为正转启动按钮和反转启动按钮,若启动时工作台在左端,应按下 SB_2 进行启动。

9.6 工作台自动往返控制电路的安装与检修训练

根据本章学习内容,进行工作台自动往返控制电路的安装与检修实操训练。

9.6.1 工作准备及教学流程

工作准备及教学流程如表 9-10 所示。

表 9-10 工作准备及教学流程

序号	工作准备及教学流程
1	准备本次实操课题需要的器材、工具、电工仪表等
2	检查学生出勤情况;检查工作服、帽、鞋等是否符合安全操作要求
3	集中讲课,重温相关操作要领,布置本次实操作业
4	教师分析实操情况,现场示范工作台自动往返控制线路的安装与检修操作
5	学生分组练习,教师巡回指导
6	教师逐一对学生进行考查测验

9.6.2 实操器材

工作台自动往返控制电路的安装与检修所需器材、工具、仪表如表 9-11 所示。

表 9-11 工作台自动往返控制电路的安装与检修器材清单

设备/设施/器材	数量	设备/设施/器材	数量
兆欧表	若干	指针式万用表(MF47 型)	若干
三相异步电动机	若干	数字式万用表	若干
电工实训台		常用电工工具	
常用仪表及导线			

9.6.3 实操评分

工作台自动往返控制电路的安装与检修评分表如表 9-12 所示。

表 9-12 工作台自动往返控制电路的安装与检修评分表

考评项目	考评内容	配分	扣分原因	得分
安全操作技术	电路功能	50	1. 电路少一半功能或不能停止□ 扣 20 分 2. 接线松动、露铜超标□ 每处扣 4 分 3. 接地线少接□ 每处扣 4 分 4. 元件或导线选用不规范□ 每处扣 4 分	
	接线工艺	20	1. 接线不规范□ 扣 10 分 2. 不正确使用仪表或工具□ 扣 10 分	
	画电路图	20	画图不正确□ 每处扣 4 分	
	安全文明生产	10	违反安全文明生产操作规程,得 0 分	
	合 计	100	违反安全穿着、通电不成功、跳闸、熔断器烧毁、损坏设备、违反安全操作规范,本项目为 0 分	

9.6.4 实操过程注意事项

在教师的指导下学会对工作台自动往返控制电路进行接线,并能排除典型故障,在规定时间内完成,实操步骤如下。

1. 工具、仪表及器材

根据如图 9-11 所示电路图,参考前面实操内容选用工具、仪表及器材,并将表 9-13 补全。

表 9-13 工具、仪表与器材明细表

工具					
仪表					
器材	代号	名称	型号	规格	数量

2. 实操过程

1) 安装训练

(1) 检验所选电器元件的质量。

(2) 布线时,严禁损伤线芯和导线绝缘。

① 电器元件接线端子引出导线的走向以元件的水平中心线为界限。在水平中心线以上接线端子引出的导线,必须进入元件上面的走线槽;在水平中心线以下接线端子引出的导线,必须进入元件下面的走线槽。任何导线都不允许从水平方向进入走线槽内。

② 电器元件接线端子上引出或引入的导线,除间距很小或元件机械强度很差时允许直接架空敷设外,其他导线必须经过走线槽进行连接。

③ 入走线槽内的导线要完全置于走线槽内,并尽可能避免交叉,装线不要超过其容量的70%,以便于能盖上线槽盖和以后的装配及维修。

④ 电器元件与走线槽之间的外露导线应合理走线,并尽可能做到横平竖直,垂直变换走向。同一个元件上位置一致的端子和同型号电器元件中位置一致的端子上,引出或引入的导线要敷设在同一平面上,并应做到高低一致或前后一致,不得交叉。

⑤ 有接线端子、导线线头上,都应套有与电路图上相应接点线号一致的编码套管,并按线号进行连接;连接必须牢固,不得松动。

⑥ 在任何情况下,接线端子都必须与导线截面积和材料性质相适应。当接线端子不适合连接软线或不适合连接较小截面积的软线时,可在导线端头穿上针形或叉形轧头并压紧。

⑦ 一般一个接线端子只能连接一根导线,如果采用专门设计的端子,可以接两根或多根导线,但导线的连接方式必须是公认的、在工艺上是成熟的,如夹紧、压接、焊接、绕接等,并应严格按照连接工艺的工序要求进行。

(3) 根据所示电路图检查控制板内部布线的正确性。

(4) 安装电动机。

(5) 连接电动机和按钮金属外壳的保护接地线。

(6) 连接电源、电动机等控制板外部的导线。

(7) 自检。

(8) 校验。

(9) 校验合格后通电试车。

2) 安装过程中应注意的问题

(1) 通电校验时,必须先手动行程开关,试验各行程控制和终端保护动作是否正常可靠。

(2) 通电校验时,必须有指导教师在现场监护,学生应根据电路的控制要求独立进行校验，若出现故障也应自行排除。

(3) 安装训练应在规定的定额时间内完成，同时要做到安全操作和文明生产。

9.7 电动机顺序控制电路

在装有多台电动机的生产机械上，各电动机所起的作用是不同的，有时需按一定的顺序启动或停止，才能保证生产过程的合理和工作的安全可靠。如 X62W 型万能铣床上，要求主轴电动机启动后，进给电动机才能启动；M7120 型平面磨床则要求当砂轮电动机启动后，冷却泵电动机才能启动。

要求几台电动机的启动或停止按一定的先后顺序来完成的控制方式，称为电动机的顺序控制。

9.7.1 主电路实现顺序控制

主电路实现电动机顺序控制的电路图如图 9-12 所示。线路的特点是电动机 M_2 的主电路接在 KM_1(或 KM)主触头的下面。

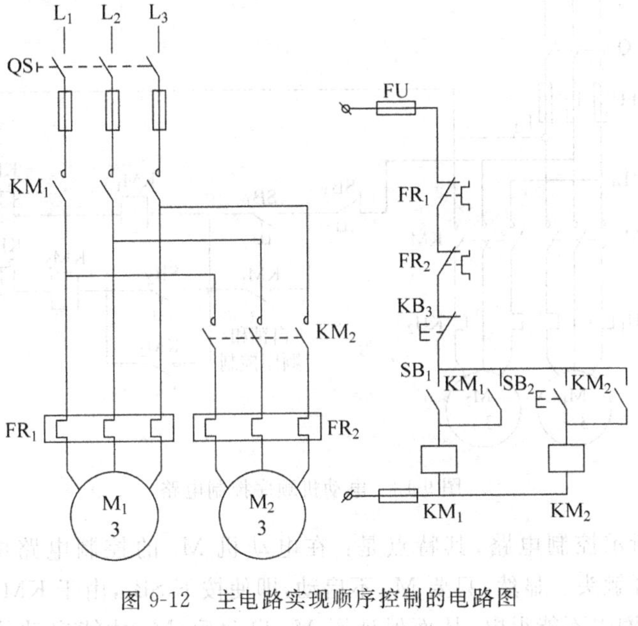

图 9-12 主电路实现顺序控制的电路图

在如图 9-12 所示的控制电路中，电动机 M_1 和 M_2 分别通过接触器 KM_1 和 KM_2 来控制，接触器 KM_2 的主触头接在接触器 KM_1 主触头的下面，这样就保证了当 KM_1 主触头闭合，电动机 M_1 启动运转后，电动机 M_2 才可能接通电源运转。电路的工作原理如下。

先合上电源开关 QF。

M_1 启动后 M_2 才能启动:

按下SB_1→KM_1线圈得电→KM_1主触头闭合、KM_1自锁触头闭合自锁→电动机M_1连续运转

再按下SB_2→KM_2线圈得电→KM_2自锁触头闭合自锁、KM_2主触头闭合→电动机M_2启动连续运转

M_1、M_2 同时停转:

按下 SB_3→控制电路失电→KM_1、KM_2 主触头断开→M_1、M_2 同时停转。

9.7.2 控制电路实现顺序控制特点

电动机顺序控制电路如图 9-13 所示。其特点是:电动机 M_2 的控制电路先与接触器 KM_1 的线圈并接后再与 KM_1 的自锁触头串接,这样就保证了 M_1 启动后,M_2 才能启动的顺序控制要求。

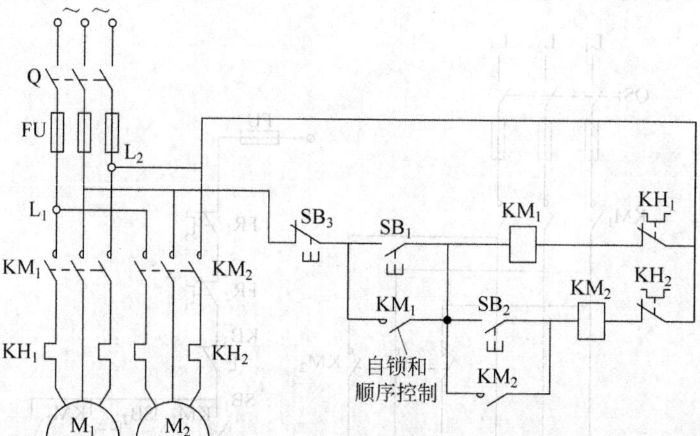

图 9-13 电动机顺序控制电路

如图 9-14 所示控制电路,其特点是:在电动机 M_2 的控制电路中,串接了接触器 KM_1 的辅助常开触头。显然,只要 M_1 不启动,即使按下 SB_2,由于 KM_1 的辅助常开触头未闭合,KM_2 线圈也不能得电,从而保证了 M_1 启动后,M_2 才能启动的控制要求。电路中停止按钮 SB_1 控制两台电动机同时停止,SB_2 控制 M_2 的单独停止。

如图 9-14 所示控制电路是在电路中 SB_3 的两端并接了接触器 KM_2 的辅助开触头,从而实现了 M_1 启动后 M_2 才能启动、M_2 停止后 M_1 才能停止的控制要求,即 M_1、M_2 是

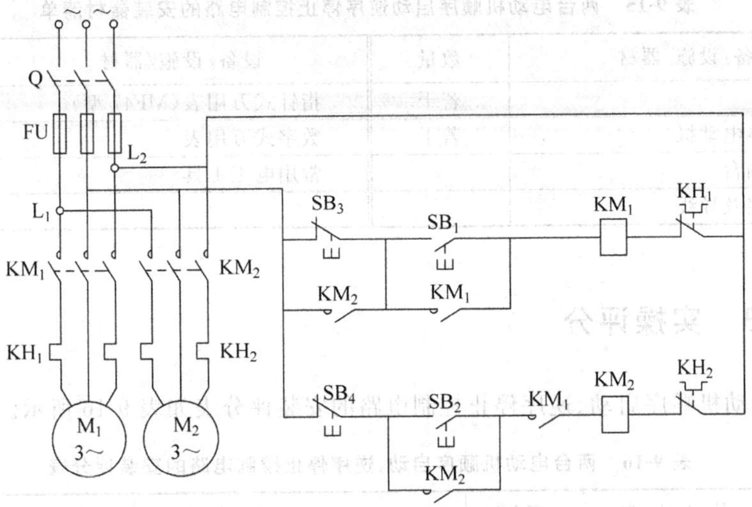

图 9-14 电动机顺序启动、逆序停止控制电路

顺序启动、逆序停止。

9.8 两台电动机顺序启动逆序停止控制电路的安装训练

根据本章学习内容，进行两台电动机顺序启动逆序停止控制电路的安装实操训练。

9.8.1 工作准备及教学流程

工作准备及教学流程如表 9-14 所示。

表 9-14 工作准备及教学流程

序号	工作准备及教学流程
1	准备本次实操课题需要的器材、工具、电工仪表等
2	检查学生出勤情况；检查工作服、帽、鞋等是否符合安全操作要求
3	集中讲课，重温相关操作要领，布置本次实操作业
4	教师分析实操情况，现场示范两台电动机顺序启动逆序停止控制电路的安装操作
5	学生分组练习，教师巡回指导
6	教师逐一对学生进行考查测验

9.8.2 实操器材

两台电动机顺序启动、逆序停止控制电路的安装所需器材、工具、仪表如表 9-15 所示。

表 9-15 两台电动机顺序启动逆序停止控制电路的安装器材清单

设备/设施/器材	数量	设备/设施/器材	数量
兆欧表	若干	指针式万用表(MF47 型)	若干
三相异步电动机	若干	数字式万用表	若干
电工实训台		常用电工工具	
常用仪表及导线			

9.8.3 实操评分

两台电动机顺序启动、逆序停止控制电路的安装评分表如表 9-16 所示。

表 9-16 两台电动机顺序启动、逆序停止控制电路的安装评分表

考评项目	考评内容	配分	扣分原因	得分
安全操作技术	电路功能	50	1. 电路少一半功能或不能停止□ 扣 20 分 2. 接线松动、露铜超标□ 每处扣 4 分 3. 接地线少接□ 每处扣 4 分 4. 元件或导线选用不规范□ 每处扣 4 分	
	接线工艺	20	1. 接线不规范□ 扣 10 分 2. 不正确使用仪表或工具□ 扣 10 分	
	画电路图	20	画图不正确□ 每处扣 4 分	
	安全文明生产	10	违反安全文明生产操作规程,得 0 分	
	合计	100	违反安全穿着、通电不成功、跳闸、熔断器烧毁、损坏设备、违反安全操作规范,本项目为 0 分	

9.8.4 实操过程注意事项

在教师的指导下学会对两台电动机顺序启动逆序停止控制电路进行接线,并能排除典型故障,在规定时间内完成,实操步骤如下。

1. 工具、仪表及器材

根据如图 9-14 所示电路图,参考前面实操内容选用工具、仪表及器材,并将表 9-17 补全。

表 9-17 工具、仪表与器材明细表

工具					
仪表					
器材	代号	名称	型号	规格	数量

2. 实操过程

(1) 按表 9-17 配齐所用工具、仪表和器材,并检验电器元件质量。

(2) 根据图 9-14 所示电路图在控制板上选择电器元件,并贴上醒目的文字符号。在控制板上按图进行板前线槽布线。

(3) 安装电动机。

(4) 连接电动机和电器元件金属外壳的保护接地线。

(5) 连接控制板外部的导线。

(6) 自检。

(7) 校验检查无误后通电试车。

3. 注意事项

(1) 通电试车前,应熟悉线路的操作顺序,即先合上电源开关 QF,然后按下 SB_1 后,再按下 SB_2 顺序启动,按下 SB_4 后再按下 SB_3 逆序停止。

(2) 通电试车时,注意观察电动机、各电器元件及线路各部分工作是否正常。若发现异常情况,必须立即切断电源开关 QS,而不是按下 SB_4,因为此时停止按钮 SB_4 可能已失去作用。

习 题

1. 常见的机床控制电路有哪些?
2. 电动机联系控制电路有哪些保护环节?

参考文献

[1] 国家安全生产教育培训教材编审委员会.低压电工作业[M].北京：中国矿业大学出版社，2015.

[2] 广东省安全生产宣传教育中心.电工安全技术[M].广州：广东经济出版社，2009.

[3] 张富建.焊工理论与实操(电焊、气焊、气割入门与上岗考证)[M].北京：清华大学出版社，2014.

[4] 郑平.职业道德(全国劳动预备制培训教材)[M].2版.北京：中国劳动社会保障出版社，2007.

[5] 徐建俊.电工考工实训教程[M].北京：清华大学出版社、北京交通大学出版社，2005.

[6] 广州市红十字会，广州市红十字培训中心.电力行业现场急救技能培训手册[M].北京：中国电力出版社，2011.

[7] 舒华，李良洪.汽车电工电子基础[M].北京：中央广播电视大学出版社，2017.

[8] 张小红.电工技能实训[M].北京：高等教育出版社，2015.

[9] 修胜全，贾春兰.维修电工中级工技能训练[M].北京：高等教育出版社，2015.

[10] 广州市安全生产宣传教育中心自编资料.电工.

[11] 中华人民共和国建设部.施工现场临时用电安全技术规范[S].北京：中国建筑工业出版社，2005.

[12] 徐君贤.电气实习[M].北京：机械工业出版社，2015.

[13] 曾祥富，邓朝平.电工技能与实训[M].3版.北京：高等教育出版社，2011.

[14] 中华人民共和国机械工业部.低压配电设计规范[S].北京：中国计划出版社，1996.

[15] 安全标志及其使用导则[S].北京：中国标准出版社，2009.

[16] 消防安全标志[S].

附录1

学生实操手册

学生实操手册

工种______________

班级______________

学号______________

姓名______________

（注：本手册在所有实操内容结束后，填写完整后交给实操指导教师）

实操周记

年　月　日　　第　周

实操任务		设备、材料	
		工具、量具、刀具	
实操过程记录			
收获体会			
日常维护	卫生（　）；设备、工具、量具、刀具保养（　）；其他（　）		
安全文明生产	工作服（　）；劳保防护用品（　）；遵守规程守则（　）		
工作态度	出勤（　）；早读（　）；作业完成（　）；课堂纪律（　）		
9S情况	整理（　）；整顿（　）；清扫（　）；清洁（　） 素养（　）；安全（　）；节约（　）；学习（　）；服务（　）		
考核		指导教师签名	

参加设备保养记录

所有实操的学生均要在教师的指导下参加设备保养，每周一小保，每月一中保，每学期一大保。本项无记录，实操总评成绩记为零。

月份	设备名称	保养内容	小组长签名
考核评分			

实操总结

APPENDIX 2

附录2

工位设备交接表与实操过程管理

工位设备交接表

班级：________日期：______年____月____日　　班次：日班□　中班□　指导教师：________

序号	姓名	设备情况	文明生产	清洁情况	备注
			（优/良/中/差）	（优/良/中/差）	

实操过程要求

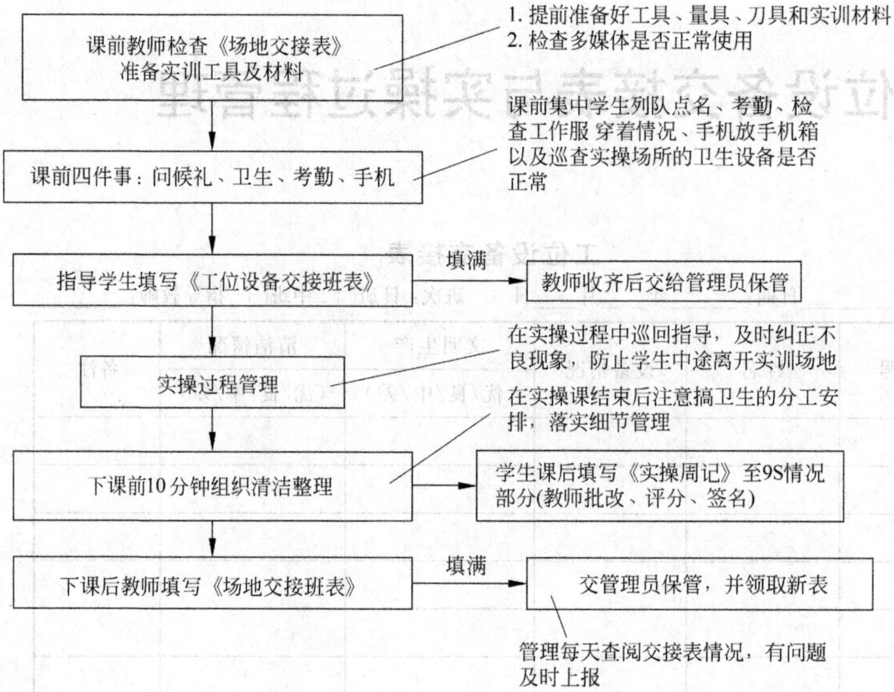
课前教师检查《场地交接表》
准备实训工具及材料
1. 提前准备好工具、量具、刀具和实训材料
2. 检查多媒体是否正常使用
课前四件事：问候礼、卫生、考勤、手机
课前集中学生列队点名、考勤、检查工作服 穿着情况、手机放手机箱以及巡查实操场所的卫生设备是否正常
指导学生填写《工位设备交接班表》
填满
教师收齐后交给管理员保管
实操过程管理
在实操过程中巡回指导，及时纠正不良现象，防止学生中途离开实训场地
在实操课结束后注意搞卫生的分工安排，落实细节管理
下课前10分钟组织清洁整理
学生课后填写《实操周记》至9S情况部分(教师批改、评分、签名)
下课后教师填写《场地交接班表》
填满
交管理员保管，并领取新表
管理每天查阅交接表情况，有问题及时上报

实操过程场地、设备管理

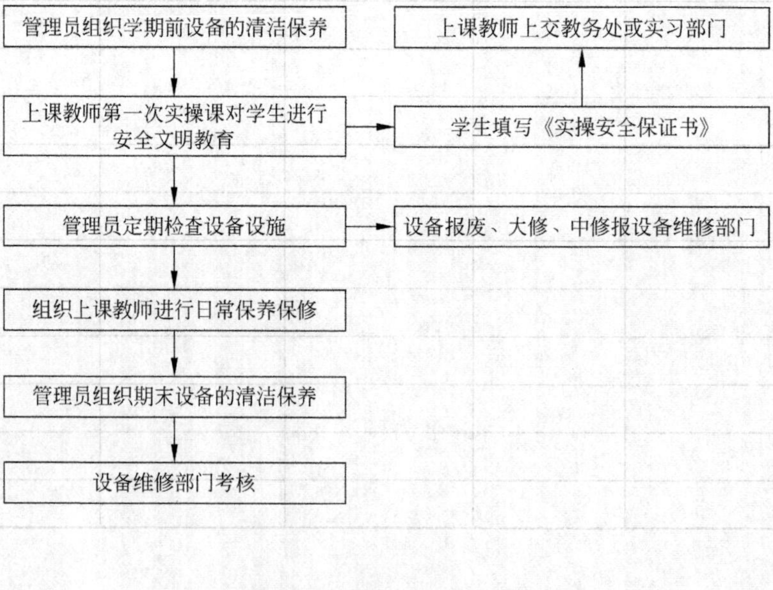
管理员组织学期前设备的清洁保养
上课教师上交教务处或实习部门
上课教师第一次实操课对学生进行安全文明教育
学生填写《实操安全保证书》
管理员定期检查设备设施
设备报废、大修、中修报设备维修部门
组织上课教师进行日常保养保修
管理员组织期末设备的清洁保养
设备维修部门考核

附录3

《施工现场临时用电安全技术规范》(JGJ 46—2005)

中华人民共和国行业标准

施工现场临时用电安全技术规范

Technical code for safety of temporary electrification on construction site

JGJ 46—2005

批准部门:中华人民共和国建设部

施行日期:2005年7月1日

1. 总　则

1.0.1　为贯彻国家安全生产的法律和法规,保障施工现场用电安全,防止触电和电气火灾事故发生,促进建设事业发展,制定本规范。

1.0.2　本规范适用于新建、改建和扩建的工业与民用建筑和市政基础设施施工现场临时用电工程中的电源中性点直接接地的220/380V三相四线制低压电力系统的设计、安装、使用、维修和拆除。

1.0.3　建筑施工现场临时用电工程专用的电源中性点直接接地的220/380V三相四线制低压电力系统,必须符合下列规定。

(1) 采用三级配电系统;

(2) 采用TN-S接零保护系统;

(3) 采用二级漏电保护系统。

1.0.4　施工现场临时用电,除应执行本规范的规定外,尚应符合国家现行有关强制性标准的规定。

2. 术语、代号

2.1　术语

2.1.1　低压(low voltage)

交流额定电压在1kV及以下的电压。

2.1.2　高压(high voltage)

交流额定电压在1kV以上的电压。

2.1.3　外电线路(external circuit)

施工现场临时用电工程配电线路以外的电力线路。

2.1.4　有静电的施工现场(construction site with electrostatic field)

存在因摩擦、挤压、感应和接地不良等而产生对人体和环境有害静电的施工现场。

2.1.5　强电磁波源(source of powerful electromagnetic wave)

辐射波能够在施工现场机械设备上感应产生有害对地电压的电磁辐射体。

2.1.6　接地(ground connection)

设备的一部分为形成导电通路与大地的连接。

2.1.7　工作接地(working ground connection)

为电路或设备达到运行要求的接地,如变压器低压中性点和发电机中性点的接地。

2.1.8　重复接地(iterative ground connection)

设备接地线上一处或多处通过接地装置与大地再次连接的接地。

2.1.9　接地体(earth lead)

埋入地中并直接与大地接触的金属导体。

2.1.10　人工接地体(manual grounding)

人工埋入地中的接地体。

2.1.11　自然接地体(natural grounding)

施工前已埋入地中,可兼作接地体用的各种构件,如钢筋混凝土基础的钢筋结构、金属井管、金属管道(非燃气)等。

2.1.12　接地线(ground line)

连接设备金属结构和接地体的金属导体(包括连接螺栓)。

2.1.13　接地装置(grounding device)

接地体和接地线的总和。

2.1.14　接地电阻(ground resistance)

接地装置的对地电阻。它是接地线电阻、接地体电阻、接地体与土壤之间的接触电阻和土壤中的散流电阻之和。接地电阻可以通过计算或测量得到它的近似值,其值等于接地装置对地电压与通过接地装置流入地中电流之比。

2.1.15　工频接地电阻(power frequency ground resistance)

按通过接地装置流入地中工频电流求得的接地电阻。

2.1.16　冲击接地电阻(shock ground resistance)

按通过接地装置流入地中冲击电流(模拟雷电流)求得的接地电阻。

2.1.17　电气连接(electric connect)

导体与导体之间直接提供电气通路的连接(接触电阻近于零)。

2.1.18　带电部分(live-part)

正常使用时要被通电的导体或可导电部分,它包括中性导体(中性线),不包括保护导体(保护零线或保护线),按惯例也不包括工作零线与保护零线合一的导线(导体)。

2.1.19　外露可导电部分(exposed conductive part)

电气设备的能触及的可导电部分。它在正常情况下不带电,但在故障情况下可能带电。

2.1.20　触电(电击)(electric shock)

电流流经人体或动物体,使其产生病理、生理效应。

2.1.21 直接接触(direct contact)

人体、牲畜与带电部分的接触。

2.1.22 间接接触(indirect contact)

人体、牲畜与故障情况下变为带电体的外露可导电部分的接触。

2.1.23 配电箱(distribution box)

一种专门用作分配电力的配电装置,包括总配电箱和分配电箱,如无特指,总配电箱、分配电箱合称配电箱。

2.1.24 开关箱(switch box)

末级配电装置的通称,亦可兼作用电设备的控制装置。

2.1.25 隔离变压器(isolating transformer)

指输入绕组与输出绕组在电气上彼此隔离的变压器,用以避免偶然同时触及带电体(或因绝缘损坏而可能带电的金属部件)和大地所带来的危险。

2.1.26 安全隔离变压器(safety isolating transformer)

为安全特低电压电路提供电源的隔离变压器。它的输入绕组与输出绕组在电气上至少由相当于双重绝缘或加强绝缘的绝缘隔离开来。它是专门为配电电路、工具或其他设备提供安全特低电压而设计的。

2.2 代号

2.2.1 DK——电源隔离开关;

2.2.2 H——照明器;

2.2.3 L_1、L_2、L_3——三相电路的三相相线;

2.2.4 M——电动机;

2.2.5 N——中性点、中性线、工作零线;

2.2.6 NPE——具有中性和保护线两种功能的接地线,又称保护中性线;

2.2.7 PE——保护零线、保护线;

2.2.8 RCD——漏电保护器、漏电断路器;

2.2.9 T——变压器;

2.2.10 TN——电源中性点直接接地时电气设备外露可导电部分通过零线接地的接零保护系统;

2.2.11 TN-CT——作零线与保护零线合一设置的接零保护系统;

2.2.12 TN-C-S——工作零线与保护零线前一部分合一,后一部分分开设置的接零保护系统;

2.2.13 TN-S——工作零线与保护零线分开设置的接零保护系统;

2.2.14 TT——电源中性点直接接地,电气设备外露可导电部分直接接地的接地保护系统,其中电气设备的接地点独立于电源中性点接地点;

2.2.15 W——电焊机。

3. 临时用电管理

3.1 临时用电组织设计

3.1.1 施工现场临时用电设备在5台及以上或设备总容量在50kW及以上者,应编制用电组织设计。

3.1.2 施工现场临时用电组织设计应包括下列内容。

(1) 现场勘测;

(2) 确定电源进线、变电所或配电室、配电装置、用电设备位置及线路走向。

(3) 进行负荷计算。

(4) 选择变压器。

(5) 设计配电系统。

① 设计配电线路,选择导线或电缆;

② 设计配电装置,选择电器;

③ 设计接地装置;

④ 绘制临时用电工程图纸,主要包括用电工程总平面图、配电装置布置图、配电系统接线图、接地装置设计图。

(6) 设计防雷装置。

(7) 确定防护措施。

(8) 制定安全用电措施和电气防火措施。

3.1.3 临时用电工程图纸应单独绘制,临时用电工程应按图施工。

3.1.4 临时用电组织设计及变更时,必须履行"编制、审核、批准"程序,由电气工程技术人员组织编制,经相关部门审核及具有法人资格企业的技术负责人批准后实施。变更用电组织设计时应补充有关图纸资料。

3.1.5 临时用电工程必须经编制、审核、批准部门和使用单位共同验收,合格后方可投入使用。

3.1.6 施工现场临时用电设备在5台以下和设备总容量在50kW以下者,应制定安全用电和电气防火措施,并应符合本规范3.1.4条、第3.1.5条规定。

3.2 电工及用电人员

3.2.1 电工必须经过按国家现行标准考核合格后,持证上岗工作;其他用电人员必须通过相关安全教育培训和技术交底,考核合格后方可上岗工作。

3.2.2 安装、巡检;维修或拆除临时用电设备和线路,必须由电工完成,并应有人监护。电工等级应同工程的难易程度和技术复杂性相适应。

3.2.3 各类用电人员应掌握安全用电基本知识和所用设备的性能,并应符合下列规定。

(1) 使用电气设备前必须按规定穿戴和配备好相应的劳动防护用品,并应检查电气装置和保护设施,严禁设备带缺陷运转;

(2) 保管和维护所用设备,发现问题及时报告解决;

(3) 暂时停用设备的开关箱必须分断电源隔离开关,并应关门上锁;

(4) 移动电气设备时,必须经电工切断电源并做妥善处理后进行。

3.3 安全技术档案

3.3.1 施工现场临时用电必须建立安全技术档案,并应包括下列内容。

(1) 用电组织设计的全部资料;

(2) 修改用电组织设计的资料;

(3) 用电技术交底资料；

(4) 用电工程检查验收表；

(5) 电气设备的试验、检验凭单和调试记录；

(6) 接地电阻、绝缘电阻和漏电保护器漏电动作参数测定记录表；

(7) 定期检(复)查表；

(8) 电工安装、巡检、维修、拆除工作记录。

3.3.2 安全技术档案应由主管该现场的电气技术人员负责建立与管理。其中，"电工安装、巡检、维修、拆除工作记录"可指定电工代管，每周由项目经理审核认可，并应在临时用电工程拆除后统一归档。

3.3.3 临时用电工程应定期检查。定期检查时，应复查接地电阻值和绝缘电阻值。

3.3.4 临时用电工程定期检查应按分部、分项工程进行，对安全隐患必须及时处理，并应履行复查验收手续。

4. 外电线路及电气设备防护

4.1 外电线路防护

4.1.1 在建工程不得在外电架空线路正下方施工、搭设作业棚、建造生活设施或堆放构件、架具、材料及其他杂物等。

4.1.2 在建工程(含脚手架)的周边与外电架空线路的边线之间的最小安全操作距离应符合表4.1.2规定。

表4.1.2 在建工程(含脚手架)的周边与外电架空线路的边线之间的最小安全操作距离

外电线路电压等级/kV	<1	1～10	35～110	220	330～500
最小安全操作距离/m	4.0	6.0	8.0	10	15

注：上、下脚手架的斜道不宜设在有外电线路的一侧。

4.1.3 施工现场的机动车道与外电架空线路交叉时，架空线路的最低点与路面的最小垂直距离应符合表4.1.3规定。

表4.1.3 施工现场的机动车道与外电架空线路交叉时的最小垂直距离

外电架空线路电压等级/kV	<1	1～10	35
最小垂直距离/m	6.0	7.0	7.0

4.1.4 起重机严禁越过无防护设施的外电架空线路作业。在外电架空线路附近吊装时，起重机的任何部位或被吊物边缘在最大偏斜时与架空线路边线的最小安全距离应符合表4.1.4规定。

表4.1.4 起重机与架空线路边线的最小安全距离

安全距离/m \ 电压/kV	<1	10	35	110	220	330	500
沿垂直方向	1.5	3.0	4.0	5.0	6.0	7.0	8.5
沿水平方向	1.5	2.0	3.5	4.0	6.0	7.0	8.5

4.1.5 施工规场开挖沟槽边缘与外电埋地电缆沟槽边缘之间的距离不得小于0.5m。

4.1.6 当达不到本规范4.1.2至4.1.4条中的规定时，必须采取绝缘隔离防护措施，并应悬挂醒目的警告标志。架设防护设施时，必须经有关部门批准，采用线路暂时停电或其他可靠的安全技术措施，并应有电气工程技术人员和专职安全人员监护。防护设施与外电线路之间的安全距离不应小于表 4.1.6 所列数值。防护设施应坚固、稳定，且对外电线路的隔离防护应达到 IP30 级。

表 4.1.6　防护设施与外电线路之间的最小安全距离

外电线路电压等级/kV	≤10	35	110	220	330	500
最小安全距离/m	1.7	2.0	2.5	4.0	5.0	6.0

4.1.7　当本规范 4.1.6 条规定的防护措施无法实现时，必须与有关部门协商，采取停电、迁移外电线路或改变工程位置等措施，未采取上述措施的严禁施工。

4.1.8　在外电架空线路附近开挖沟槽时，必须会同有关部门采取加固措施，防止外电架空线路电杆倾斜、悬倒。

4.2　电气设备防护

4.2.1　电气设备现场周围不得存放易燃易爆物、污源和腐蚀介质，否则应予清除或做防护处置，其防护等级必须与环境条件相适应。

4.2.2　电气设备设置场所应能避免物体打击和机械损伤，否则应做防护处置。

5. 接地与防雷

5.1　一般规定

5.1.1　在施工现场专用变压器的供电的 TN-S 接零保护系统中，电气设备的金属外壳必须与保护零线连接。保护零线应由工作接地线、配电室（总配电箱）电源侧零线或总漏电保护器电源侧零线处引出（见图 5.1.1）。

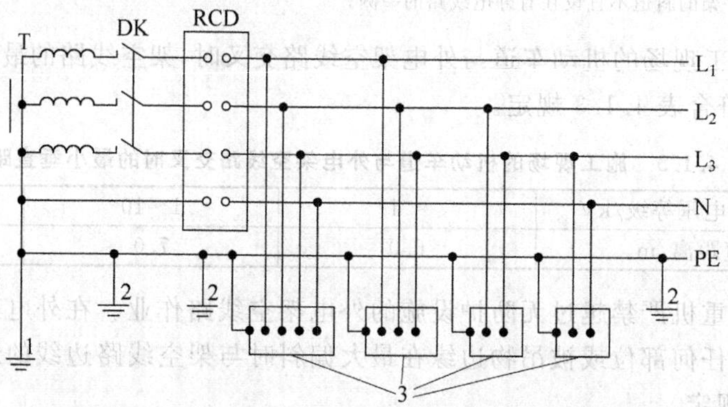

图 5.1.1　专用变压器供电时 TN-S 接零保护系统示意图

1—工作接地；2—PE 线重复接地；3—电气设备金属外壳（正常不带电的外露可导电部分）；L_1、L_2、L_3—相线；N—工作零线；PE—保护零线；DK—总电源隔离开关；RCD—总漏电保护器（兼有短路、过载、漏电保护功能的漏电断路器）；T—变压器

5.1.2　当施工现场与外电线路共用同一供电系统时，电气设备的接地、接零保护应与原系统保持一致。不得一部分设备做保护接零，另一部分设备做保护接地。采用 TN 系统做保护接零时，工作零线（N 线）必须通过总漏电保护器，保护零线（PIE 线）必须由电

源进线零线重复接地处或总漏电保护器电源侧零线处，引出形成局部 TN-S 接零保护系统(见图 5.1.2)。

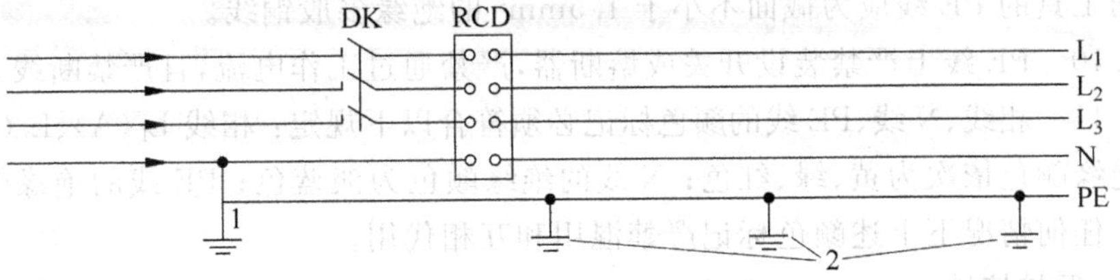

图 5.1.2 三相四线制供电时局部 TN-S 接零保护系统保护零线引出示意图

1—NPE 线重复接地；2—PE 线重复接地；L_1、L_2、L_3—相线；N—工作零线；PE—保护零线；DK—总电源隔离开关；RCD—总漏电保护器(兼有短路、过载、漏电保护功能的漏电断路器)

5.1.3 在 TN 接零保护系统中，通过总漏电保护器的工作零线与保护零线之间不得再做电气连接。

5.1.4 在 TN 接零保护系统中，PE 零线应单独敷设。重复接地线必须与 PE 线相连接，严禁与 N 线相连接。

5.1.5 使用一次侧由 50V 以上电压的接零保护系统供电，二次侧为 50V 及以下电压的安全隔离变压器时，二次侧不得接地，并应将二次线路用绝缘管保护或采用橡胶护套软线。当采用普通隔离变压器时，其二次侧一端应接地；且变压器正常不带电的外露可导电部分应与一次回路保护零线相连接。以上变压器尚应采取防直接接触带电体的保护措施。

5.1.6 施工现场的临时用电电力系统严禁利用大地作相线或零线。

5.1.7 接地装置的设置应考虑土壤干燥或冻结等季节变化的影响，并应符合表 5.1.7 的规定，接地电阻值在四季中均应符合本规范 5.3 节的要求。但防雷装置的冲击接地电阻值只考虑在雷雨季节中土壤干燥状态的影响。

表 5.1.7 接地装置的季节系数 ψ 值

埋深/m	水平接地体	长 2～3m 的垂直接地体
0.5	1.4～1.8	1.2～1.4
0.8～10	1.25～1.45	1.15～1.3
2.5～3.0	1.0～1.1	1.0～1.1

注：大地比较干燥时，取表中较小值；大地比较潮湿时，取表中较大值。

5.1.8 PE 线所用材质与相线、工作零线(N 线)相同时，其最小截面应符合表 5.1.8 的规定。

表 5.1.8 PE 线截面与相线截面的关系

相线芯线截面 S/mm^2	PE 线最小截面/mm^2
$S \leqslant 16$	5
$16 < S \leqslant 35$	16
$S > 35$	$S/2$

5.1.9 保护零线必须采用绝缘导线。

配电装置和电动机械相连接的PE线应为截面不小于2.5mm^{2}的绝缘多股铜线。手持式电动工具的PE线应为截面不小于1.5mm^{2}的绝缘多股铜线。

5.1.10 PE线上严禁装设开关或熔断器,严禁通过工作电流,且严禁断线。

5.1.11 相线、N线、PE线的颜色标记必须符合以下规定:相线L_1(A)、L_2(B)、L_3(C)相序的绝缘颜色依次为黄、绿、红色;N线的绝缘颜色为淡蓝色;PE线的绝缘颜色为绿/黄双色。任何情况下上述颜色标记严禁混用和互相代用。

5.2 保护接地

5.2.1 在TN系统中,下列电气设备不带电的外露可导电部分应做保护接零。

(1) 电机、变压器、电器、照明器具、手持式电动工具的金属外壳;

(2) 电气设备传动装置的金属部件;

(3) 配电柜与控制柜的金属框架;

(4) 配电装置的金属箱体、框架及靠近带电部分的金属围栏和金属门;

(5) 电力线路的金属保护管、敷线的钢索、起重机的底座和轨道、滑升模板金属操作平台等;

(6) 安装在电力线路杆(塔)上的开关、电容器等电气装置的金属外壳及支架。

5.2.2 城防、人防、隧道等潮湿或条件特别恶劣施工现场的电气设备必须采用保护接零。

5.2.3 在TN系统中,下列电气设备不带电的外露可导电部分可不做保护接零。

(1) 在木质、沥青等不良导电地坪的干燥房间内,交流电压380V及以下的电气装置金属外壳(当维修人员可能同时触及电气设备金属外壳和接地金属物件时除外);

(2) 安装在配电柜、控制柜金属框架和配电箱的金属箱体上,且与其可靠电气连接的电气测量仪表、电流互感器、电器的金属外壳。

5.3 接地与接地电阻

5.3.1 单台容量超过100kV·A或使用同一接地装置并联运行且总容量过100kV·A的电力变压器或发电机的工作接地电阻值不得大于4Ω。单台容量不超过100kV·A或使用同一接地装置并联运行且总容量不超过100kV·A的电力变压器或发电机的工作接地电阻值不得大于10Ω。在土壤电阻率于1 000Ω·m的地区,当达到上述接地电阻值有困难时,工作接地电阻值可提高到30Ω。

5.3.2 TN系统中的保护零线除必须在配电室或总配电箱处做重复接地外,还必须在配电系统的中间处和末端处做重复接地。在TN系统中,保护零线每一处重复接地装置的接地电阻值不应大于10Ω。在工作接地电阻值允许达到10Ω的电力系统中,所有重复接地的等效电阻值不应大于10Ω。

5.3.3 在TN系统中,严禁将单独敷设的工作零线再做重复接地。

5.3.4 每一接地装置的接地线应采用2根及以上导体,在不同点与接地体做电气连接。不得采用铝导体做接地体或地下接地线。垂直接地体宜采用角钢、钢管或光面圆钢,不得采用螺纹钢。接地可利用自然接地体,但应保证其电气连接和热稳定。

5.3.5 移动式发电机供电的用电设备,其金属外壳或底座应与发电机电源的接地装置有可靠的电气连接。

5.3.6 移动式发电机系统接地应符合电力变压器系统接地的要求。下列情况可不另做保护接零。

(1) 移动式发电机和用电设备固定在同一金属支架上，且不供给其他设备用电时；

(2) 不超过2台的用电设备由专用的移动式发电机供电，供电设备和用电设备间距不超过50m，且供电设备和用电设备的金属外壳之间有可靠的电气连接时。

5.3.7 在有静电的施工现场内，对集聚在机械设备上的静电应采取接地泄漏措施。每组专设的静电接地体的接地电阻值不应大于100Ω，高土壤电阻率地区不应大于1 000Ω。

5.4 防雷

5.4.1 在土壤电阻率低于200Ω·m区域的电杆可不另设防雷接地装置，但在配电室的架空进线或出线处应将绝缘子铁脚与配电室的接地装置相连接。

5.4.2 施工现场内的起重机、井字架、龙门架等机械设备，以及钢脚手架和正在施工的在建工程等的金属结构，当在相邻建筑物、构筑物等设施的防雷装置接闪器的保护范围以外时，应按表5.4.2规定安装防雷装置。表5.4.2中地区年均雷暴日(d)应按本规范附录A执行。当最高机械设备上避雷针(接闪器)的保护范围能覆盖其他设备，且又最后退出现场，则其他设备可不设防雷装置。确定防雷装置接闪器的保护范围可采用本规范附录B(略)的滚球法。

表5.4.2 施工现场内机械设备及高架设施需安装防雷装置的规定

地区年平均雷暴日/d	机械设备高度/m
≤15	≥50
15<地区年平均雷暴日≤40	≥32
40<地区年平均雷暴日<90	≥20
≥90及雷害特别严重地区	≥12

5.4.3 机械设备或设施的防雷引下线可利用该设备或设施的金属结构体，但应保证电气连接。

5.4.4 机械设备上的避雷针(接闪器)长度应为1～2m。塔式起重机可不另设避雷针(接闪器)。

5.4.5 安装避雷针(接闪器)的机械设备，所有固定的动力、控制、照明、信号及通信线路，宜采用钢管敷设。钢管与该机械设备的金属结构体应做电气连接。

5.4.6 施工现场内所有防雷装置的冲击接地电阻值不得大于30Ω。

5.4.7 做防雷接地机械上的电气设备，所连接的PE线必须同时做重复接地，同一台机械电气设备的重复接地和机械的防雷接地可共用同一接地体，但接地电阻应符合重复接地电阻值的要求。

6. 配电室及自备电源

6.1 配电室

6.1.1 配电室应靠近电源，并应设在灰尘少、潮气少、振动小、无腐蚀介质、无易燃易爆物及道路畅通的地方。

6.1.2　成列的配电柜和控制柜两端应与重复接地线及保护零线做电气连接。

6.1.3　配电室和控制室应能自然通风，并应采取防止雨雪侵入和动物进入的措施。

6.1.4　配电室布置应符合下列要求。

(1) 配电柜正面的操作通道宽度，单列布置或双列背对背布置不小于1.5m，双列面对面布置不小于2m；

(2) 配电柜后面的维护通道宽度，单列布置或双列面对面布置不小于0.8m，双列背对背布置不小于1.5m，个别地点有建筑物结构凸出的地方，则此点通道宽度可减少0.2m；

(3) 配电柜侧面的维护通道宽度不小于1m；

(4) 配电室的顶棚与地面的距离不低于3m；

(5) 配电室内设置值班或检修室时，该室边缘距配电柜的水平距离大于1m，采取屏障隔离；

(6) 配电室内的裸母线与地面垂直距离小于2.5m时，采用遮拦隔离，遮拦下面通道的高度不小于1.9m；

(7) 配电室围栏上端与其正上方带电部分的净距不小于0.075m；

(8) 配电装置的上端距顶棚不小于0.5m；

(9) 配电室内的母线涂刷有色油漆，以标志相序；以柜正面方向为基准，其涂色符合表6.1.4规定；

表6.1.4　母线涂色

相　别	颜　色	垂直排列	水平排列	引下排列
L_1(A)	黄	上	后	左
L_2(B)	绿	中	中	中
L_3(C)	红	下	前	右
N	淡蓝			

(10) 配电室的建筑物和构筑物的耐火等级不低于3级，室内配置砂箱和可用于扑灭电气火灾的灭火器；

(11) 配电室的门向外开并配锁；

(12) 配电室的照明分别设置正常照明和事故照明。

6.1.5　配电柜应装设电度表，并应装设电流表和电压表。电流表与计费电度表不得共用一组电流互感器。

6.1.6　配电柜应装设电源隔离开关及短路、过载、漏电保护电器。电源隔离开关分断时应有明显可见分断点。

6.1.7　配电柜应编号，并应有用途标记。

6.1.8　配电柜或配电：线路停电维修时，应挂接地线，并应悬挂"禁止合闸，有人工作"停电标志牌，暂停送电必须由专人负责。

6.1.9　配电室应保持整洁，不得堆放任何妨碍操作、维修的杂物。

6.2　230/400V自备发电机组

6.2.1　发电机组及其控制、配电、修理室等可分开设置；在保证电气安全距离和满足防火要求情况下可合并设置。

6.2.2 发电机组的排烟管道必须伸出室外。发电机组及其控制、配电室内必须配置可用于扑灭电气火灾的灭火器，严禁存放储油桶。

6.2.3 发电机组电源必须与外电线路电源连锁，严禁并列运行。

6.2.4 发电机组应采用电源中性点直接接地的三相四线制供电系统和独立设置TN-S接零保护系统，其工作接地电阻值应符合本规范5.3.1条要求。

6.2.5 发电机控制屏宜装设下列仪表。

(1) 交流电压表；

(2) 交流电流表；

(3) 有功功率表；

(4) 电度表；

(5) 功率因数表；

(6) 频率表；

(7) 直流电流表。

6.2.6 发电机供电系统应设置电源隔离开关及短路、过载、漏电保护电器。电源隔离开关分断时应有明显可见分断点。

6.2.7 发电机组并列运行时，必须装设同期装置，并在机组同步运行后再向负载供电。

7. 配电线路

7.1 架空线路

7.1.1 架空线必须采用绝缘导线。

7.1.2 架空线必须架设在专用电杆上，严禁架设在树木、脚手架及其他设施上。

7.1.3 架空线导线截面的选择应符合下列要求。

(1) 导线中的计算负荷电流不大于其长期连续负荷允许载流量。

(2) 线路末端电压偏移不大于其额定电压的5%。

(3) 三相四线制线路的N线和PE线截面不小于相线截面的50%，单相线路的零线截面与相线截面相同。

(4) 按机械强度要求，绝缘铜线截面不小于$10mm^2$，绝缘铝线截面不小于$16mm^2$。

(5) 在跨越铁路、公路、河流、电力线路档距内，绝缘铜线截面不小于$16mm^2$，绝缘铝线截面不小于$25mm^2$。

7.1.4 架空线在一个档距内，每层导线的接头数不得超过该层导线条数的50%，且一条导线应只有一个接头。在跨越铁路、公路、河流、电力线路档距内，架空线不得有接头。

7.1.5 架空线路相序排列应符合下列规定。

(1) 动力、照明线在同一横担上架设时，导线相序排列是：面向负荷从左侧起依次为L_1、N、L_2、L_3、PE；

(2) 动力、照明线在二层横担上分别架设时，导线相序排列是：上层横担面向负荷从左侧起依次为L_1、L_2、L_3；下层横担面向负荷从左侧起依次为L_1(L_2、L_3)、N、PE。

7.1.6　架空线路的档距不得大于 35m。

7.1.7　架空线路的线间距不得小于 0.3m,靠近电杆的两导线的间距不得小于 0.5m。

7.1.8　架空线路横担间的最小垂直距离不得小于表 7.1.8-1 所示数值；横担宜采用角钢或方木,低压铁横担角钢应按表 7.1.8-2 选用,方木横担截面应按 80mm/80mm 选用；横担长度应按表 7.1.8-3 选用。

表 7.1.8-1　横担间的最小垂直距离

排 列 方 式	直线杆/m	分支或转角杆/m
高压与低压	1.2	1.0
低压与低压	0.6	0.3

表 7.1.8-2　低压铁横担角钢选用

<table>
<tr><td rowspan="2">导线截面/mm^2</td><td rowspan="2">直线杆</td><td colspan="2">分支或转角杆</td></tr>
<tr><td>二线及三线</td><td>四线及以上</td></tr>
<tr><td>16
25
35
50</td><td>L50×5</td><td>2×L50×5</td><td>2×L63×5</td></tr>
<tr><td>70
95
120</td><td>L63×5</td><td>2×L63×5</td><td>2×L70×6</td></tr>
</table>

表 7.1.8-3　横担长度选用

<table>
<tr><td colspan="3">横担长度/m</td></tr>
<tr><td>二线</td><td>三线、四线</td><td>五线</td></tr>
<tr><td>0.7</td><td>1.5</td><td>1.8</td></tr>
</table>

7.1.9　架空线路与邻近线路或固定物的距离应符合表 7.1.9 的规定。

表 7.1.9　架空线路与邻近线路或固定物的距离

<table>
<tr><td>项 目</td><td colspan="7">距 离 类 别</td></tr>
<tr><td rowspan="2">最小净空距离/m</td><td colspan="2">架空线路的过引线、接下线与邻线</td><td colspan="3">架空线与架空线,电杆外缘</td><td colspan="2">架空线与摆动最大时树梢</td></tr>
<tr><td colspan="2">0.13</td><td colspan="3">0.05</td><td colspan="2">0.50</td></tr>
<tr><td rowspan="3">最小垂直距离/m</td><td rowspan="2">架空线同杆架设下方的通信、广播线路</td><td colspan="3">架空线最大弧垂与地面</td><td rowspan="2">架空线最大弧垂与暂设工程顶端</td><td colspan="2">架空线与邻近电力线路交叉</td></tr>
<tr><td>施工现场</td><td>机动车道</td><td>铁路轨道</td><td>1kV以下</td><td>1～10kV</td></tr>
<tr><td>1.0</td><td>4.0</td><td>6.0</td><td>7.5</td><td>2.5</td><td>1.2</td><td>2.5</td></tr>
<tr><td rowspan="2">最小水平距离/m</td><td colspan="2">架空线电杆与路基边缘</td><td colspan="3">架空线电杆与铁路轨道边缘</td><td colspan="2">架空线边线与建筑物凸出部分</td></tr>
<tr><td colspan="2">1.0</td><td colspan="3">杆高(m)+3.0</td><td colspan="2">1.0</td></tr>
</table>

7.1.10 架空线路宜采用钢筋混凝土杆或木杆。钢筋混凝土杆不得有露筋、宽度大于0.4mm的裂纹和扭曲；木杆不得腐蚀，其梢径不应小于140mm。

7.1.11 电杆埋设深度宜为杆长的1/10加0.6m，回填土应分层夯实。在松软土质处宜加大埋入深度或采用卡盘等加固。

7.1.12 直线杆和15°以下的转角杆可采用单横担单绝缘子，但跨越机动车道时应采用单横担双绝缘子；15°～45°的转角杆应采用双横担双绝缘子；45°以上的转角杆应采用十字横担。

7.1.13 架空线路绝缘子应按下列原则选择。

(1) 直线杆采用针式绝缘子；

(2) 耐张杆采用蝶式绝缘子。

7.1.14 电杆的拉线宜采用不少于3根D4.0mm的镀锌钢丝。拉线与电杆的夹角应在30°～45°。拉线埋设深度不得小于1m。电杆拉线如从导线之间穿过，应在高于地面2.5m处装设拉线绝缘子。

7.1.15 因受地形环境限制不能装设拉线时，可采用撑杆代替拉线，撑杆埋设深度不得小于0.8m，其底部应垫底盘或石块。撑杆与电杆的夹角宜为30°。

7.1.16 接户线在档距内不得有接头，进线处离地高度不得小于2.5m。接户线最小截面应符合表7.1.16-1规定。接户线线间及与邻近线路间的距离应符合表7.1.16-2的要求。

表7.1.16-1 接户线的最小截面

接户线架设方式	接户线长度/m	接户线截面/mm^2	
		铜线	铝线
架空或沿墙敷设	10～25	6.0	10.0
	≤10	4.0	6.0

表7.1.16-2 接户线线间及与邻近线路间的距离

接户线架设方式	接户线档距/m	接户线线间距离/mm
架空敷设	≤25	150
	>25	200
沿墙敷设	≤6	100
	>6	150
架空接户线与广播电话线交叉时的距离/mm		接户线在上部，600 接户线在下部，300
架空或沿墙敷设的接户线零线和相线交叉时的距离		100

7.1.17 架空线路必须有短路保护。采用熔断器做短路保护时，其熔体额定电流不应大于明敷绝缘导线长期连续负荷允许载流量的1.5倍。采用断路器做短路保护时，其瞬动过流脱扣器脱扣电流整定值应小于线路末端单相短路电流。

7.1.18 架空线路必须有过载保护。采用熔断器或断路器做过载保护时，绝缘导线长期连续负荷允许载流量不应小于熔断器熔体额定电流或断路器长延时过流脱扣器脱扣电流整定值的1.25倍。

7.2　电缆线路

7.2.1　电缆中必须包含全部工作芯线和用作保护零线或保护线的芯线。需要三相四线制配电的电缆线路必须采用五芯电缆。五芯电缆必须包含淡蓝、绿/黄两种颜色绝缘芯线。淡蓝色芯线必须用作N线；绿/黄双色芯线必须用作PE线，严禁混用。

7.2.2　电缆截面的选择应符合本规范7.1.3条1、2、3款的规定，根据其长期连续负荷允许载流量和允许电压偏移确定。

7.2.3　电缆线路应采用埋地或架空敷设，严禁沿地面明设，并应避免机械损伤和介质腐蚀。埋地电缆路径应设方位标志。

7.2.4　电缆类型应根据敷设方式、环境条件选择。埋地敷设宜选用铠装电缆；当选用无铠装电缆时，应能防水、防腐。架空敷设宜选用无铠装电缆。

7.2.5　电缆直接埋地敷设的深度不应小于0.7m，并应在电缆紧邻上、下、左、右侧均匀敷设不小于50mm厚的细砂，然后覆盖砖或混凝土板等硬质保护层。

7.2.6　埋地电缆在穿越建筑物、构筑物、道路、易受机械损伤、介质腐蚀场所及引出地面从2.0m高到地下0.2m处，必须加设防护套管，防护套管内径不应小于电缆外径的1.5倍。

7.2.7　埋地电缆与其附近外电电缆和管沟的平行间距不得小于2m，交叉间距不得小于1m。

7.2.8　埋地电缆的接头应设在地面上的接线盒内，接线盒应能防水、防尘、防机械损伤，并应远离易燃、易爆、易腐蚀场所。

7.2.9　架空电缆应沿电杆、支架或墙壁敷设，并采用绝缘子固定，绑扎线必须采用绝缘线，固定点间距应保证电缆能承受自重所带来的荷载，敷设高度应符合本规范7.1节架空线路敷设高度的要求，但沿墙壁敷设时最大弧垂距地不得小于2.0m。架空电缆严禁沿脚手架、树木或其他设施敷设。

7.2.10　在建工程内的电缆线路必须采用电缆埋地引入，严禁穿越脚手架引入。电缆垂直敷设应充分利用在建工程的竖井、垂直孔洞等，并宜靠近用电负荷中心，固定点每楼层不得少于一处。电缆水平敷设宜沿墙或门口刚性固定，最大弧垂距地不得小于2.0m。装饰装修工程或其他特殊阶段，应补充编制单项施工用电方案。电源线可沿墙角、地面敷设，但应采取防机械损伤和电火措施。

7.2.11　电缆线路必须有短路保护和过载保护，短路保护和过载保护电器与电缆的选配应符合本规范7.1.17条和7.1.18条要求。

7.3　室内配线

7.3.1　室内配线必须采用绝缘导线或电缆。

7.3.2　室内配线应根据配线类型采用瓷瓶、瓷(塑料)夹、嵌绝缘槽、穿管或钢索敷设。潮湿场所或埋地非电缆配线必须穿管敷设，管口和管接头应密封；当采用金属管敷设时，金属管必须做等电位连接，且必须与PE线相连接。

7.3.3　室内非埋地明敷主干线距地面高度不得小于2.5m。

7.3.4　架空进户线的室外端应采用绝缘子固定，过墙处应穿管保护，距地面高度不得小于2.5m,并应采取防雨措施。

7.3.5 室内配线所用导线或电缆的截面应根据用电设备或线路的计算负荷确定,但铜线截面不应小于1.5mm²,铝线截面不应小于2.5mm²。

7.3.6 钢索配线的吊架间距不宜大于12m。采用瓷夹固定导线时,导线间距不应小于35mm,瓷夹间距不应大于800mm;采用瓷瓶固定导线时,导线间距不应小于100mm,瓷瓶间距不应大于1.5m;采用护套绝缘导线或电缆时,可直接敷设于钢索上。

7.3.7 室内配线必须有短路保护和过载保护,短路保护和过载保护电器与绝缘导线、电缆的选配应符合本规范7.1.17条和7.1.18条要求。对穿管敷设的绝缘导线线路,其短路保护熔断器的熔体额定电流不应大于穿管绝缘导线长期连续负荷允许载流量的2.5倍。

8. 配电箱及开关箱

8.1 配电箱及开关箱的设置

8.1.1 配电系统应设置配电柜或总配电箱、分配电箱、开关箱,实行三级配电。配电系统宜使三相负荷平衡。220V或380V单相用电设备宜接入220/380V三相四线系统;当单相照明线路电流大于30A时,宜采用220/380V三相四线制供电。室内配电柜的设置应符合本规范6.1节的规定。

8.1.2 总配电箱以下可设若干分配电箱;分配电箱以下可设若干开关箱。总配电箱应设在靠近电源的区域,分配电箱应设在用电设备或负荷相对集中的区域,分配电箱与开关箱的距离不得超过30m,开关箱与其控制的固定式用电设备的水平距离不宜超过3m。

8.1.3 每台用电设备必须有各自专用的开关箱,严禁用同一个开关箱直接控制2台及2台以上用电设备(含插座)。

8.1.4 动力配电箱与照明配电箱宜分别设置。当合并设置为同一配电箱时,动力和照明应分路配电;动力开关箱与照明开关箱必须分设。

8.1.5 配电箱、开关箱应装设在干燥、通风及常温场所,不得装设在有严重损伤作用的瓦斯、烟气、潮气及其他有害介质中,亦不得装设在易受外来固体物撞击、强烈振动、液体浸溅及热源烘烤场所。否则,应予清除或做防护处理。

8.1.6 配电箱、开关箱周围应有足够2人同时工作的空间和通道,不得堆放任何妨碍操作、维修的物品,不得有灌木、杂草。

8.1.7 配电箱、开关箱应采用冷轧钢板或阻燃绝缘材料制作,钢板厚度应为1.2~2.0mm,其中开关箱箱体钢板厚度不得小于1.2mm,配电箱箱体钢板厚度不得小于1.5mm,箱体表面应做防腐处理。

8.1.8 配电箱、开关箱应装设端正、牢固。固定式配电箱、开关箱的中心点与地面的垂直距离应为1.4~1.6m。移动式配电箱、开关箱应装设在坚固、稳定的支架上。其中心点与地面的垂直距离宜为0.8~1.6m。

8.1.9 配电箱、开关箱内的电器(含插座)应先安装在金属或非木质阻燃绝缘电器安装板上,然后方可整体紧固在配电箱、开关箱箱体内。金属电器安装板与金属箱体应做电气连接。

8.1.10　配电箱、开关箱内的电器(含插座)应按其规定位置紧固在电器安装板上,不得歪斜和松动。

8.1.11　配电箱的电器安装板上必须分设N线端子板和PE线端子板。N线端子板必须与金属电器安装板绝缘;PE线端子板必须与金属电器安装板做电气连接。进出线中的N线必须通过N线端子板连接;PE线必须通过PE线端子板连接。

8.1.12　配电箱、开关箱内的连接线必须采用铜芯绝缘导线。导线绝缘的颜色标志应按本规范5.1.11条要求配置并排列整齐;导线分支接头不得采用螺栓压接,应采用焊接并做绝缘包扎,不得有外露带电部分。

8.1.13　配电箱、开关箱的金属箱体、金属电器安装板以及电器正常不带电的金属底座、外壳等必须通过PE线端子板与PE线做电气连接,金属箱门与金属箱体必须通过采用编织软铜线做电气连接。

8.1.14　配电箱、开关箱的箱体尺寸应与箱内电器的数量和尺寸相适应,箱内电器安装板板面电器安装尺寸可按照表8.1.14确定。

表8.1.14　配电箱、开关箱内电器安装尺寸选择值

间距名称	最小净距/mm
并列电器(含单极熔断器)间	30
电器进、出线瓷管(塑胶管)孔与电器边沿间	15A,30 20～30A,50 60A及以上,80
上、下排电器进出线瓷管(塑胶管)孔间	25
电器进、出线瓷管(塑胶管)孔至板边	40
电器至板边	40

8.1.15　配电箱、开关箱中导线的进线口和出线口应设在箱体的下底面。

8.1.16　配电箱、开关箱的进出线口应配置固定线卡,进出线应加绝缘护套并成束卡固在箱体上,不得与箱体直接接触。移动式配电箱、开关箱的进出线应采用橡胶护套绝缘电缆,不得有接头。

8.1.17　配电箱、开关箱外形结构应能防雨、防尘。

8.2　电器装置的选择

8.2.1　配电箱、开关箱内的电器必须可靠、完好,严禁使用破损、不合格的电器。

8.2.2　总配电箱的电器应具备电源隔离,正常接通与分断电路,以及短路、过载、漏电保护功能。电器设置应符合下列原则。

(1) 当总路设置总漏电保护器时,还应装设总隔离开关、分路隔离开关以及总断路器、分路断路器或总熔断器、分路熔断器。当所设总漏电保护器是同时具备短路、过载、漏电保护功能的漏电断路器时,可不设总断路器或总熔断器。

(2) 当各分路设置分路漏电保护器时,还应装设总隔离开关、分路隔离开关以及总断路器、分路断路器或总熔断器、分路熔断器。当分路所设漏电保护器是同时具备短路、过载、漏电保护功能的漏电断路器时,可不设分路断路器或分路熔断器。

(3) 隔离开关应设置于电源进线端,应采用分断时具有可见分断点,并能同时断开电源所有极的隔离电器。如采用分断时具有可见分断点的断路器,可不另设隔离开关。

(4) 熔断器应选用具有可靠灭弧分断功能的产品。

(5) 总开关电器的额定值、动作整定值应与分路开关电器的额定值、动作整定值相适应。

8.2.3 总配电箱应装设电压表、总电流表、电度表及其他需要的仪表。专用电能计量仪表的装设应符合当地供用电管理部门的要求。装设电流互感器时,其二次回路必须与保护零线有一个连接点,且严禁断开电路。

8.2.4 分配电箱应装设总隔离开关、分路隔离开关以及总断路器、分路断路器或总熔断器、分路熔断器。其设置和选择应符合本规范 8.2.2 条要求。

8.2.5 开关箱必须装设隔离开关、断路器或熔断器,以及漏电保护器。当漏电保护器是同时具有短路、过载、漏电保护功能的漏电断路器时,可不装设断路器或熔断器。隔离开关应采用分断时具有可见分断点,能同时断开电源所有极的隔离电器,并应设置于电源进线端。当断路器是具有可见分断点时,可不另设隔离开关。

8.2.6 开关箱中的隔离开关只可直接控制照明电路和容量不大于 3.0kW 的动力电路,但不应频繁操作。容量大于 3.0kW 的动力电路应采用断路器控制,操作频繁时还应附设接触器或其他启动控制装置。

8.2.7 开关箱中各种开关电器的额定值和动作整定值应与其控制用电设备的额定值和特性相适应。通用电动机开关箱中电器的规格可按本规范附录 C 选配。

8.2.8 漏电保护器应装设在总配电箱、开关箱靠近负荷的一侧,且不得用于启动电气设备的操作。

8.2.9 漏电保护器的选择应符合现行《剩余电流动作保护器的一般要求》(GB 6829)和《漏电保护器安装和运行的要求》(GB 13955)的规定。

8.2.10 开关箱中漏电保护器的额定漏电动作电流不应大于 30mA,额定漏电动作时间不应大于 0.1s。使用于潮湿或有腐蚀介质场所的漏电保护器应采用防溅型产品,其额定漏电电流不应大于 15mA,额定漏电动作时间不应大于 0.1s。

8.2.11 总配电箱中漏电保护器的额定漏电动作电流应大于 30mA,额定漏电动作时间应大于 0.1s,但其额定漏电动作电流与额定漏电动作时间的乘积不应大于 30mA·s。

8.2.12 总配电箱和开关箱中漏电保护器的极数和线数必须与其负荷侧负荷的相数和线数一致。

8.2.13 配电箱、开关箱中的漏电保护器宜选用无辅助电源型(电磁式)产品,或选用辅助电源故障时能自动断开的辅助电源型(电子式)产品。当选用辅助电源故障时不能自动断开的辅助电源型(电子式)产品时,应同时设置缺相保护。

8.2.14 漏电保护器应按产品说明书安装、使用。对搁置已久重新使用或连续使用的漏电保护器应逐月检测其特性,发现问题应及时修理或更换。

8.2.15 配电箱、开关箱的电源进线端严禁采用插头和插座做活动连接。

8.3 使用与维护

8.3.1 配电箱、开关箱应有名称、用途、分路标记及系统接线图。

8.3.2 配电箱、开关箱箱门应配锁,并应由专人负责。

8.3.3 配电箱、开关箱应定期检查、维修。检查、维修人员必须是专业电工。检查、维修时必须按规定穿、戴绝缘鞋、手套,必须使用电工绝缘工具,并应做检查、维修工作记录。

8.3.4 对配电箱、开关箱进行定期维修、检查时,必须将其前一级相应的电源隔离开关分闸断电,并悬挂"禁止合闸,有人工作"停电标志牌,严禁带电作业。

8.3.5 配电箱、开关箱必须按照下列顺序操作。

(1) 送电操作顺序为:总配电箱→分配电箱→开关箱;

(2) 停电操作顺序为:开关箱→分配电箱→总配电箱。但出现电气故障的紧急情况可除外。

8.3.6 施工现场停止作业 1h 以上时,应将动力开关箱断电上锁。

8.3.7 开关箱的操作人员必须符合本规范 3.2.3 条规定。

8.3.8 配电箱、开关箱内不得放置任何杂物,并应保持整洁。

8.3.9 配电箱、开关箱内不得随意挂接其他用电设备。

8.3.10 配电箱、开关箱内的电器配置和接线严禁随意改动。熔断器的熔体更换时,严禁采用不符合原规格的熔体代替。漏电保护器每天使用前应启动漏电试验按钮试跳一次,试跳不正常时严禁继续使用。

8.3.11 配电箱、开关箱的进线和出线严禁承受外力,严禁与金属尖锐断口、强腐蚀介质和易燃易爆物接触。

9. 电动建筑机械和手持式电动工具

9.1 一般规定

9.1.1 施工现场中电动建筑机械和手持式电动工具的选购、使用、检查和维修应遵守下列规定。

(1) 选购的电动建筑机械、手持式电动工具及其用电安全装置符合相应的国家现行有关强制性标准的规定,且具有产品合格证和使用说明书;

(2) 建立和执行专人专机负责制,并定期检查和维修保养;

(3) 接地符合本规范 5.1.1 条和 5.1.2 条要求,运行时产生振动的设备的金属基座、外壳与 PE 线的连接点不少于 2 处;

(4) 漏电保护符合本规范 8.2.5 条、8.2.8～8.2.10 条及 8.2.12 条和 8.2.13 条要求;

(5) 按使用说明书使用、检查、维修。

9.1.2 塔式起重机、外用电梯、滑升模板的金属操作平台及需要设置避雷装置的物料提升机,除应连接凹线外,还应做重复接地。设备的金属结构构件之间应保证电气连接。

9.1.3 手持式电动工具中的塑料外壳Ⅱ类工具和一般场所手持式电动工具中的Ⅲ类工具可不连接 PE 线。

9.1.4 电动建筑机械和手持式电动工具的负荷线应按其计算负荷选用无接头的橡胶护套铜芯软电缆,其性能应符合现行《额定电压 450/750V 及以下橡胶绝缘电缆》

(GB 5013)中第1部分(一般要求)和第4部分(软线和软电缆)的要求；其截面可按本规范附录C选配。电缆芯线数应根据负荷及其控制电器的相数和线数确定：三相四线时，应选用五芯电缆；三相三线时，应选用四芯电缆；当三相用电设备中配置有单相用电器具时，应选用五芯电缆；单相二线时，应选用三芯电缆。电缆芯线应符合本规范7.2.1条规定，其中PE线应采用绿/黄双色绝缘导线。

9.1.5 每一台电动建筑机械或手持式电动工具的开关箱内，除应装设过载、短路、漏电保护电器外，还应按本规范8.2.5条要求装设隔离开关或具有可见分断点的断路器，以及按照本规范8.2.6条要求装设控制装置。正、反向运转控制装置中的控制电器应采用接触器、继电器等自动控制电器，不得采用手动双向转换开关作为控制电器。电器规格可按本规范附录C(略)选配。

9.2 起重机械

9.2.1 塔式起重机的电气设备应符合现行《塔式起重机安全规程》(CB 5144)中的要求。

9.2.2 塔式起重机应按本规范5.4.7条要求做重复接地和防雷接地。轨道式塔式起重机接地装置的设置应符合下列要求。

(1) 轨道两端各设一组接地装置；

(2) 轨道的接头处作电气连接，两条轨道端部作环形电气连接；

(3) 较长轨道每隔不大于30m加一组接地装置。

9.2.3 塔式起重机与外电线路的安全距离应符合本规范4.1.4条要求。

9.2.4 轨道式塔式起重机的电缆不得拖地行走。

9.2.5 需要夜间工作的塔式起重机，应设置正对工作面的投光灯。

9.2.6 塔身高于30m的塔式起重机，应在塔顶和臂架端部设红色信号灯。

9.2.7 在强电磁波源附近工作的塔式起重机，操作人员应戴绝缘手套和穿绝缘鞋，并应在吊钩与机体间采取绝缘隔离措施，或在吊钩吊装地面物体时，在吊钩上挂接临时接地装置。

9.2.8 外用电梯梯笼内、外均应安装紧急停止开关。

9.2.9 外用电梯和物料提升机的上、下极限位置应设置限位开关。

9.2.10 外用电梯和物料提升机在每日工作前必须对行程开关、限位开关、紧急停止开关、驱动机构和制动器等进行空载检查，正常后方可使用。检查时必须有防坠落措施。

9.3 桩工机械

9.3.1 潜水式钻孔机电机的密封性能应符合现行《外壳防护等级(代码)》(GB 4208)中的IP68级的规定。

9.3.2 潜水电机的负荷线应采用防水橡胶护套铜芯软电缆，长度不应小于1.5m，且不得承受外力。

9.3.3 潜水式钻孔机开关箱中的漏电保护器必须符合本规范8.2.10条对潮湿场所选用漏电保护器的要求。

9.4 夯土机械

9.4.1 夯土机械开关箱中的漏电保护器必须符合本规范8.2.10条对潮湿场所选用

漏电保护器的要求。

9.4.2 夯土机械凹线的连接点不得少于2处。

9.4.3 夯土机械的负荷线应采用耐气候型橡胶护套铜芯软电缆。

9.4.4 使用夯土机械必须按规定穿戴绝缘用品,使用过程应有专人调整电缆,电缆长度不应大于50m。电缆严禁缠绕、扭结和被夯土机械跨越。

9.4.5 多台夯土机械并列工作时,其间距不得小于5m;前后工作时,其间距不得小于10m。

9.4.6 夯土机械的操作扶手必须绝缘。

9.5 焊接机械

9.5.1 电焊机械应放置在防雨、干燥和通风良好的地方。焊接现场不得有易燃、易爆物品。

9.5.2 交流弧焊机变压器的一次侧电源线长度不应大于5m,其电源进线处必须设置防护罩。发电机式直流电焊机的换向器应经常检查和维护,应消除可能产生的异常电火花。

9.5.3 电焊机械开关箱中的漏电保护器必须符合本规范8.2.10条的要求。交流电焊机械应配装防二次侧触电保护器。

9.5.4 电焊机械的二次线应采用防水橡胶护套铜芯软电缆,电缆长度不应大于30m,不得采用金属构件或结构钢筋代替二次线的地线。

9.5.5 使用电焊机械焊接时必须穿戴防护用品。严禁露天冒雨从事电焊作业。

9.6 手持式电动工具

9.6.1 空气湿度小于75%的一般场所可选用Ⅰ类或Ⅱ类手持式电动工具,其金属外壳与Ⅲ线的连接点不得少于2处;除塑料外壳Ⅱ类工具外,相关开关箱中漏电保护器的额定漏电动作电流不应大于15mA,额定漏电动作时间不应大于0.1s,其负荷线插头应具备专用的保护触头。所用插座和插头在结构上应保持一致,避免导电触头和保护触头混用。

9.6.2 在潮湿场所或金属构架上操作时,必须选用Ⅱ类或由安全隔离变压器供电的Ⅲ类手持式电动工具。金属外壳Ⅱ类手持式电动工具使用时,必须符合本规范9.6.1条要求;其开关箱和控制箱应设置在作业场所外面。在潮湿场所或金属构架上严禁使用Ⅰ类手持式电动工具。

9.6.3 狭窄场所必须选用由安全隔离变压器供电的Ⅲ类手持式电动工具,其开关箱和安全隔离变压器均应设置在狭窄场所外面,并连接凹线。漏电保护器的选择应符合本规范8.2.10条使用于潮湿或有腐蚀介质场所漏电保护器的要求。操作过程中,应有人在外面监护。

9.6.4 手持式电动工具的负荷线应采用耐气候型的橡胶护套铜芯软电缆,并不得有接头。

9.6.5 手持式电动工具的外壳、手柄、插头、开关、负荷线等必须完好无损,使用前必须做绝缘检查和空载检查,在绝缘合格、空载运转正常后方可使用。绝缘电阻不应小于表9.6.5规定的数值。

表 9.6.5 手持式电动工具绝缘电阻限值

测量部位	绝缘电阻/MΩ		
	Ⅰ类	Ⅱ类	Ⅲ类
带电零件与外壳之间	2	7	1

注：绝缘电阻用500V兆欧表测量。

9.6.6 使用手持式电动工具时，必须按规定穿、戴绝缘防护用品。

9.7 其他电动建筑机械

9.7.1 混凝土搅拌机、插入式振动器、平板振动器、地面抹光机、水磨石机、钢筋加工机械、木工机械、盾构机械、水泵等设备的漏电保护应符合本规范8.2.10条要求。

9.7.2 混凝土搅拌机、插入式振动器、平板振动器、地面抹光机、水磨石机、钢筋加工机械、木工机械、盾构机械的负荷线必须采用耐气候型橡胶护套铜芯软电缆，并不得有任何破损和接头。水泵的负荷线必须采用防水橡胶护套铜芯软电缆，严禁有任何破损和接头，并不得承受任何外力。盾构机械的负荷线必须固定牢固，距地高度不得小于2.5m。

9.7.3 对混凝土搅拌机、钢筋加工机械、木工机械、盾构机械等设备进行清理、检查、维修时，必须首先将其开关箱分闸断电，呈现可见电源分断点，并关门上锁。

10. 照　明

10.1 一般规定

10.1.1 在坑、洞、井内作业、夜间施工或厂房、道路、仓库、办公室、食堂、宿舍、料具堆放场及自然采光差等场所，应设一般照明、局部照明或混合照明。在一个工作场所内，不得只设局部照明。停电后，操作人员需及时撤离的施工现场，必须装设自备电源的应急照明。

10.1.2 现场照明应采用高光效、长寿命的照明光源。对需大面积照明的场所，应采用高压汞灯、高压钠灯或混光用的卤钨灯等。

10.1.3 照明器的选择必须按下列环境条件确定。

(1) 正常湿度一般场所，选用开启式照明器；

(2) 潮湿或特别潮湿场所，选用密闭型防水照明器或配有防水灯头的开启式照明器；

(3) 含有大量尘埃但无爆炸和火灾危险的场所，选用防尘型照明器；

(4) 有爆炸和火灾危险的场所，按危险场所等级选用防爆型照明器；

(5) 存在较强振动的场所，选用防振型照明器；

(6) 有酸碱等强腐蚀介质场所，选用耐酸碱型照明器。

10.1.4 照明器具和器材的质量应符合国家现行有关强制性标准的规定，不得使用绝缘老化或破损的器具和器材。

10.1.5 无自然采光的地下大空间施工场所，应编制单项照明用电方案。

10.2 照明供电

10.2.1 一般场所宜选用额定电压为220V的照明器。

10.2.2 下列特殊场所应使用安全特低电压照明器。

(1) 隧道、人防工程、高温、有导电灰尘、比较潮湿或灯具离地面高度低于2.5m等场

所的照明,电源电压不应大于36V;

(2) 潮湿和易触及带电体场所的照明,电源电压不得大于24V;

(3) 特别潮湿场所、导电良好的地面、锅炉或金属容器内的照明,电源电压不得大于12V。

10.2.3 使用行灯应符合下列要求:

(1) 电源电压不大于36V;

(2) 灯体与手柄应坚固、绝缘良好并耐热耐潮湿;

(3) 灯头与灯体结合牢固,灯头无开关;

(4) 灯泡外部有金属保护网;

(5) 金属网、反光罩、悬吊挂钩固定在灯具的绝缘部位上。

10.2.4 远离电源的小面积工作场地、道路照明、警卫照明或额定电压为12~36V照明的场所,其电压允许偏移值为额定电压值的−10%~5%;其余场所电压允许偏移值为额定电压值的±5%。

10.2.5 照明变压器必须使用双绕组型安全隔离变压器,严禁使用自耦变压器。

10.2.6 照明系统宜使三相负荷平衡,其中每一单相回路上,灯具和插座数量不宜超过25个,负荷电流不宜超过15A。

10.2.7 携带式变压器的一次侧电源线应采用橡胶护套或塑料护套铜芯软电缆,中间不得有接头,长度不宜超过3m,其中绿/黄双色线只可作PE线使用,电源插销应有保护触头。

10.2.8 工作零线截面应按下列规定选择。

(1) 单相二线及二相二线线路中,零线截面与相线截面相同;

(2) 三相四线制线路中,当照明器为白炽灯时,零线截面不小于相线截面的50%;当照明器为气体放电灯时,零线截面按最大负载相的电流选择;

(3) 在逐相切断的三相照明电路中,零线截面与最大负载相相线截面相同。

10.2.9 室内、室外照明线路的敷设应符合本规范第7章要求。

10.3 照明装置

10.3.1 照明灯具的金属外壳必须与PE线相连接,照明开关箱内必须装设隔离开关、短路与过载保护电器和漏电保护器,并应符合本规范8.2.5条和8.2.6条的规定。

10.3.2 室外220V灯具距地面不得低于3m,室内220V灯具距地面不得低于2.5m。普通灯具与易燃物距离不宜小于300mm;聚光灯、碘钨灯等高热灯具与易燃物距离不宜小于500mm,且不得直接照射易燃物。达不到规定安全距离时,应采取隔热措施。

10.3.3 路灯的每个灯具应单独装设熔断器保护。灯头线应做防水弯。

10.3.4 荧光灯管应采用管座固定或用吊链悬挂。荧光灯的镇流器不得安装在易燃的结构物上。

10.3.5 碘钨灯及钠、铊、铟等金属卤化物灯具的安装高度宜在3m以上,灯线应固定在接线柱上,不得靠近灯具表面。

10.3.6 投光灯的底座应安装牢固,应按需要的光轴方向将枢轴拧紧固定。

10.3.7 螺口灯头及其接线应符合下列要求。

(1) 灯头的绝缘外壳无损伤、无漏电；

(2) 相线接在与中心触头相连的一端，零线接在与螺纹口相连的一端。

10.3.8 灯具内的接线必须牢固，灯具外的接线必须做可靠防水绝缘包扎。

10.3.9 暂设工程的照明灯具宜采用拉线开关控制，开关安装位置宜符合下列要求：

(1) 拉线开关距地面高度为2～3m，与出入口的水平距离为0.15～0.2m，拉线的出口向下；

(2) 其他开关距地面高度为1.3m，与出入口的水平距离为0.15～0.2m。

10.3.10 灯具的相线必须经开关控制，不得将相线直接引入灯具。

10.3.11 对夜间影响飞机或车辆通行的在建工程及机械设备，必须设置醒目的红色信号灯，其电源应设在施工现场总电源开关的前侧，并应设置外电线路停止供电时的应急自备电源。

附录 (略)。